Hackenschmidt/Hautsch/Kleinschrodt/Roppel

Creo Parametric für Einsteiger

Bleiben Sie auf dem Laufenden!

HANSER Newsletter informieren Sie regelmäßig über neue Bücher und Termine aus den verschiedenen Bereichen der Technik. Profitieren Sie auch von Gewinnspielen und exklusiven Leseproben. Gleich anmelden unter

www.hanser-fachbuch.de/newsletter

Reinhard Hackenschmidt
Stefan Hautsch
Claudia Kleinschrodt
Matthias Roppel

Creo Parametric für Einsteiger

Bauteile, Baugruppen und Zeichnungen

HANSER

Die Autoren:

Dipl.-Wirtsch.-Ing. Reinhard Hackenschmidt, Dr.-Ing. Claudia Kleinschrodt, Matthias Roppel, M.Sc., Lehrstuhl für Konstruktionslehre und CAD an der Universität Bayreuth

Dr.-Ing. Stefan Hautsch, TenneT TSO GmbH

Alle in diesem Buch enthaltenen Informationen wurden nach bestem Wissen zusammengestellt und mit Sorgfalt getestet. Dennoch sind Fehler nicht ganz auszuschließen. Aus diesem Grund sind die im vorliegenden Buch enthaltenen Informationen mit keiner Verpflichtung oder Garantie irgendeiner Art verbunden. Autor und Verlag übernehmen infolgedessen keine Verantwortung und werden keine daraus folgende oder sonstige Haftung übernehmen, die auf irgendeine Weise aus der Benutzung dieser Informationen – oder Teilen davon – entsteht, auch nicht für die Verletzung von Patentrechten, die daraus resultieren können.

Ebenso wenig übernehmen Autor und Verlag die Gewähr dafür, dass die beschriebenen Verfahren usw. frei von Schutzrechten Dritter sind. Die Wiedergabe von Gebrauchsnamen, Handelsnamen, Warenbezeichnungen usw. in diesem Werk berechtigt also auch ohne besondere Kennzeichnung nicht zu der Annahme, dass solche Namen im Sinne der Warenzeichen- und Markenschutz- Gesetzgebung als frei zu betrachten wären und daher von jedermann benützt werden dürften.

Bibliografische Information der deutschen Nationalbibliothek:

Die Deutsche Nationalbibliothek verzeichnet diese Publikation in der Deutschen Nationalbibliografie; detaillierte bibliografische Daten sind im Internet unter http://dnb.d-nb.de abrufbar.

Dieses Werk ist urheberrechtlich geschützt.

Alle Rechte, auch die der Übersetzung, des Nachdruckes und der Vervielfältigung des Buches, oder Teilen daraus, vorbehalten. Kein Teil des Werkes darf ohne schriftliche Genehmigung des Verlages in irgendeiner Form (Fotokopie, Mikrofilm oder ein anderes Verfahren), auch nicht für Zwecke der Unterrichtsgestaltung, reproduziert oder unter Verwendung elektronischer Systeme verarbeitet, vervielfältigt oder verbreitet werden.

Print-ISBN: 978-3-446-46047-8

E-Book-ISBN: 978-3-446-46165-9

© 2020 Carl Hanser Verlag München
Lektorat: Julia Stepp
Herstellung: le-tex publishing services, Leipzig
Coverkonzept: Marc Müller-Bremer, www.rebranding.de, München
Coverrealisation: Max Kostopoulos
Satz: Kösel Media GmbH, Krugzell
Druck und Bindung: NEOGRAFIA, a. s., Martin-Priekopa (Slowakei)
Printed in Slovakia
www.hanser-fachbuch.de

Inhalt

Vorwort IX

1 Einführung 1

1.1 Die CAD-Software Creo Parametric 1
1.2 Zum Aufbau dieses Buches 2
1.3 Grundlagen der 3D-Konstruktion 5

2 Einstieg in Creo Parametric 9

2.1 Erste Schritte 9
    2.1.1 Programm aufrufen, Arbeitsverzeichnis festlegen und Modell laden 9
    2.1.2 Neues Modell erzeugen 11
    2.1.3 Benutzeroberfläche 13
    2.1.4 Maussteuerung und Shortcuts 17
    2.1.5 Mit einem Modell arbeiten – nützliche Grundlagen 18
    2.1.6 Speichern und Schließen einer Datei 27
    2.1.7 Modelleigenschaften bearbeiten 28
2.2 Weiterführende Grundlagen 31
    2.2.1 Programmeinstellungen anpassen 31
    2.2.2 Dateiverwaltung 34
    2.2.3 Import und Export von Fremdformaten 36
    2.2.4 Modellansicht 39
    2.2.5 Modellanalyse 41
    2.2.6 Modellbasierte Definition von Bauteilen und Baugruppen 44

3 Erstellen von Bauteilen ... 47

3.1 Erstellen eines neuen Bauteils ... 47
3.2 Anlegen von Bezügen ... 50
3.3 Skizzierer ... 53
3.3.1 Erstellen einer Skizze ... 53
3.3.2 Skizzierer – Einführung ... 54
3.3.2.1 Bezüge ... 54
3.3.2.2 Skizze ... 55
3.3.2.3 Bedingungen definieren ... 58
3.3.2.4 Bemaßung ... 60
3.3.2.5 Editieren ... 63
3.3.3 Skizzierer – Vertiefung ... 64
3.3.3.1 Setup ... 65
3.3.3.2 Datei abrufen ... 66
3.3.3.3 Operationen ... 66
3.3.3.4 Skizze für Fortgeschrittene ... 67
3.3.3.5 Editieren für Fortgeschrittene ... 72
3.3.3.6 Bemaßung für Fortgeschrittene ... 74
3.3.3.7 Prüfen ... 76
3.4 Erstellen verschiedener Volumina ... 78
3.4.1 Profil ... 80
3.4.2 Drehen ... 89
3.4.3 Kurven-KE ... 96
3.4.3.1 Zug-KE ... 96
3.4.3.2 Spiralförmiges Zug-KE ... 104
3.4.3.3 Zug-Verbund ... 111
3.4.3.4 Verbund ... 114
3.4.3.5 Rotatorischer Verbund ... 119
3.5 Editieren ... 126
3.5.1 Muster und Geometriemuster ... 126
3.5.2 Spiegeln ... 133
3.6 Konstruktion ... 136
3.6.1 Schräge ... 137
3.6.2 Fase ... 140
3.6.3 Rundung ... 143
3.6.4 Schale ... 147
3.6.5 Rippe ... 149
3.6.6 Bohrung ... 151
3.7 Individualisierung ... 160
3.8 Übungen ... 161

4 Erstellen von Baugruppen ... 175

4.1 Erstellen einer neuen Baugruppe ... 176
4.2 Einbauen von Komponenten ... 176
    4.2.1 Komponenten fest einbauen ... 182
    4.2.2 Komponenten mit verbleibenden Freiheitsgraden einbauen ... 188
    4.2.3 Unterbaugruppen verwenden ... 192
    4.2.4 Katalog- und Standardbauteile verwenden ... 196
4.3 Muster und Spiegeln von Komponenten ... 201
4.4 Objekte direkt in der Baugruppe erzeugen ... 205
4.5 Regenerieren von Baugruppen ... 207
4.6 Explosionsansicht ... 207
4.7 Übungen ... 209

5 Zeichnungsableitung ... 211

5.1 Erstellen einer neuen Zeichnung ... 212
5.2 Einstellungen ... 213
    5.2.1 Zeichnungseigenschaften ... 214
    5.2.2 Blatt einrichten ... 217
5.3 Ansichten ... 218
    5.3.1 Ansichten einfügen und bearbeiten ... 219
    5.3.2 Detailansicht ... 231
    5.3.3 Schraffur ... 232
    5.3.4 Erstellen von Ansichten am Beispiel von Arm_V1.prt ... 233
5.4 Anmerkungen ... 235
    5.4.1 Bemaßungen hinzufügen ... 235
    5.4.2 Bemaßungen spezifizieren ... 242
    5.4.3 Toleranzen und Passungen ... 243
    5.4.4 Bezüge übernehmen und weitere Anmerkungen ... 246
    5.4.5 Anmerkungen erstellen am Beispiel von Arm_V1.drw ... 248
5.5 Weitere Funktionen ... 249
    5.5.1 Zeichnungstabelle und Stückliste ... 250
    5.5.2 Stücklistenballons ... 257
    5.5.3 Explosionsansicht ... 258
    5.5.4 Skizze ... 259
5.6 Übungen ... 260

6 Ausblick auf weitere ausgewählte Anwendungen 261

- 6.1 Parameter und Beziehungen 261
- 6.2 Familientabelle 264
- 6.3 Rendern 266
- 6.4 Gitter-Füllung 271
- 6.5 Simulation 273

Index 275

Vorwort

Mit diesem Buch verfolgen wir das Ziel, Studierenden der Ingenieurwissenschaften und bereits im Beruf stehenden Produktentwicklern einen schnellen Einstieg in die 3D-CAD-Software Creo Parametric zu vermitteln und gleichzeitig sicherzustellen, dass das Wissen sofort zur Lösung praktischer Probleme angewendet werden kann.

Wir beschränken uns deshalb bewusst auf die grundsätzlich notwendigen Basiskenntnisse der Erstellung von Bauteilen, Baugruppen und Zeichnungen, wohl wissend, dass Creo Parametric als mächtiges Konstruktionswerkzeug noch viel mehr zu bieten hat. Wir führen den Leser anhand des durchgehenden Konstruktionsbeispiels einer Drohne an die Materie heran. Die Step-by-Step-Anleitungen im Buch werden durch zusätzliche Übungen sowie Lernvideos ergänzt, die auf der Website zum Buch (*www.creobuch.de*) bereitgestellt werden.

Website zum Buch

Die Lernvideos erklären alle notwendigen Schritte im Detail und lassen sich bei Bedarf so oft ansehen, bis man die Vorgehensweise verstanden hat. Dadurch stellt sich ein schneller Lernerfolg ein und bringt das, was die Produktentwicklung ausmacht:

Spaß, Kreativität und Freude am Konstruieren!

Bayreuth, im Juli 2019

Reinhard Hackenschmidt

Stefan Hautsch

Claudia Kleinschrodt

Matthias Roppel

PS: Unser besonderer Dank gilt dem Hanser Verlag, der durch die hervorragende Unterstützung in Person unserer Lektorin Frau Julia Stepp die Umsetzung unserer Buchidee erst möglich machte.

PPS: Hätten wir gewusst, wieviel Arbeit dahintersteckt, hätten wir wohl besser geschwiegen.

1 Einführung

■ 1.1 Die CAD-Software Creo Parametric

Computergestützte Methoden sind aus der heutigen Produktentwicklung nicht mehr wegzudenken. Verschiedenste CAx-Technologien (Computer-Aided x) unterstützen den Anwender mit leistungsstarken Softwarelösungen. CAD (Computer-Aided Design), also die rechnergestützte Konstruktion, nimmt eine Schlüsselrolle in der virtuellen Produktentwicklung ein, denn hier entstehen die zwei- oder dreidimensionalen digitalen Objekte.

Was ist CAD?

Creo ist ein sehr erfolgreiches 3D-CAD-Programm. Weltweit entwickeln damit viele Firmen ihre Produkte. Es wird z. B. sowohl bei führenden Automobilfirmen wie Audi oder BMW als auch bei Medizintechnikherstellern wie Philips oder Stryker eingesetzt. Creo zählt zu den drei führenden Programmen im Bereich der Konstruktionssoftware. Mit dazu beigetragen hat die stetige Weiterentwicklung seit den 1980er Jahren durch den amerikanischen Hersteller, die Firma PTC (Parametric Technology Corporation). Es ist ein Quasi-Marktstandard geworden und aus der heutigen Entwicklungswelt nicht mehr wegzudenken. Dieses Programm zu erlernen ist kein Fehler!

Warum Creo?

Das komplette Programm besteht aus einer Vielzahl verschiedener CAx-Module, die sich um den geometrischen Modellierer gruppieren, um den es in diesem Buch geht. Man kann mit Creo weiterführend die Festigkeit der konstruierten Produkte berechnen, Simulationen durchführen, Werkzeuge entwickeln, NC-Programme erstellen und vieles mehr. Das Besondere an Creo ist, dass die einzelnen Module unter einer durchgängigen Benutzeroberfläche zusammengeführt sind, sodass Änderungen an der Geometrie unmittelbar an andere Module weitergegeben werden. Das ist sehr praktisch, da dadurch Schnittstellen zu anderen Programmen vermieden werden können und die Datenkonsistenz jederzeit gewährleistet ist.

Möglichkeiten für den Einsatz von Creo

Doch lassen Sie uns in diesem Buch mit dem Kern des Ganzen beginnen – dem 3D-CAD-Modell. Dieses Modell stellt die Grundlage für alle weiterführenden Betrachtungen dar. Es ist also sehr wichtig, dass man die Möglichkeiten der Erstellung von Bauteilen und Baugruppen kennt und auch anzuwenden weiß. Folgende grundsätzliche Ratschläge können hierzu gegeben werden:

- Dem Konstrukteur stehen verschiedene Wege offen, die gewünschte geometrische Form zu erzeugen. Ein Zylinder lässt sich entweder als Rotationskörper eines Linienzuges oder als lang gezogene (extrudierte) Kreisfläche darstellen. Beides ist richtig. Das eröffnet dem Konstrukteur viel Freiraum und erlaubt kreative Lösungen. Die Voraussetzung ist jedoch, dass diese Lösungen technisch korrekt und funktionstüchtig sind.

Viele Wege führen nach Rom.

- Konstruieren am Rechner bedeutet, das „Biest" zu beherrschen. Die Komponenten in diesem Spiel sind die Hardware, das Betriebssystem, die Software Creo und vor allem Sie als der „Meister", der alles im Griff haben sollte. Leistungsschwache Hardware, uralte Windows- oder Creo-Versionen und/oder beratungsresistente Anwender sind der sichere Weg zum Misserfolg. Von allein geht da gar nichts. Sie selbst sind verantwortlich für Ihren Erfolg, und dazu gehört eine Menge Zeit zum Einarbeiten in die Materie, Geduld und die Bereitschaft, immer wieder Neues zu erlernen. Unsauberes Arbeiten rächt sich beim Konstruieren. Am Ende müssen die Teile zusammenpassen, und wer schon überstürzt und unsauber beginnt, dem fällt spätestens bei der Montage der Teile alles auf die Füße.

Übung macht den Meister.

> PTC bietet Studierenden die Möglichkeit, eine kostenlose Version der Creo Parametric-Software herunterzuladen. Aktuell lautet der Link *https://www.ptc.com/de/academic-program/academic-products/free-software/creo-college-download* und liefert Version 5.0 aus. Für den kommerziellen Einsatz bietet PTC eine 30-Tage-Testversion an. Aktuell lautet der Link *https://www.ptc.com/de/products/cad/creo/trial* und liefert Version 6.0 aus. Die jeweils angebotenen Versionen können sich im Laufe der Zeit ändern.

Studenten- und Testversion zum Download

Dieses Buch basiert auf der Version Creo Parametric 6.0. Die Handhabung der Basismodule Bauteil- und Baugruppenmodellierung sowie Zeichnungsableitung deckt sich jedoch weitgehend mit den Vorgängerversionen. Somit lassen sich auch frühere Versionen problemlos zum Üben einsetzen.

■ 1.2 Zum Aufbau dieses Buches

An wen richtet sich dieses Buch?

Dieses Buch gibt eine Einführung in die grundlegenden Funktionen und Möglichkeiten des CAD-Programms Creo Parametric, im Folgenden meist als Creo abgekürzt. Es richtet sich in erster Linie an Studierende und Konstrukteure, die die dreidimensionale Konstruktion mit Creo erlernen wollen. Erfahrungen mit anderen CAD-Systemen können von Vorteil sein, sind jedoch absolut nicht notwendig. Da wir bei den Basics der CAD-Konstruktion starten, ist dieses Buch für den Einstieg in die Welt der rechnergestützten Konstruktion geeignet, aber auch erfahrene Anwender finden sicherlich noch einige neue

Methoden und Vorgehensweisen, um ihr Wissen zu vertiefen, bisherige Schwierigkeiten zu umgehen und effizienter zu werden.

In diesem Buch werden allgemeine Basics der 3D-Konstruktion und verschiedene Grundlagen zur Benutzung von Creo erläutert. Weiterhin werden die in der Praxis gängigsten Module, die Bauteilerstellung, das Zusammenfügen zu Baugruppen und die Ableitung technischer Zeichnungen detailliert erklärt. In Kapitel 6 werden einige weiterführende Anwendungen vorgestellt, die hoffentlich „Lust auf mehr" machen und Sie für das weitere Kennenlernen von Creo begeistern können.

Wie ist das Buch aufgebaut?

Die Erläuterung der einzelnen Module erfolgt hauptsächlich durch Step-by-Step-Anweisungen. Diese werden durch Hintergrundinformationen sowie eingeschobene Kommentare und Anmerkungen ergänzt. Zudem enthält das Buch zahlreiche Beispiele, um das theoretisch erlernte Wissen auch angemessen anwenden zu können.

Step by Step

 Weitere Inhalte, Modelle und Übungen sowie ergänzende Lernvideos finden Sie auf der Website zum Buch *(www.creobuch.de)*. Das Zugangspasswort lautet: WdLid[2019].

Website zum Buch

Das Erlernen eines CAD-Programms kann frustrierend sein, lassen Sie sich jedoch nicht entmutigen, und bleiben Sie am Ball. Um die Motivation hochzuhalten, ist die Definition eines realen und erreichbaren Ziels wichtig. Dabei wollen wir helfen, indem wir ein attraktives Konstruktionsbeispiel ausgewählt haben: Sie konstruieren Drohnen.

Am Ball bleiben lohnt sich.

Es werden zwei Varianten einer Drohne konstruiert, die in Bild 1.1 dargestellt sind. Anhand der links abgebildeten Einsteigerdrohne lernen Sie sämtliche Funktionen und Werkzeuge von Creo kennen. Sobald Sie alle Übungen, die in diesem Buch enthalten sind, nachkonstruiert haben, können Sie die Drohne zusammensetzen. Die rechts abgebildete Drohne, deren Einzelteile teilweise etwas komplizierter sind als beim Einsteigermodell, können Sie ebenfalls nachbauen und damit Ihre Kenntnisse vertiefen. Die Zeichnungen der entsprechenden Einzelteile und kurze Bauanweisungen finden Sie unter *www.creobuch.de*.

Lernen am konkreten Beispiel

Website zum Buch

Bild 1.1 Links die Drohne für Einsteiger, rechts das Modell für Fortgeschrittene

Website zum Buch

Am Ende dieses Buches, wenn alle Übungsbauteile erstellt wurden, haben Sie die Einzelteile der Einsteigervariante konstruiert, diese zu Baugruppen zusammengesetzt und von dem ein oder anderen Teil eine Zeichnung erstellt. Sie haben also einmal den grundlegenden Konstruktionsprozess eines Produkts mit Creo durchlaufen. Wenn Sie auch die Übungen auf *www.creobuch.de* absolviert haben, dann haben Sie den Prozess sogar inklusive Variantenentwicklung durchlaufen.

Von einfach bis komplex

Anhand geeigneter Bauteile werden alle wichtigen Funktionen von Creo anschaulich Schritt für Schritt erklärt und vertieft. Durch diese Klickanleitungen lernen Sie das Programm kennen und erstellen gleichzeitig die ersten Teile Ihrer Drohne. Sie beginnen mit den einfachen Tools und arbeiten sich zu den komplexeren vor. Die grundlegenden Funktionen werden für verschiedene Teile benötigt. Neue Funktionen werden ausführlich erläutert, und im Laufe des Buches wird auf diese Passagen referenziert, falls eine Funktion erneut benötigt wird. So kann eine wiederholte Beschreibung der einzelnen Schritte entfallen, und die Klickanleitung bleibt schlank.

Übungen zur Vertiefung

Website zum Buch

In Abschnitt 3.8 sind die Zeichnungen aller Bauteile zusammengefasst. Sobald Sie einen Abschnitt in Kapitel 3 abgeschlossen haben, wird auf bestimmte Bauteile verwiesen, die Sie mit dem bisher Erlernten konstruieren können. Springen Sie in Abschnitt 3.8, und vervollständigen Sie so Stück für Stück Ihre Drohne. Und wie bereits gesagt, wenn Sie die Drohne für Fortgeschrittene konstruieren wollen, dann finden Sie unter *www.creobuch.de* alle Zeichnungen der Einzelteile. Tabelle 1.1 zeigt Ihnen eine Übersicht über alle Einzelteile der Einsteigerdrohne und in welchem Kapitel Sie diese finden.

Tabelle 1.1 Bauteile (BT) und Baugruppen (BG) der Einsteigerdrohne DROHNE_V1

Benennung	Typ	Kapitel
DROHNE_V1	BG	Klickanleitung in Abschnitt 4.2
KÖRPER_V1	BT	Klickanleitung in Abschnitt 3.6/Bild 3.145 in Abschnitt 3.8
DECKEL_V1	BT	Bild 3.148 in Abschnitt 3.8
ANTENNE_V1	BT	Klickanleitung in Abschnitt 3.4.3.3/Bild 3.149 in Abschnitt 3.8
UNTERBAU_V1	BG	Klickanleitung in Abschnitt 4.2.3
BEIN_V1	BG	Klickanleitung in Abschnitt 4.2.1
AUFNAHME_FUSS_V1	BT	Bild 3.146 in Abschnitt 3.8
FUSS_V1	BT	Bild 3.145 in Abschnitt 3.8
FEDER_V1	BT	Klickanleitung in Abschnitt 3.4.3.2/Bild 3.144 in Abschnitt 3.8
KAMERABAUGRUPPE_V1	BG	Klickanleitung in Abschnitt 4.2.2
KAMERAAUFNAHME_V1	BT	Klickanleitung in Abschnitt 3.5.2/Bild 3.138 in Abschnitt 3.8
KAMERAARM_V1	BT	Bild 3.137 in Abschnitt 3.8
KAMERA_V1	BT	Klickanleitung in Abschnitt 3.4.1 und Abschnitt 3.4.2/Bild 3.137 in Abschnitt 3.8
AUSLEGERBAUGRUPPE_V1	BG	Klickanleitung in Abschnitt 4.2.1 und Abschnitt 4.2.2
ARM_V1	BT	Klickanleitung in Abschnitt 3.4.3.1/Bild 3.140 in Abschnitt 3.8

Benennung	Typ	Kapitel
PROPELLERAUFNAHME_V1	BT	Bild 3.142 in Abschnitt 3.8
ROTORSCHUTZ_V1	BT	Klickanleitung in Abschnitt 3.4.3.5 / Bild 3.143 in Abschnitt 3.8
PROPELLER_V1	BT	Klickanleitung in Abschnitt 3.4.3.4 und Abschnitt 3.5.1 / Bild 3.141 in Abschnitt 3.8

1.3 Grundlagen der 3D-Konstruktion

In der 3D-Konstruktion müssen reale oder erdachte Objekte als eigenschaftsbehaftetes Modell dargestellt werden. Die virtuelle Objektbildung, das geometrische Modellieren, stützt sich hierbei auf einfache geometrische Grundelemente wie Punkte, Linien, Flächen oder Volumina, die mithilfe verschiedener mathematischer Disziplinen erstellt, verknüpft und manipuliert werden können. Zu nennen sind analytische Geometrie, Differentialgeometrie, projektive Geometrie, numerische Mathematik, Mengenlehre und Matrixalgebra.

Eingabe und Manipulation der Modelldefinition erfolgt häufig über Operationen aus dem Bereich der Mengenlehre, sogenannte boolesche Operatoren (Konjunktion, Disjunktion und Negation, d. h. UND, ODER, NICHT, siehe Bild 1.2).

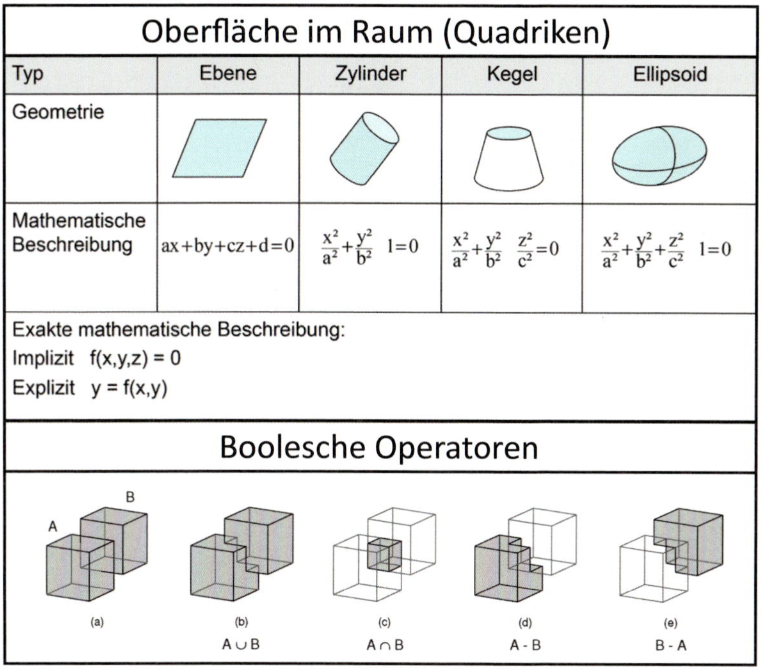

Grundlagen

Oberfläche im Raum (Quadriken)				
Typ	Ebene	Zylinder	Kegel	Ellipsoid
Geometrie				
Mathematische Beschreibung	$ax+by+cz+d=0$	$\frac{x^2}{a^2}+\frac{y^2}{b^2}-1=0$	$\frac{x^2}{a^2}+\frac{y^2}{b^2}-\frac{z^2}{c^2}=0$	$\frac{x^2}{a^2}+\frac{y^2}{b^2}+\frac{z^2}{c^2}-1=0$

Exakte mathematische Beschreibung:
Implizit $f(x,y,z) = 0$
Explizit $y = f(x,y)$

Boolesche Operatoren

(a) A, B
(b) A ∪ B
(c) A ∩ B
(d) A - B
(e) B - A

Bild 1.2 Grundlagen der Modellierung

CSG-Modellierung

Die *CSG-Modellierung* (Constructive Solid Geometry) ist eines der traditionellen Volumen-Modellierungsverfahren, das schon bei den ersten 3D-CAD-Systemen in den 1980er Jahren eingesetzt wurde. Komplexe Strukturen liegen als Sequenz boolescher Operationen einfacher Grundkörper vor. Die Datenstruktur wird als Folge algebraischer Ausdrücke in Objektbäumen abgelegt. Die Grundkörper sind alle auch im Nachhinein modifizierbar. Die Modellhistorie ist über die Datenstruktur jederzeit nachvollziehbar. Das in Bild 1.3 dargestellte Beispiel zeigt die Entstehung einer gestuften Welle mit Passfedernut, Bohrung und Einstich aus den Grundkörpern Zylinder, Quader und Torus mit entsprechender logischer Verknüpfung.

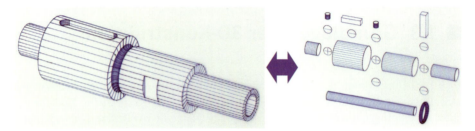

Bild 1.3 CSG-Darstellung

Parametrische Modellierung

Neben den vorangehend beschriebenen expliziten geometrischen Modellierungsverfahren kommt in der Praxis oft die *parametrische Modellierung* zum Einsatz. In parametrischen CAD-Systemen sind die Bemaßungen nicht nur als einfacher Text sichtbar, sondern assoziativ mit der Modellgeometrie verknüpft. Die als Parameter bezeichneten Maße haben hierbei einen Zahlenwert und einen Parameternamen (siehe Bild 1.4).

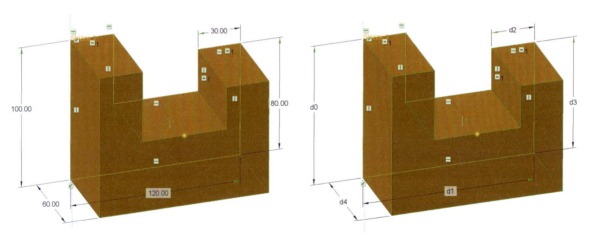

Bild 1.4 Parametrische Modellierung

Die Bemaßung stellt im CAD-Entwurf eine Randbedingung (engl. *constraint*) dar. Constraints sind Zwangsbedingungen bezüglich Form und Lage der modellierten Objekte. Bei der Änderung von Maßen wird die Geometrie neu berechnet und aktualisiert.

Die Anpassung an neue Erfordernisse, z. B. Kundenwünsche, stellt in der 3D-Konstruktion eine der häufigsten Aufgaben dar. Daneben werden besonders die Variantenkonstruktion sowie die Wiederverwendbarkeit bestehender Modelle durch die eingebaute Parametrik unterstützt. Weiterhin ist beim parametrischen Modellieren die Unterstützung der Baugruppenmodellierung aus einzelnen Bauteilen und/oder Unterbaugruppen gegeben, mit der Möglichkeit, diese an unterschiedlichsten Stellen zu platzieren.

Eine weitere Möglichkeit zur Gestaltung virtueller Modelle ist die *Feature-Modellierung*. Hierbei dienen Features als produktgestaltende Elemente, wobei nicht nur die Gestaltung als Feature oder Feature-Kombination möglich ist, sondern ebenfalls die relative Positionierung erfolgen kann, z. B. über ein sogenanntes Positionier-Feature.

Feature-Modellierung

Die Erzeugung einer Feder kann so z. B. in Creo mithilfe eines Konstruktions-Features zur Federerzeugung geschehen. Mit diesem speziellen Werkzeug zur Erzeugung einer komplexen Geometrie kann die als Körper gezogene Spirale auf sechs unterschiedliche Arten automatisch erzeugt werden:

- konstante Steigung
- variable Steigung
- durch Achse
- senkrecht zur Leitkurve
- rechts
- links

Moderne CAD-Systeme wie Creo nutzen die *Feature-Modellierung* in Verbindung mit der Parametrisierung als Hybridmodellierer. So bestehen selbst äußerst komplex wirkende Bauteile stets aus einer Basisgeometrie, die durch schrittweises Anfügen weiterer einfacher Teilgeometrien ihre endgültige Form erhalten. In nahezu allen 3D-CAD-Systemen beginnt der Aufbau einer Geometrie mit einer zweidimensionalen Skizze. Wird diese in die dritte Dimension projiziert, beschreibt die Geometrie ein Volumen. Mehrere kombinierte Volumina, die durch verschiedene Features erzeugt werden, ergeben dann das Bauteil. Mehrere Bauteile wiederum können zu Unterbaugruppen oder Baugruppen kombiniert werden, und durch eine Zeichnungsableitung werden die Volumina wieder in die zweidimensionale Ebene projiziert.

Hybridmodellierer

Es gibt hier natürlich noch viel mehr zu wissen, wir wollen Sie an dieser Stelle jedoch nicht mit Informationen überfrachten, sondern Sie so schnell wie möglich zum eigenen Arbeiten mit Creo hinführen.

Einige wenige Grundregeln zur Arbeit mit Creo seien aus unserer jahrzehntelangen Erfahrung trotzdem erlaubt:

- Versuchen Sie nicht, die „eierlegende Wollmilchsau" zu erfinden. Meist ist es zielführender, einfache, leicht zu durchschauende Module sinnvoll zusammenzusetzen.

  Keep it simple.

- Nehmen Sie sich trotz aller Hektik die Zeit, sich **vorher** Gedanken über die Vorgehensweise Ihrer Modellierung zu machen. Klug gesetzte Koordinatensysteme oder die Nutzung von Symmetrieeigenschaften ersparen Ihnen im Nachhinein eine Menge Arbeit.

  Erst denken, dann machen

- Es gibt sehr viele Lösungswege in Creo. Wenn Sie nicht weiterwissen und etwas nicht klappt, scheuen Sie sich nicht, Foren wie CAD.de *(https://ww3.cad.de)* aufzusuchen oder erfahrene Kollegen um Hilfe zu bitten.

  Fragen Sie um Rat.

2 Einstieg in Creo Parametric

Dieses Kapitel gliedert sich in zwei Teile. Abschnitt 2.1 dient als Einstieg in Creo Parametric und vermittelt die Grundlagen zur allgemeinen Bedienung des Programms. Als Anfänger empfiehlt es sich, die ersten Schritte genau durchzulesen. Abschnitt 2.2 mit weiterführenden Grundlagen, z. B. zur Anpassung der Programmeinstellungen, zur Datenverwaltung in Creo und zu Modellanalysefunktionen, dient dazu, tiefer in die Logik des Programms einzusteigen.

Wenn Sie bereits Vorkenntnisse in der Konstruktion mit anderen CAD-Lösungen haben, werden Sie sich leichter in die Creo-Programmstrukturen einfinden können. Dennoch sollten auch erfahrenere Anwender dieses Kapitel nicht einfach überspringen. Gerade bei den Basics liegt meist das größte Potenzial, Abläufe effizienter zu gestalten und Lösungsansätze für bisherige Schwierigkeiten zu entdecken.

■ 2.1 Erste Schritte

Die ersten Schritte innerhalb eines neuen Programms sind häufig ungewohnt. Daher beginnen wir hier mit den Grundlagen der Bedienung von Creo.

2.1.1 Programm aufrufen, Arbeitsverzeichnis festlegen und Modell laden

Starten Sie zunächst Creo Parametric. Es erscheint die in Bild 2.1 dargestellte Startoberfläche mit dem Menü *Datei* und der Registerkarte *Startseite*. Das Menü *Datei* enthält häufig verwendete Systembefehle. Auf der Registerkarte *Startseite* finden Sie grundlegende Befehle, die für die ersten Schritte in einer Creo-Sitzung nötig sind. Lassen Sie sich nicht von den Anzeigen im Arbeitsfenster irritieren. Hier bietet PTC abhängig von Ihrer Programmversion eine Führung durch das Programm an, informiert über die Neuerungen

Starten von Creo

der aktuellen Version usw. An dieser Stelle können Sie das Programm nun auf eigene Faust erkunden. Wir gehen im Laufe dieses Buches nicht näher darauf ein. Die Anzeigen können durch einen Klick auf die in Bild 2.1 markierte Schaltfläche geschlossen werden.

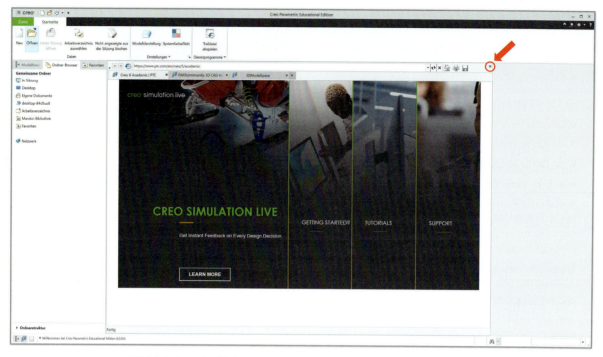

Bild 2.1 Startoberfläche Creo Parametric

Arbeitsverzeichnis auswählen

Zu Beginn der Konstruktion mit Creo wird nun das *Arbeitsverzeichnis* festgelegt. Wählen Sie hierzu einen bereits bestehenden Ordner in Ihrem Dateisystem, oder legen Sie einen neuen an. Das Arbeitsverzeichnis dient nun als Standardspeicherort für alle in der aktuellen Sitzung erstellten Ausgabedateien. Das aktuell ausgewählte Arbeitsverzeichnis kann über den *Navigator* am linken Fensterrand eingesehen werden.

Website zum Buch

Um die Benutzeroberfläche genauer betrachten zu können, öffnen Sie nun ein bereits bestehendes Bauteil. Bauteile werden in Creo durch die Dateiendung *.PRT gekennzeichnet. Das Öffnen vorhandener Creo-Modelle erfolgt, wie Sie es aus anderen Windows-Applikationen kennen. Standardmäßig wird automatisch in das vorher definierte Arbeitsverzeichnis gesprungen, um Dateien aus diesem auswählen zu können. Sie können aber auch Dateien aus anderen Verzeichnissen öffnen. Beim Speichern wird dieses jedoch nicht mehr im Ursprungsordner abgelegt, sondern im definierten Arbeitsverzeichnis. Falls Ihnen kein geeignetes Modell zur Verfügung steht, können Sie eine der Dateien auf *www.creobuch.de* nutzen.

HINWEIS: Um eine übersichtliche Datenorganisation zu gewährleisten, sollte das Arbeitsverzeichnis stets zu Beginn der Arbeiten festgelegt werden.

2.1.2 Neues Modell erzeugen

Wenn Sie schon geübter im Umgang mit CAD-Software sind, können Sie auch direkt selbst ein neues Modell erzeugen. Wie so oft ist das über verschiedene Wege möglich: Neu

- im Menü unter dem Reiter *Startseite* auf *Neu* klicken
- im Schnellzugriff auf das *Neu*-Icon drücken
- auf *Datei* klicken und *Neu* auswählen
- über die Tastenkombination <STRG> + <N>

Sie müssen für sich herausfinden, welcher Weg für Sie der richtige ist. Es erscheint nun das in Bild 2.2 dargestellte Fenster.

Bild 2.2 Dialogfenster, um eine neue Creo-Datei zu erzeugen

An dieser Stelle entscheiden Sie darüber, welcher CAD-Dateityp erstellt werden soll. Abhängig vom gewählten Typ stehen zum Teil verschiedene Untertypen zur Auswahl. Diese spezifizieren das Modell und beeinflussen die späteren Funktionalitäten. Tabelle 2.1 gibt einen kurzen Überblick über die einzelnen Typen und wann diese verwendet werden, wobei nur die fett-kursiv hervorgehobenen in diesem Buch näher beschrieben werden.

Verschiedene Modelltypen

Tabelle 2.1 Wählbare Modelltypen

Symbol	Bezeichnung	Verwendung
	Layout	*Layout* ist ein Bereich, mit dessen Hilfe Projekte und Ideen in 2D ausprobiert, dokumentiert, organisiert und entwickelt werden können. Er kann in der Produktentwicklung, vor allem wenn mehrere Personen involviert sind, als „digitales Notizbuch" sinnvoll sein.
	Skizze	Im Bereich *Skizze* sind die Creo-Funktionen auf alle Tools beschränkt, die man in einer 2D-Umgebung benötigt. Die Verwendung dieses Bereichs kann für die Entwicklung von konstruktiven Lösungskonzepten genutzt werden, sozusagen als „digitaler Schmierzettel". Weiterhin macht es manchmal Sinn, Skizzen separat abzuspeichern, beispielsweise wenn sie in mehreren Konstruktionen gebraucht werden, wie die Kontur der Umgebung oder die Abmessungen der Anschlüsse.
	Teil	Wie der Name vermuten lässt, erzeugt man im Bereich *Teil* Bauteile. Wichtig sind die drei verschiedenen Untertypen: Mit Volumenkörpern lassen sich dreidimensionale Körper mit verschiedensten Tools modellieren. Auf dieser Art von Körpern liegt auch der Fokus in diesem Buch. Wenn man Blechkonstruktionen erstellen möchte, dann muss an dieser Stelle der entsprechende Untertyp ausgewählt werden. Anschließend stehen spezielle Tools für die Blechkonstruktion zur Verfügung. Mithilfe von Massenelementen lassen sich Komponenten darstellen, die keinen Volumenkörper in der Baugruppe brauchen, aber trotzdem in der Stückliste einer Zeichnung auftauchen sollen, wie beispielsweise Klebstoffe oder Farben.
	Baugruppe	Im Bereich *Baugruppe* können Einzelteile zusammengesetzt werden. Es gibt eine Fülle an Untertypen, deren Beschreibung an dieser Stelle zu umfangreich wäre. In der Regel reicht für die meisten Baugruppen der Untertyp *Konstruktion* mit der von Creo vorgegebenen Standardschablone.
	Fertigung	Mithilfe des Bereichs *Fertigung*, der nicht in diesem Buch behandelt wird, kann die Herstellung eines Bauteils geplant werden.
	Zeichnung	Über die Auswahl *Zeichnung* erreicht man den Zeichnungsbereich von Creo, der in Abschnitt 5.1 genauer beschrieben wird.
	Format	Mit *Format* lassen sich verschiedene Zeichnungsvorlagen erstellen.
	Notizbuch	Wie der Name schon verrät, können im Bereich *Notizbuch* ausführliche Konstruktionsdokumentationen mit nicht parametrischen Skizzen erstellt werden. Die Funktionen sind umfangreicher als im Bereich *Layout*.

Creo bietet die Möglichkeit, neben dem *Dateinamen* einen *üblichen Namen* zu vergeben, wie in Bild 2.3 dargestellt. Hintergrund ist folgender: Bei großen Firmen und vor allem seit der Verbreitung von Produktdatenmanagementsystemen (PDM) werden Konstruktionsdateien mit mehr oder weniger aussagekräftigen Nummern benannt. Bei Creo wird diese Nummer dementsprechend als Dateiname eingetragen. Um schneller zu wissen, um was für einen Entwurf oder ein Teil es sich handelt, kann ein üblicher, also ein aussagekräftiger, Name vergeben werden. Bild 2.3 zeigt exemplarisch ein fiktives Bauteil.

Bild 2.3 Eingabe Dateiname und üblicher Name

Unter den Kästen für die Namensdefinition können Sie wählen, ob die Standardschablone verwendet werden soll oder nicht. In Standardschablonen können Voreinstellungen, wie beispielsweise Ansichten, Beziehungen oder Parameter, abgespeichert werden, die dann bei jedem neuen Bauteil, das mit dieser Schablone erzeugt wird, bereits vorhanden sind. In der Regel reichen die von Creo vorgegebenen Einstellungen völlig aus. Es wird zur Verwendung der Standardschablone geraten. Daher kann der Haken immer gesetzt bleiben.

2.1.3 Benutzeroberfläche

Sobald Sie mit der Arbeit an einem Modell beginnen, wird die Benutzeroberfläche um weitere Elemente ergänzt, die wir uns im Folgenden genauer anschauen (siehe Bild 2.4).

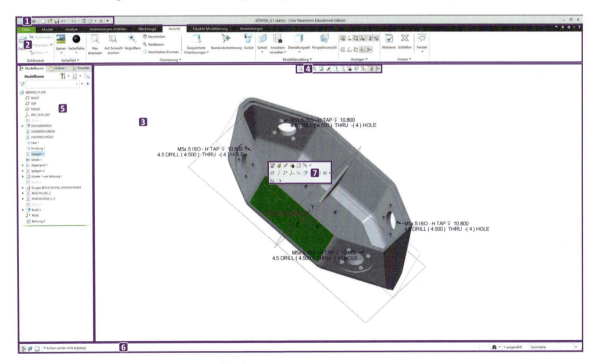

Bild 2.4 Creo-Benutzeroberfläche im Bauteildesign

Schnellzugriffsleiste

Menüleiste für den Schnellzugriff: Wie Sie es aus anderen Programmen kennen, besitzt auch Creo am oberen Fensterrand eine Menüleiste für den Schnellzugriff mit den typischen Funktionen wie *Öffnen*, *Speichern* oder *Schließen* (siehe Nummer 1 in Bild 2.4 sowie Bild 2.5). Zudem finden Sie hier auch die Pfeilsymbole, um den letzten Arbeitsschritt rückgängig zu machen oder aber einen rückgängig gemachten Arbeitsschritt wieder auszuführen. Alternativ können Sie auch in Creo die Tastenkombinationen <STRG> + <Z> und <STRG> + <Y> verwenden.

Bild 2.5 Schnellzugriffsleiste

 Regenerieren

Neben den Pfeilen befindet sich das Symbol für das *Regenerieren* eines Bauteils oder einer Baugruppe. Regenerieren ist unter anderem immer dann nötig, wenn Sie bei einer bestehenden Konstruktion grundlegende Einstellungen oder Abmessungen verändern oder aber ein Einzelteil einer Baugruppe verändert haben. Wenn Sie auf diesen Befehl klicken, dann startet Creo eine Routine, die im Hintergrund das entsprechende Einzelteil oder die Baugruppe neu erzeugt. Dabei werden Ihre Arbeitsschritte Schritt für Schritt wiederholt. Creo regeneriert auch automatisch bei jedem Speichern, Öffnen oder Schließen.

Wenn Sie mehrere Bauteile, -gruppen oder Zeichnungen geöffnet haben, dann können Sie über das Symbol mit den gestapelten Arbeitsfenstern von einem zu einem anderen springen.

Über das *X* schließen Sie das aktuelle Fenster.

Multifunktionsleiste

Multifunktionsleiste: Unter der Menüleiste schließt die Multifunktionsleiste an (siehe Nummer 2 in Bild 2.4). Sie besteht aus einer Reihe kontextbezogener Registerkarten, die jeweils aufgabenbezogene Gruppen und Befehle enthalten (siehe Bild 2.6).

Bild 2.6 Multifunktionsleiste

Auf der Registerkarte *Modell* befinden sich alle Befehle, die Sie zum Erzeugen und Bearbeiten von Modellgeometrien benötigen. Es gibt unter anderem Befehlsgruppen für Operationen, das Erzeugen von Bezügen, von Formen und von Konstruktionselementen, das Bearbeiten der Geometrie und das Hinzufügen der Modellabsicht. Die Registerkarte *Analyse* beinhaltet Befehlsgruppen für das Verwalten von Analysen, Erzeugen von benutzerdefinierten Analysen, Ausführen von Modellberichten, Durchführen von Messungen, Prüfen der Geometrie und Durchführen von Konstruktionsstudien. Auf der Registerkarte *Ansicht* finden Sie Befehlsgruppen, die sich auf die Anzeige des Modells beziehen.

> **TIPP:** Über einen Rechtsklick in den entsprechenden Bereich und den jeweiligen *Anpassen*-Befehl können die angezeigten Funktionen erweitert oder reduziert werden.

Jede Befehlsgruppe beinhaltet eine Reihe von Befehlen, die zum Teil auch über die Dropdown-Listen der Gruppen erreichbar sind (siehe Bild 2.7). Manche Befehle verfügen wiederum über eigene Untermenüs, die verschiedene Variationen des Befehls anbieten.

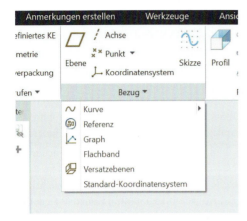

Bild 2.7 Exemplarisch: Dropdown-Menü der Registerkarte *Bezug*

Die Inhalte der Multifunktionsleiste sind abhängig vom gewählten Modelltyp und der aktuellen Aktion. Die Multifunktionsleiste ist das zentrale Bedienelement bei Creo und passt sich je nach gewähltem Modelltyp an die spezifischen Anforderungen an. In den hier betrachteten Modelltypen Bauteil, Baugruppe und Zeichnung enthalten die Multifunktionsleisten, in der entsprechenden Reihenfolge von oben nach unten, folgende Einträge:

Arbeitsfenster: Im Arbeitsfenster wird, wie der Name schon sagt, das Modell erstellt und bearbeitet (siehe Nummer 3 in Bild 2.4). In diesem Bereich erstellen Sie die Skizzen und erzeugen daraus Konstruktionselemente. Sie können Ihr Bauteil aus allen Raumrichtungen betrachten, schneiden und vieles mehr.

Arbeitsfenster

Grafiksymbolleiste: Über die Grafiksymbolleiste am oberen Rand des Arbeitsfensters können die Ausrichtung und Darstellung des Modells angepasst sowie verschiedene Elemente ein- und ausgeblendet werden (siehe Nummer 4 in Bild 2.4). Auch diese Leiste verändert sich, je nachdem, ob Sie beispielsweise gerade eine Skizze erstellen oder eine Baugruppe zusammensetzen.

Grafiksymbolleiste

> **TIPP:** Creo ist ein sehr umfangreiches Programm. Von daher ist es vor allem beim Einstieg wichtig, viel zu experimentieren und sich mit den verschiedenen Funktionen und Icons vertraut zu machen. Klicken Sie also bei Ihrer ersten Skizze bzw. ersten Baugruppe usw. alle Icons der Grafiksymbolleiste durch, verdrehen Sie beispielsweise die Ansicht, und beobachten Sie, was passiert.

Navigator: **Navigator:** Dieser Bereich am linken Rand des Fensters beinhaltet den Modellbaum, Folienbaum und Detailbaum sowie den Ordnerbrowser und die Favoriten (siehe Nummer 5 in Bild 2.4). Pro Untermenü können zudem verschiedene weitere Funktionen oder Einstellungen genutzt werden. Der Navigator kann über die Statusleiste ein- und ausgeblendet werden. Häufig werden Sie den Modellbaum verwenden. Dieser zeigt eine grafische hierarchische Darstellung des Modells und dient somit der Übersicht und Orientierung während des Konstruktionsprozesses. Die Verzweigungssymbole des Modellbaumes stellen die einzelnen Komponenten Ihres Modells und ihre Beziehung untereinander dar. Sie können die Baumdarstellung erweitern oder komprimieren, indem Sie auf das Dreieck neben dem Namen der Komponente klicken. Zudem ermöglicht der Modellbaum die schnelle Identifizierung und Auswahl von Objekten für verschiedene Operationen an Komponenten und Konstruktionselementen und kann somit auch als Auswahltool verwendet werden. Näheres zum Arbeiten mit dem Modellbaum finden Sie auch in Abschnitt 2.1.5.

Ehe mit der Beschreibung der einzelnen Bereiche fortgefahren wird, folgt ein wichtiger Hinweis. Bei Creo wird ein Bauteil Schritt für Schritt durch sogenannte Konstruktionselemente, kurz KE, aufgebaut. Wenn Sie Bild 2.4, genauer den Modellbaum, betrachten, so sehen Sie eine Reihe von Werkzeugen, die in späteren Kapiteln vorgestellt werden. An oberster Stelle steht der Name des Modells, hier KÖRPER_V1.PRT, und anschließend die in jedem Bauteil vorhandenen Referenzebenen und das globale Koordinatensystem. Anschließend sehen Sie die KE, mit deren Hilfe das Modell erzeugt wurde. Erst wurde ein Profil generiert, anschließend Schrägen hinzugefügt usw.

Statusleiste: **Statusleiste:** Die Statusleiste am unteren Fensterrand beinhaltet verschiedene Steuerelemente und Informationsbereiche und gibt Ihnen nützliche Hinweise (siehe Nummer 6 in Bild 2.4). Hier können Sie den Navigator sowie den Browser ein- und ausblenden. Durch den Vollbildmodus werden alle Fenster außer der Grafiksymbolleiste ausgeblendet, um den Arbeitsbereich zu maximieren. Im Mitteilungsbereich werden einzeilige Mitteilungen oder Warnungen ausgegeben. Dies kann vor allem am Anfang sehr hilfreich sein, denn hier steht meist eine kurze Anweisung, was als Nächstes zu tun ist, sobald Sie auf ein Icon geklickt haben. Über die rechte Maustaste können im Mitteilungsprotokoll ältere Mitteilungen nachverfolgt werden. Der Statusbereich der Modellregenerierung zeigt eine Ampel: Grün kennzeichnet hierbei eine erfolgreich abgeschlossene, Gelb eine erforderliche und Rot eine fehlgeschlagene Regenerierung. Zudem kann über die Statusleiste das Suchentool aufgerufen werden. Der Auswahlpufferbereich zeigt die Anzahl der ausgewählten Elemente im aktuellen Modell an. Über den Auswahlfilterbereich können die Auswahlmöglichkeiten im Modell gesteuert und eingegrenzt werden.

Kontextmenü: **Kontextmenü:** Durch Rechtsklick auf bestimmte Objekte öffnet sich diese kontextabhängige Benutzeroberfläche (siehe Nummer 7 in Bild 2.4). Objekte können in diesem Zusammenhang z. B. eine Kante oder Fläche des Bauteils, aber auch ein Konstruktionselement im Modellbaum sein. Wenn Sie im Arbeitsfenster oder im Modellbaum auf ein Objekt klicken, dann erscheint eine Minisymbolleiste als zusätzlicher Bestandteil des Kontextmenüs. In der Minisymbolleiste werden häufig verwendete Befehle, aber auch solche, die sich auf einen erweiterten Kontext beziehen, angezeigt.

2.1.4 Maussteuerung und Shortcuts

Die Orientierung des Objekts im Arbeitsfenster kann allein über die Maus oder unter Zuhilfenahme von Tasten oder sogenannten 3D-Mäusen gesteuert werden (siehe Tabelle 2.2).

Maussteuerung

Tabelle 2.2 Maustastenbelegung

Funktion	Tastatur- + Mausaktivität
Drehen	Mittlere Maustaste gedrückt halten, Maus verschieben <STRG> + mittlere Maustaste gedrückt halten, Maus nach rechts und links bewegen
Zoomen	Mittlere Maustaste drehen <STRG> + mittlere Maustaste gedrückt halten, Maus hoch- und runterbewegen
Verschieben	<UMSCHALT> + mittlere Maustaste gedrückt halten

Nutzen Sie bei der Steuerung auch die Möglichkeiten der Grafiksymbolleiste (siehe Nummer 4 in Bild 2.4). Es gibt hier verschiedene Funktionen, die Ihnen den Umgang mit Bauteilen oder Baugruppen erleichtern:

- Die 3D-Drehmitte erleichtert die Rotation des Bauteils.
- Wenn Sie aus Versehen Ihr Modell aus dem sichtbaren Bereich rotiert und es gleichzeitig so klein gezoomt haben, dass Sie es im Raum nicht mehr finden, dann holt *Neu einpassen* das „verlorene" Modell zurück in den Sichtbereich des Arbeitsfensters.

 3D-Drehmitte

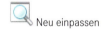 Neu einpassen

Tastenkombinationen und Tastenkürzel, sogenannte Shortcuts, können die Arbeit im Programm vereinfachen und beschleunigen. Mögliche Tastenkombinationen werden zum Teil auch angezeigt, wenn Sie über einem Icon mit der Maus stehen bleiben. Wird der unterstrichene Buchstabe zusammen mit der <STRG>-Taste betätigt, wird der Befehl ausgeführt.

Tastenkombinationen und -kürzel

 TIPP: Über <STRG> + <S> wird z. B. das Modell gespeichert. Dies ist ein extrem wichtiger Shortcut. Merken Sie sich diesen, und benutzen Sie ihn oft.

Tastenkombinationen können auch zur Navigation durch die Multifunktionsleiste genutzt werden. Bei Betätigen der <ALT>-Taste erscheinen zunächst weitere Kürzel für die einzelnen Registerkarten und anschließend für weitere Funktionen (siehe Bild 2.8). So kann z. B. über <ALT> + <M> + <S> der Befehl zur Skizzenerzeugung ausgelöst werden.

Bild 2.8 Multifunktionsleiste mit Anzeige der Shortcuts

Tabelle 2.3 zeigt weitere nützliche Shortcuts.

Tabelle 2.3 Nützliche Shortcuts

Kürzel	Funktion
<STRG> + <N>	Neu
<STRG> + <S>	Speichern
<STRG> + <O>	Öffnen
<STRG> + <Z>	Widerrufen
<STRG> + <Y>	Wiederherstellen
<STRG> + <G>	Modell regenerieren
<STRG> + <A>	Fenster aktivieren

 Sie können Tastenkombinationen auch selbst definieren. In *Dateien > Optionen* finden Sie unter dem Menüpunkt *Anpassen* die Möglichkeit, Tastenkombinationen zu ergänzen oder zu editieren.

2.1.5 Mit einem Modell arbeiten – nützliche Grundlagen

In diesem Abschnitt erhalten Sie wertvolle Tipps zum Umgang mit Creo und allgemeine Informationen über den Aufbau und Ablauf verschiedener Schritte. Es ist sinnvoll, sich diese vor dem ersten Modell einmal durchzulesen. Allerdings werden so viele Punkte angeschnitten und erläutert, dass man nur schwer alles aufnehmen und dann, wenn der Hinweis zum Tragen kommt oder aber der entsprechende Fehler auftritt, parat haben kann. Springen Sie also beim Konstruieren immer wieder in diesen Abschnitt zurück, wenn es Unklarheiten geben sollte.

Farbige Hervorhebungen

Farbige Hervorhebungen

Bei der Arbeit mit Creo, wie übrigens auch bei den meisten anderen Konstruktionsprogrammen, werden dem Anwender bestimmte Informationen über eine programmspezifische Farbgebung mitgeteilt. Um schon einmal einen kleinen Überblick zu erhalten, sind im Folgenden verschiedene wichtige Farbmerkmale aufgelistet:

- Volumenelemente sind beispielsweise grau, Flächenelemente werden lilafarben angezeigt. In der Voranzeige werden beide allerdings als orangefarbene Körper dargestellt.
- Fahren Sie mit dem Mauszeiger über ein Modell, so werden die jeweils auswählbaren Elemente orangefarben markiert. Wenn Sie Ihre Auswahl per Mausklick bestätigen, dann ändert sich die Farbe des Elements zu Grün.
- Im Skizziermodus werden geschlossene Skizzen rosafarben ausgefüllt. Trifft dies nicht zu, ist Ihre Skizze nicht geschlossen, d. h., es gibt Linien, die ein offenes Ende haben. Diese offenen Enden werden wiederum mit einem roten Kästchen markiert. Weitere Informationen dazu finden Sie in Abschnitt 3.3.
- Bemaßungen sind je nach Priorität unterschiedlich gefärbt. Auch hierzu erfahren Sie später mehr.
- Im Modellbaum werden untergeordnete Elemente ausgegraut und fehlgeschlagene KE rot markiert.
- Bei der Verwendung verschiedener Module werden nicht mögliche Operationen grau dargestellt.
- In verschiedenen Funktionen weisen farbige Hervorhebungen auf das Fehlen von Einstellungen hin bzw. zeigen diese Markierungen den nächsten benötigten Schritt an.
- Noch nicht in die Baugruppe eingebaute Komponenten erscheinen während der Bearbeitung lilafarben.

Module und Registerkarten

Creo ist über verschiedene Registerkarten und Module organisiert. Je nachdem, in welcher Phase der Aktion man sich befindet, stehen verschiedene Funktionen zur Verfügung, und es ändern sich die Inhalte der Benutzeroberfläche. Das heißt, die Multifunktionsleiste einer Bauteilkonstruktion unterscheidet sich von der eines Baugruppenmodells, oder die des Moduls *Profil* zeigt andere Optionen als die des Moduls *Drehen*.

Wird ein neues Modul aktiviert, erscheint eine neue Registerkarte in der Multifunktionsleiste, die die aktuellen Einstellungsmöglichkeiten zeigt. Nachfolgend wird dies am Beispiel des Moduls *Profil* gezeigt, das die Registerkarte *Extrudieren* öffnet.

Bild 2.9 Registerkarte des Tools *Extrudieren*

In Bild 2.9 sehen Sie auch, dass die Registerkarte *Platzierung* rot ist. Wie eingangs in diesem Abschnitt erwähnt, zeigen farbige Hervorhebungen, dass hier noch Einstellungen zu treffen sind, also etwas getan werden muss. In diesem Fall soll eine vorhandene Skizze bzw. eine Skizzierebene, auf der eine Skizze erstellt wird, ausgewählt werden. Wie genau das funktioniert, sehen Sie später. Nur schon einmal vorneweg: Die einzelnen Funktionen in Creo haben meist diese zwei Möglichkeiten:

- Referenzen vorab erstellen und dann auswählen
- Referenzen innerhalb eines Moduls auswählen

Kommen wir zurück zu den Erläuterungen zur Multifunktionsleiste anhand des Beispiels Extrudieren. Wird die Skizzierebene ausgewählt, öffnet sich eine neue Registerkarte *Skizze*. Die Standardregisterkarten sind immer noch aktivierbar, allerdings sind die meisten Funktionen ausgegraut, solange eine andere Aktion, hier das Skizzieren, im Gange ist.

Haben Sie eine Skizze erstellt und zugewiesen, können Sie diese unter *Platzierung* erneut editieren.

 HINWEIS: Die Statusleiste (siehe Nummer 6 in Bild 2.4) gibt wichtige Hinweise über die aktuellen Prozesse, zeigt aber auch, welcher Folgeschritt erwartet wird.

Module, die neue Registerkarten öffnen, können im Bereich *Schließen* der Multifunktionsleise über *OK* oder *Abbrechen* beendet werden. Weiterhin gibt es die Möglichkeit, verschiedenste Fenster mit der mittleren Maustaste zu bestätigen oder mit der <ESC>-Taste zu verlassen.

 HINWEIS: Beim Skizzieren kann die Registerkarte ausschließlich über die Multifunktionsleiste geschlossen werden. Die verwendeten Tools innerhalb der Registerkarte können über zwei verschiedene Wege verlassen werden:

- <ESC>-Taste
- mittlere Maustaste

Arbeiten mit Handles

Arbeiten mit Handles

Manche Einstellungen innerhalb der Module können auch über verschiedene Handles vorgenommen werden. Handles sind grafische Objekte, die während der Erzeugung oder bei erneuter Definition zum Bearbeiten der Geometrie in Echtzeit verwendet werden. Ziehen Sie die Handles mit der Maus, um die KE-Geometrie neu zu orientieren, zu verschieben oder ihre Größe zu ändern. Zudem können Sie die Handles mit vorhandenen geometrischen Referenzen oder mit benutzerdefinierten Rasterinkrementen verbinden. Die Änderungen werden dynamisch im Arbeitsfenster angezeigt. Durch Rechtsklick auf das Handle-Symbol werden weitere Funktionen anwählbar.

Beispiele:

Bei der Profilerstellung (vgl. Abschnitt 3.4.1) können Tiefe und Richtung über Handles gesteuert werden (siehe dazu Bild 2.10). Durch Ziehen des gelben Punktes (in Bild 2.10 blau, da er bereits angeklickt wurde) kann die Tiefe festgelegt werden. Bei einem Rechtsklick erscheinen die Tiefeneinstellungen und können entsprechend geändert werden. Durch einen Klick auf den violetten Pfeil kann die Richtung, in die der Körper extrudiert werden soll, umgekehrt werden.

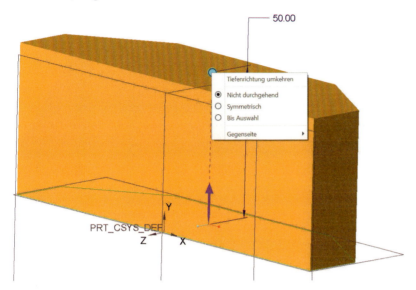

Bild 2.10 Handles beim Profilerstellen

Beim Einbau vorhandener Komponenten in eine Baugruppe (vgl. Kapitel 4) dient das Handle dem Verschieben und Orientieren des noch nicht fest eingebauten Objekts (siehe dazu Bild 2.11).

 HINWEIS: Nutzen Sie diese Funktion nicht, um Objekte in die Baugruppe einzubauen. Hierzu müssen klar definierte Bedingungen genutzt werden. Genaueres hierzu finden Sie in Kapitel 4.

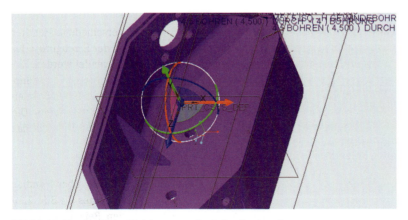

Bild 2.11 Handles beim Platzieren von Bauteilen in einer Baugruppe

Bei der Funktion *Bohrung* (vgl. Abschnitt 3.6.6) dienen Handles, wie in Bild 2.12 gezeigt, dem Platzieren des KE. Durch Ziehen der roten Markierungen auf bestimmte Geometrieelemente (z. B. eine Ebene oder eine Kante) rasten sie dort ein und dienen der Referenzierung.

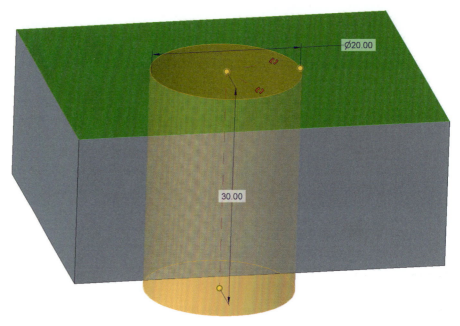

Bild 2.12 Handles beim Platzieren einer Bohrung

Editieren

Editieren vorhandener Elemente

Wenn man ein erstelltes Element erneut bearbeiten möchte, so gibt es dafür verschiedene Möglichkeiten. Am einfachsten erreichen Sie diese über das Kontextmenü (siehe Abschnitt 2.1.3):

- Anklicken des entsprechenden Elements mit der linken Maustaste im Strukturbaum und Auswählen des Icons *Definitionen editieren*
- Auswählen des entsprechenden Elements im Anzeigebereich und Drücken der Tastenkombination <STRG> + <E>
- Markieren des entsprechenden Elements im Anzeigebereich und Auswählen des Icons *Definitionen editieren* im Kontextmenü

Definition editieren

Durch dieses Vorgehen gelangt man in das jeweilige Modul zurück und kann alle dort getroffenen Einstellungen bearbeiten. So können Sie beispielsweise Dicken, Tiefen oder Radien variieren, Referenzen editieren oder die hinterlegte Skizze abändern.

 Bemaßungen editieren

Für viele Änderungen genügt es jedoch, nur einige Maße anzupassen. Durch *Bemaßungen editieren* wird kein Modul geöffnet, sondern Sie können direkt innerhalb des aktuellen Arbeitsfensters Anpassungen vornehmen (siehe Bild 2.13).

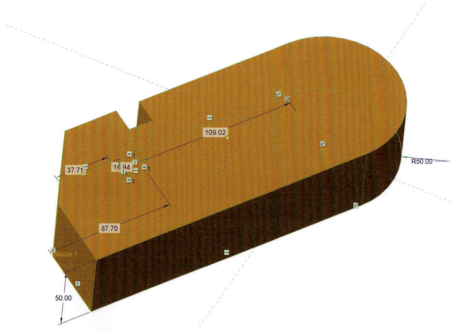

Bild 2.13 Funktion *Bemaßungen editieren*

Mit der Auswahl des entsprechenden Icons lassen sich auf die gleiche Weise die *Referenzen editieren* oder aber das Element lässt sich *unterdrücken*. Hilfreich ist unter Umständen auch das Werkzeug *Aus Eltern auswählen*. Damit lassen sich schnell und einfach die Basisreferenzen finden und bei Bedarf auswählen und editieren.

Bild 2.14 Weitere Symbole des Kontextmenüs

Operationen: Löschen, Unterdrücken und Gruppieren vorhandener Elemente

Das Löschen vorhandener Elemente kann ebenfalls über verschiedene Wege erfolgen. Zunächst muss das zu löschende Element markiert werden:

- Auswahl im Modellbaum (mehrere über <STRG> oder <UMSCHALT>-Taste)
- Auswahl im Arbeitsfenster (mehrere über <STRG>-Taste oder Aufziehen eines Rahmens)

Gelöscht werden die Elemente über:

- <ENTF>-Taste
- Rechtsklick auf die Auswahl und anschließendes *Löschen*
- Funktion *Löschen* in der Multifunktionsleiste unter *Modell* im Bereich *Operationen*

Löschen, Unterdrücken und Gruppieren vorhandener Elemente

 Löschen

Wenn Sie die Funktion *Löschen* der Multifunktionsleiste nutzen, haben Sie weitere Auswahlmöglichkeiten:

- *Löschen:* Löscht das ausgewählte KE
- *Bis zum Ende vom Modell löschen:* Löscht das ausgewählte KE und alle folgenden KE
- *Beziehungslose Elemente löschen:* Löscht oder unterdrückt alle KE bis auf die ausgewählten KE und deren Eltern

> **HINWEIS:** Beim Löschen einzelner KE werden deren Kinder auch gelöscht. Beachten Sie vor dem Löschen also immer die Beziehungen des betroffenen KE. Man kann sich die Beziehungen mithilfe des Kontextmenüs und der Funktion *Aus Eltern auswählen* anzeigen lassen. Klickt man auf das Symbol, öffnet sich ein Fenster, in dem über dem ausgewählten Feature das jeweilige Eltern-Feature angezeigt wird.

Unterdrücken

Analog können verschiedene Elemente unterdrückt werden. Beim *Unterdrücken* werden die ausgewählten KE nur temporär entfernt und können jederzeit wieder zurückgeholt werden. Dies ist z. B. sinnvoll, wenn Sie sich nur auf einen kleinen Teilbereich einer Konstruktion konzentrieren wollen. Stellen Sie sich eine komplette Motorbaugruppe mit allen Einzelteilen vor. Nun möchten Sie nur die Kolben und Pleuel betrachten. Im Zusammenbau mit allen Einzelteilen sind diese nur schwer zu sehen. Über den *Unterdrücken*-Befehl können Sie alles andere ausblenden. Unterdrückte Elemente können über die Funktion *Zurückholen* wieder aktiviert werden. Sie ist ebenfalls über Rechtsklick auf das unterdrückte KE oder im Bereich *Operationen* der Multifunktionsleiste erreichbar.

Gruppieren

Die Funktion *Gruppieren* kann genutzt werden, um Operationen auf mehrere Elemente anzuwenden und so die Konstruktion zu optimieren. Eine Gruppe kann weitere Untergruppen und KE enthalten, aber keine Anmerkungen oder Bemaßungen.

Um zwei oder mehr markierte KE in einer Gruppe zusammenzufassen, gibt es erneut mehrere Möglichkeiten:

- Rechtsklick auf die markierten KE und Auswahl der Funktion *Gruppe*
- Funktion *Gruppe* in der Multifunktionsleiste unter Modell im Bereich *Operationen*

Das Auflösen einer Gruppe ist ausschließlich über das via Rechtsklick erreichbare Kontextmenü möglich.

Modellbaum

Arbeiten mit dem Modellbaum

Die Navigation durch ein Modell erfolgt über den Modellbaum. Dieser zeigt die hierarchische Struktur des Modellaufbaus, wobei die einzelnen Elemente eines Modells durch verschiedene Symbole charakterisiert werden. Tabelle 2.4 zeigt nur einen Ausschnitt an möglichen Symbolen. Sie entsprechen meist den Symbolen des verwendeten Moduls.

Tabelle 2.4 Symbole im Modellbaum

Symbol	Beschreibung
	Bezugsachse, -koordinatensystem, -ebene, -punkt
	Teil
	Baugruppe
	Zeichnung
	Profil
	Rotationskörper

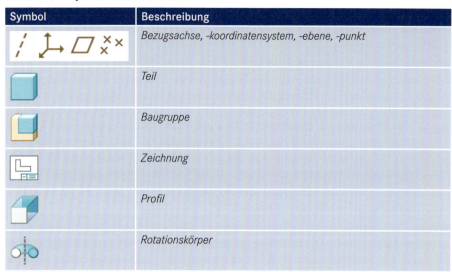

Der Modellbaum liefert Ihnen zudem über verschiedene Symbole auf den ersten Blick Informationen zu den eingebundenen Komponenten. Tabelle 2.5 zeigt exemplarisch einige der Symbole.

Tabelle 2.5 Symbole im Modellbaum

Symbol	Beschreibung
	KE wird gerade erzeugt oder umdefiniert
	KE ist nicht vollständig definiert
	Regenerierung des KE ist fehlgeschlagen
	KE ist eine eingesetzte Komponente
	KE ist ein Kind einer eingesetzten Komponente
	Komponente wird durch Kopieren und Einfügen dupliziert und in einer Baugruppe eingefügt
	KE wurde unterdrückt
	Komponentenplatzierung verwendet Mechanismusgelenke und ist nicht vollständig definiert
	KE ist eingefroren (nur Baugruppenmodus)
	KE ist ein Kind eines eingefrorenen KE

Reihenfolge im Modellbaum

Im Modellbaum können die einzeln erstellten KE ausgewählt und gegebenenfalls bearbeitet, gelöscht oder verschoben werden. Welche Aktionen genau möglich sind, ist vom gewählten Objekt und der Position im Modellbaum abhängig. Ebenso sind die Eltern-Kind-Beziehungen zu beachten. Ein Kind kann nie vor das Eltern-KE geschoben werden.

Mit einem kleinen Beispiel wird sofort klar, was gemeint ist. Stellen Sie sich vor, Sie haben eine rechteckige Platte mit einer bestimmten Dicke erzeugt. Als Nächstes runden Sie alle Ecken ab, und am Ende fügen Sie noch zwei Bohrungen irgendwo auf der Platte hinzu. Die Platte ist das Eltern-KE, die Rundungen und die Bohrungen jeweils unabhängige Kinder-KE. Sie können nun die Reihenfolge unter den Kindern tauschen, so als hätten Sie zuerst die Bohrungen erzeugt und dann die Ecken abgerundet. Das ist ohne Probleme möglich. Allerdings ist es nicht möglich, die Bohrungen oder das Abrunden-KE vor das Platten-KE zu ziehen, da beide von diesem abhängig sind. Ohne Platte gäbe es keine Ecken zum Abrunden und keine Referenzen zum Platzieren der Bohrungen. Eine solche Abhängigkeit wird Eltern-Kind-Beziehung genannt.

Möchten Sie Elemente im Modellbaum umordnen, ziehen Sie diese mit der Maus einfach an die gewünschte Stelle. Ist ein Ablegen an der gewünschten Position nicht möglich, wird das durch ein entsprechendes Verbotssymbol deutlich. Sie können KE auch über die Funktion *Umordnen* im Bereich *Operationen* der Multifunktionsleiste neu positionieren. Hierzu wählen Sie das umzuordnende KE sowie ein Referenz-KE vor oder nach dem das angewählte KE zu platzieren ist.

Sollen neu erstellte KE an einer bestimmten Stelle des Modellbaumes erzeugt werden, kann die Funktion *Hier einfügen* angewendet werden. Sie können die Einfügeposition auf verschiedene Arten ändern:

- Führen Sie einen Rechtsklick auf das vor der Einfügeposition liegende Element aus, und wählen Sie die Funktion *Hier einfügen* aus.
- Ziehen Sie die Einfügemarke an die gewünschte Stelle. Dies ist der grüne Strich im Modellbaum, der standardmäßig unter allen KE zu finden ist. Diesen können Sie einfach mit gedrückter linker Maustaste an die entsprechende Stelle verschieben.

In beiden Fällen springt die Einfügemarke an die neue Position, und alle darunterliegenden Elemente werden ausgegraut, mit dem Symbol für unterdrückte KE versehen und verschwinden in der Ansicht des Arbeitsfensters. Vergessen Sie nicht, sobald Sie fertig sind, die Einfügemarke wieder ans Ende zu verschieben, denn ansonsten bleiben die darunterliegenden KE unterdrückt, was zu Problemen in Baugruppen oder Zeichnungen führen kann.

 HINWEIS: Durch das Umordnen vorhandener KE kann die KE-Reihenfolge im Modellbaum und damit die Geometrie des Modells verändert werden.

2.1.6 Speichern und Schließen einer Datei

Das Speichern von Dateien kann über den Befehl *Speichern* in der Menüleiste für den Schnellzugriff, das Menü *Datei* oder die Tastenkombination <STRG> + <S> erfolgen. Das Verzeichnis ist dabei von vorangegangenen Schritten abhängig: Speichern

- Wurde das Objekt bereits gespeichert oder war vorhanden und wurde geöffnet, wird es unter einer neuen Versionsnummer an diesem Ort gespeichert.
- Wurde (wie empfohlen) ein Arbeitsverzeichnis festgelegt, dient dieses als Speicherort.
- Wurde ein neues Teil erstellt und kein Arbeitsverzeichnis definiert, wird das Standardverzeichnis automatisch ausgewählt. Bei Windows ist dies der Ordner *Dokumente*.

 TIPP: Häufiges Speichern des Modells schont die Nerven. Zwar geht es beim zweiten Mal immer schneller, allerdings möchte man diesen Satz sicher nicht hören, wenn stundenlange Arbeit durch einen Programm- oder Rechnerabsturz zunichte gemacht wurde.

 Creo erzeugt bei jedem Speichern eine neue Version der Datei und hängt eine laufende Nummer an die Dateiendung an. Im Menü *Datei* können über *Datei verwalten* alte Versionen gelöscht werden, um den Überblick nicht zu verlieren. Eine detaillierte Beschreibung finden Sie in Abschnitt 2.2.2.

Datei verwalten

Unter *Speichern als* haben Sie die Möglichkeit, eine Sicherung, ein Spiegelteil oder eine zusätzliche Kopie zu speichern. Hierbei können Sie Ort und Speichernamen explizit angeben.

 Die Funktion *Kopie speichern* dient bei Creo auch dem Export von Fremdformaten. Näheres hierzu ist in Abschnitt 2.2.3 beschrieben.

Zum *Schließen* eines Modells können Sie die Funktion in der Menüleiste für den Schnellzugriff, im Menü *Datei* oder über die Tastenkombination <STRG> + <W> nutzen. Hierbei wird lediglich das aktive Fenster geschlossen. Das Programm kann über *Beenden* im Menü *Datei* oder (wie üblich) in der rechten oberen Ecke geschlossen werden. In diesem Fall wird um eine erneute Bestätigung des Vorgangs gebeten. Anschließend erfolgt eine erneute Speicherabfrage. Beenden

 TIPP: Für gewöhnlich haben Sie vor dem Beenden alle benötigten Dateien gespeichert, und die erneute Speicherabfrage aller Einzelkomponenten ist nicht nötig. Um alle Speicherabfragen auf einmal zu verwerfen, können Sie den Buchstaben „q" eingeben und mit <RETURN> bestätigen.

2.1.7 Modelleigenschaften bearbeiten

Modelleigen-
schaften bearbeiten

Egal, ob Sie ein neues Bauteil oder eine neue Baugruppe erzeugen, es ist essenziell, dass Sie einen Blick in die Modelleigenschaften werden. Sie erreichen diese über *Datei > Vorbereiten > Modelleigenschaften*. Wenn Sie auf das Icon *Modelleigenschaften bearbeiten* klicken, dann öffnet sich der in Bild 2.15 dargestellte Dialog.

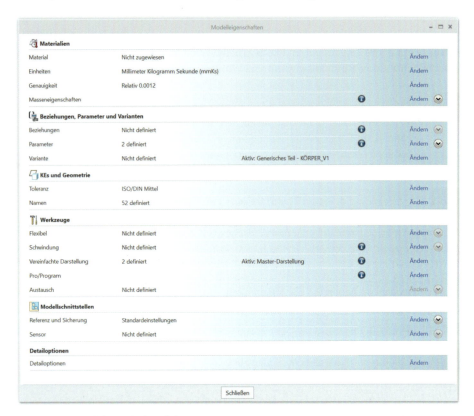

Bild 2.15 Modelleigenschaftendialog

An dieser Stelle werden sehr viele Informationen zusammengeführt. Beispielsweise können Sie im Bereich *KE und Geometrie* die Toleranznormen und die Toleranzklasse festlegen, was wichtig für die modellbasierte Definition ist, oder im Bereich *Beziehungen, Parameter und Varianten* Variable festlegen und Zusammenhänge vorgeben. Sowohl auf die Toleranzen (Kapitel 5) als auch auf das Thema Parameter und Beziehungen (Kapitel 6) wird im Laufe des Buches noch näher eingegangen. Für den Anfang sind vor allem die Einheiten und das Material interessant.

Wie in Bild 2.15 zu sehen, gelten für das aktuelle Bauteil das Einheitensystem *Millimeter Kilogramm Sekunde (mmKS)*. Dies ist allerdings nicht die Standardeinstellung. Da es sich bei Creo nämlich um ein Produkt der amerikanischen Firma PTC handelt, ist standardmäßig an dieser Stelle *Inch Pfund Sekunde (Creo Parametrics Standard)* voreingestellt. Um dies zu ändern, müssen Sie in der entsprechenden Zeile auf *Ändern* klicken. Nun öffnet sich der Einheiten-Manager, wie Bild 2.16 links zeigt.

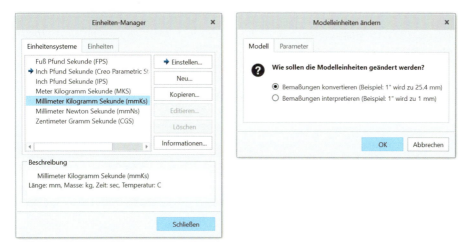

Bild 2.16 Im Einheiten-Manager Einheiten ändern

Im Einheiten-Manager wird das aktuell aktive Einheitensystem mit einem blauen Pfeil gekennzeichnet. Um dieses anzupassen, klicken Sie auf das gewünschte System – für alle Beispiele in diesem Buch benötigen Sie das Millimeter-Kilogramm-Sekunde-System – und anschließend auf die ebenfalls mit einem blauen Pfeil gekennzeichnete Schaltfläche *Einstellen…* Wenn Sie das Einheitensystem wechseln, dann wird immer nachgefragt, auf welche Weise die eventuell bereits bestehenden Bemaßungen konvertiert werden sollen. Hier müssen Sie entscheiden, was für Ihre Zwecke sinnvoll ist.

 HINWEIS: Die Überprüfung der Einheiten ist deshalb so wichtig, da in Creo ansonsten einheitenlos konstruiert wird. Bei Maßen geben Sie einfach Zahlenwerte vor. Die dazugehörige Einheit wird Ihnen nicht mehr angezeigt. Der Aufwand, das System nachträglich zu ändern, hält sich zwar in Grenzen (man muss in die Modelleigenschaften des Teils klicken, dort das Einheitensystem ändern und die Abmessungen konvertieren), aber es ist trotzdem ärgerlich.

Die zweite Modelleigenschaft, auf die hier näher eingegangen werden soll, ist das *Material*. Wenn Sie in der entsprechenden Zeile auf *Ändern* klicken, dann öffnet sich der Materialiendialog, der in Bild 2.17 dargestellt ist.

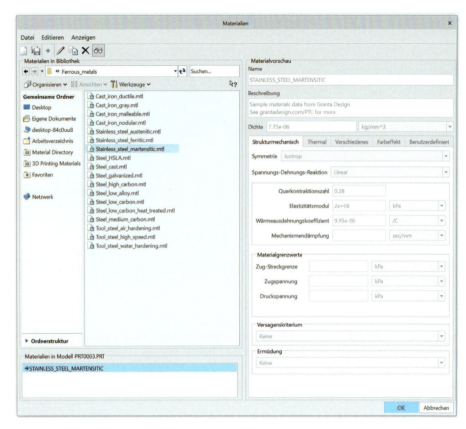

Bild 2.17 Material zuweisen

Creo besitzt von Haus aus eine Materialbibliothek, die allerdings nur sehr allgemein gehaltene Materialien enthält. Um einem Bauteil einen Werkstoff zuzuweisen, wählen Sie diesen entsprechend aus der Liste aus und klicken auf den blauen Pfeil oben unter den Registerkarten. In Bild 2.17 ist der Pfeil ausgegraut, da das Material *Stainless_Steel_Martensitic* bereits zugewiesen ist. Über die *OK*-Taste kommen Sie zurück in die *Materialeigenschaften* und können sehen, wie sich der Eintrag hinter *Material* geändert hat.

Grundsätzlich können Sie natürlich jedes beliebige Material anlegen oder gleich eigene Materialbibliotheken importieren. Darauf soll aber in diesem Buch nicht näher eingegangen werden.

2.2 Weiterführende Grundlagen

Nachdem Sie in Abschnitt 2.1 hoffentlich einen guten Überblick über die Bedienung des Programms erhalten haben, dient dieser Abschnitt dazu, Ihnen weiterführende Grundlagen von Creo zu vermitteln. Hierbei rücken die Bedienung und die Oberfläche des Programms in den Hintergrund, und der Fokus liegt mehr auf einer kurzen Einführung in die Bereiche Programmeinstellungen, Datenverwaltung und -austausch.

2.2.1 Programmeinstellungen anpassen

Einstellungen werden in Creo in Form von Konfigurationsdateien hinterlegt. In der Standardkonfigurationsdatei CONFIG.PRO werden alle Einstellungen gespeichert, die festlegen, wie Creo Operationen ausführt. Dateien mit der Erweiterung .UI enthalten alle Änderungen, die der Benutzer bei der Anpassung der grafischen Benutzeroberfläche vornimmt. Sie speichern Änderungen der Multifunktionsleiste, Fenstereinstellungen und viele andere Optionen.

Konfigurationsdatei

Die Konfigurationsdateien sind Textdateien, die vom Anwender bearbeitet werden können, um z. B. Formate für Toleranzdarstellungen, die Berechnungsgenauigkeit oder die mögliche Anzahl von Ziffern anzupassen. So können auch neue oder projektspezifische Konfigurationsdateien erstellt und bei Bedarf geladen werden. Anpassungen können direkt in den Textdateien eingesehen und geändert werden oder aber über die Benutzeroberfläche.

 HINWEIS: Das Anpassen von Einstellungen direkt in den Konfigurationsdateien sollte nur von erfahrenen Anwendern durchgeführt werden, da hier eine Menge schiefgehen kann.

Die direkte Manipulation von Konfigurationsdateien birgt mehr Möglichkeiten, aber auch große Risiken, weshalb wir uns in diesem Buch auf die programminternen Möglichkeiten des Dialogs *Optionen* beschränken. Sie finden den Dialog im Programm unter *Datei > Optionen*. Das erscheinende Fenster zeigt links eine Übersicht und im Hauptbereich des Fensters kontextbezogene Einstellungsmöglichkeiten.

 Optionen

Zum Beispiel können auf der Registerkarte *Umgebung* verschiedene Umgebungsoptionen, wie der Pfad des Arbeitsverzeichnisses, ModelCHECK-Einstellungen oder Optionen zur Variantenerzeugung, definiert werden. Änderungen auf dieser Registerkarte gelten nur für die aktuelle Sitzung. Beim Start lädt Creo die Einstellungen der Konfigurationsdatei oder der Programmvoreinstellung.

Umgebungseinstellungen

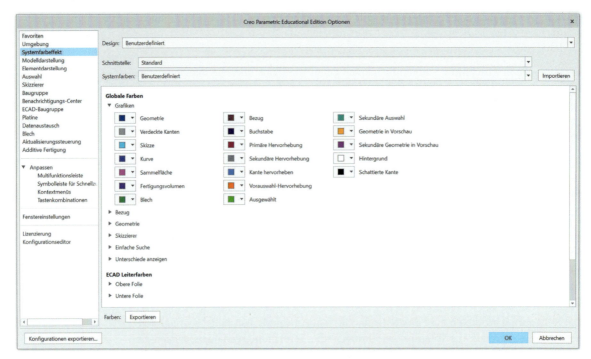

Bild 2.18 Programmeinstellungen von Creo im Bereich *Systemfarbeffekt*

Editieren der Systemfarbeffekte

Auf der Registerkarte *Systemfarbeffekt*, wie in Bild 2.18 dargestellt, können verschiedene Farbschemata importiert, individuell festgelegt oder als Farbpalette exportiert werden. Mittels vordefinierter Designs können Systemfarbeffekte für die Benutzeroberfläche sowie Systemfarben angepasst werden. Über *Schnittstelle* kann das Aussehen der Benutzeroberfläche, können also Systemfarbeffekte für die Multifunktionsleiste, die Schnellzugriffsleiste, den Modellbaum, die Grafiksymbolleiste, das Dialogfenster und die Statusleiste, beeinflusst werden. Die Systemfarben gelten für verschiedene Elemente im Arbeitsfenster und können voreingestellt genutzt oder individuell editiert werden. Zum Beispiel kann die Standardhintergrundfarbe innerhalb der globalen Farben im Bereich Grafiken in ein einfarbiges Weiß geändert werden, um für die Dokumentation Bilder zu erzeugen. Zudem ist es möglich, Bezüge wie Koordinatensysteme dauerhaft hervorzuheben. Über *Importieren* können bestehende Farbschemata geladen werden, *Exportieren* erzeugt eine *.SCL-Datei der aktuell definierten Farbgebung. Diese wird in das aktive Arbeitsverzeichnis gespeichert.

 HINWEIS: Sollen die Systemfarbeffekte sitzungsübergreifend angepasst werden, ist dies – wie bei allen weiteren Parametern – über Konfigurationsdateien möglich.

Auch für den *Datenaustausch* können in diesem Dialog Optionen festgelegt werden. Einstellungen für den 3D-Datenaustausch werden größtenteils über Import- bzw. Exportprofile definiert. Innerhalb des Dialogs *Optionen* haben Sie Zugriff auf die Profileditoren verschiedener Austauschformate und können so die Benutzeroberfläche anpassen, modell-, element- und formatspezifische Einstellungen ein- oder ausschließen und Standardwerte für den Datenaustausch festlegen. Über *Import- und Öffnenprofile einrichten* gelangen Sie in einen Dialog, in dem allgemeingültige, formatunabhängige, aber auch formatspezifische Optionen auf der Registerkarte *Verschiedenes* ausgewählt werden können. Sie können mehrere Profile erstellen, als .DIP-Datei speichern und bei Bedarf laden.

Exportprofile werden unter *Exportprofile einrichten* formatspezifisch angelegt und ermöglichen somit kontextbezogene Anpassungen. Auch diese Profile können gespeichert und einzeln geladen werden. Sie werden als .DEP_XXX-Dateien, also für STEP-Dateien, z. B. Dateiname .DEP_STEP, abgelegt.

Während bei den 3D-Formaten nur wenige Einstellungen direkt im Dialog *Optionen* erfolgen, bieten sich für den 2D-Datenaustausch viele direkte Möglichkeiten für die Steuerung.

Im Bereich *Anpassen* können Sie verschiedene Einstellungen zur Benutzeroberfläche tätigen. Eine individuelle Anpassung der Multifunktionsleiste oder der Symbolleiste für Schnellzugriffe sowie das Definieren von Tastenkombinationen können die Bedienung erleichtern und beschleunigen. Auch diese Einstellungen können separat als .UI-Datei exportiert und jederzeit wieder importiert werden.

Auch eine auf die Anwendung abgestimmte Fensteranordnung kann die Bedienung erleichtern und die Effektivität steigern. Die entsprechenden Anpassungen können innerhalb der *Fenstereinstellungen* vorgenommen und in *.UI-Dateien hinterlegt werden.

Die getätigten Einstellungen können auch als Konfigurationsdatei CONFIG.PRO exportiert und so sitzungsübergreifend und dauerhaft gespeichert werden. *Konfigurationen exportieren...* öffnet den Browser zum Speichern der neuen CONFIG.PRO. Über *Import/Export > Nach aktuellem Filter exportieren* beziehen Sie die Filtereinstellungen mit ein. Sie können mehrere Versionen der Datei CONFIG.PRO mit jeweils anderen Einstellungen speichern. Dieser Ansatz ist hilfreich, wenn Sie für unterschiedliche Modelle verschiedene Konfigurationseinstellungen verwenden möchten, ohne in derselben CONFIG.PRO-Datei jedes Mal mehrere Optionen zu ändern. Die ausgewählte CONFIG.PRO-Datei kann jeweils über den *Konfigurationseditor* eingesehen und bearbeitet werden.

Beim Programmstart sucht Creo automatisch im Arbeitsverzeichnis nach einer Datei mit dem Namen CONFIG.PRO. Ist diese Datei vorhanden, werden die darin enthaltenen Einstellungen beim Start der Sitzung referenziert. Wenn Creo keine Datei mit dem Namen CONFIG.PRO im Arbeitsverzeichnis findet, durchsucht das Programm nacheinander das Basisverzeichnis und dann das Creo-Installationsverzeichnis. Wird auch an diesen Stellen keine Datei mit dem Namen CONFIG.PRO gefunden, verwendet Creo automatisch die Standardeinstellungen für die Konfigurationsoptionen. Haben Sie Ihrer Konfigurationsdatei einen anderen Namen gegeben, müssen Sie die Datei manuell auswählen und laden. Dies erfolgt im Konfigurationseditor über *Import/Export > Konfigurationsdatei* importieren.

2.2.2 Dateiverwaltung

Creo verwendet verschiedene Dateitypen zum Abspeichern von Objekten, Konfigurationen oder objektabhängigen temporären Dateien. Eine Auflistung ausgewählter in Creo verfügbarer Dateitypen finden Sie in Tabelle 2.6.

Tabelle 2.6 Dateitypen

Dateiname	Beschreibung
PRT####.PRT	Standardname für Bauteile
ASM####.ASM	Standardname für Baugruppen
DRW####.DRW	Standardname für Zeichnungen
DGM####.DGM	Standardname für 2D-Diagramme
S2D####.SEC	Standardname für Skizzen
LAY####.LAY	Standardname für Layouts
BAUGRUPPE.BOM (temp)	Stückliste
OBJEKT.PTD (temp)	Familientabellendatei für ein Bauteil/eine Baugruppe
VARIANTE.XPR/.XAS	Varianten-Beschleunigerdatei für die Bauteil-/Baugruppenvariante
TRAIL.TXT (temp)	Standardname für die Trail-Datei
CONFIG.PRO	Konfigurationsoptionen
MENU_DEF.PRO	Standardmenüoptionen
DATEI.UI	Sitzungsinterne Konfigurationsdatei
.DIP	Importprofil
.DEP_FORMAT	Formatspezifisches Exportprofil
COLOR.MAP	Farbpalette mit benutzerdefinierten Farben
DIMDIFF.INFO (TEMP)	Tabellarische Aufstellung von Bemaßungs- und KE-Unterschieden zwischen zwei Teilen oder zwei Versionen desselben Teils bei Auswahl der von *Werkzeuge > Teil vergleichen* erzeugten Datei
DATEI.DAT (TEMP)	Datendateien zur Editierung
DATEI.DTL	Von Zeichnungen, Formaten und Layouts verwendete Setup-Datei
DATEI.INF (TEMP)	Mit dem Menü *Info* erzeugte Informationsdateien
DATEI.SCL	Definitionen für Systemfarben
DATEI.SYM	Symboldatei mit der Geometrie des Zeichnungssymbols
FORMAT.FRM	Für Zeichnungen und Layouts verwendetes Format

Bauteile, Baugruppen und Zeichnungen werden in Objektdateien mit den Endungen *.PRT, *.ASM und *.DRW hinterlegt. Jedes Mal, wenn Sie ein Objekt speichern, wird eine neue Version des Objekts erstellt und auf der Festplatte gespeichert. Creo nummeriert jede Version einer Objektspeicherdatei aufsteigend (z. B. BAUTEIL.PRT.1, BAUTEIL.PRT.2, BAUTEIL.PRT.3).

Um veraltete Versionen zeitsparend zu entfernen, können diese unter *Datei > Datei verwalten > Alte Versionen löschen* gelöscht werden (siehe Bild 2.19 links). Im Ordner verbleibt dann nur die neueste Version zurück. *Alle Versionen löschen* entfernt alle Versionen des Objekts von der Festplatte.

Datei verwalten

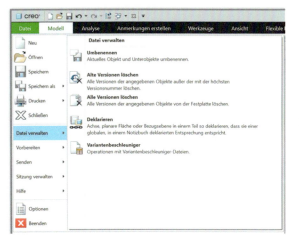 

Bild 2.19 Optionen in den Bereichen *Datei verwalten* und *Sitzung verwalten*

Anders verhalten sich die Löschoperationen aus dem Menüpunkt *Sitzung verwalten*. Hier werden die Modelle nicht komplett von der Festplatte, sondern aus dem Zwischenspeicher der aktuellen Sitzung entfernt (siehe Bild 2.19 rechts). *Aktuelles Objekt löschen* schließt das Fenster und entfernt gleichzeitig das Modell aus der Sitzung. Werden Fenster geschlossen, wird das Objekt zwar nicht mehr angezeigt, ist aber im Zwischenspeicher der aktuellen Sitzung noch vorhanden. Um diese bereits geschlossenen Modelle aus der Sitzung zu entfernen (z. B. um den gleichen Namen erneut zu vergeben oder ein Modell mit gleichem Namen zu öffnen), kann die Funktion *Nicht angezeigte aus der Sitzung löschen* genutzt werden. Gleichzeitig kann man an dieser Stelle natürlich auch aus Versehen geschlossene und noch nicht abgespeicherte Modelle wieder öffnen.

Sitzung verwalten

Wenn Sie Dateien umbenennen, kann es zu Fehlern mit verknüpften Dateien kommen, da ein korrekter Verweis nicht mehr möglich ist. Eine Namensänderung sollte also nicht direkt im Verzeichnis, sondern nur über die Benutzeroberfläche erfolgen. Unter *Datei > Datei verwalten > Umbenennen* können Objekte und ihre Unterobjekte gemeinsam umbenannt werden. Dies empfiehlt sich vor allem bei der Umbenennung von Baugruppen. Nach der Eingabe und Bestätigung des neuen Namens können in einem Dialog verschiedene Einstellungen zur Umbenennung der Unterobjekte, also Unterbaugruppen oder Bauteile, vorgenommen werden

 Umbenennen

> Bei der Benennung in Creo gibt es einige Punkte zu beachten:
>
> **Dateinamen …**
>
> - … von Creo-Modellen dürfen maximal 31 Zeichen lang sein.
> - … von Nicht-Creo-Modellen können aus bis zu 80 Zeichen bestehen.
> - … dürfen keine Klammern wie [ ], { } oder ( ), Leerzeichen und Satzzeichen (.?!;) enthalten.
> - … können Bindestriche und Unterstriche enthalten, allerdings darf das erste Zeichen in einem Dateinamen kein Bindestrich sein.
> - … sollten ausschließlich alphanumerische Zeichen beinhalten.
> - … werden immer in Kleinbuchstaben auf der Festplatte gespeichert.
>
> **Verzeichnispfade …**
>
> - … können bis zu 260 Zeichen enthalten.
> - … dürfen auch Multibyte-Zeichen enthalten.
> - … können auch über Sonderzeichen, wie z. B. Tilden (~) oder zwei Punkte (..) als relative Pfade angegeben werden. Allerdings wird empfohlen, immer absolute Pfadnamen anzugeben.

2.2.3 Import und Export von Fremdformaten

In Creo gibt es für den Import und Export von Modellen in Fremdformaten keine gesonderte Funktion, sondern es wird auf die bekannten Befehle *Öffnen* und *Kopie speichern* zurückgegriffen.

Importieren über Datei öffnen

Das Importieren von Dateien erfolgt über den Dialog *Datei öffnen*. Hier kann rechts unten der anzuzeigende Dateityp gewählt werden. Wird eine Datei im Fremdformat angewählt, ändert sich der Button *Öffnen* zu *Importieren*. Nach der Betätigung erscheint ein Fenster zur Konfiguration der Importeinstellungen. Abhängig vom Format können hier verschiedene Einstellungen getroffen werden.

So können Sie den Importdatentyp auswählen, benutzerdefinierte Profile und Schablonen zuweisen, Protokolldateien generieren lassen oder Folien filtern.

Exportieren über Kopie speichern

Über *Speichern als* innerhalb des Dateimenüs gelangen Sie zur Funktion *Kopie speichern*, die auch das Abspeichern von Fremdformaten erlaubt. Neben dem Speicherort und dem Modellnamen können Sie auch den Dateityp definieren. Über *Optionen…* können Sie formatspezifische Exportprofileinstellungen treffen.

> Den Datenaustausch betreffende Einstellungen können auch über die allgemeinen Systemoptionen oder die Konfigurationsdatei beeinflusst werden. Eine detaillierte Beschreibung der Anpassung von Programmeinstellungen finden Sie in Abschnitt 2.2.1.

Creo verfügt über diverse direkte und indirekte Schnittstellen. So gibt es direkte Geometrie-Konverter für ACIS, Adobe Illustrator, Autodesk Inventor, CADDS 5, CATIA, CDRS, ICEM, JT, Neutral, Optegra, Rhinoceros, Parasolid, PDF, MEDUSA (3D-ASCII-Format), NX, SolidWorks und AutoCAD DXF/DWG sowie integrierte Standardkonverter für IGES, STEP (AP202, AP203, AP214, AP242, einschließlich Associative Drafting), SET, VDA, ECAD (IDS2.0, 3.0), CGM, COSMOS/M, PATRAN- und SUPERTAB-Geometriedateien, SLA, CGM (MILSPECMIL-D-28003A), JPECT, TIFF, Creo View, RENDER, STL, VRML, INVENTOR, ACIS, STHENO/PRO und XPATCH.

Schnittstellen

HINWEIS: Die Übertragung systemneutraler Austauschdateien ist die Grundvoraussetzung für vernetztes, übergreifendes Arbeiten. Achten Sie also auf „saubere" Daten, und unterschätzen Sie die Thematik nicht.

Jede der genannten Schnittstellen hat ihre Besonderheiten, Einschränkungen und spezifischen Einstellungsmöglichkeiten. Um das Vorgehen exemplarisch zu erläutern, betrachten wir einmal den Import und Export einer STEP-Datei. Sollte Ihnen keine STEP-Datei zur Verfügung stehen, können Sie eine Datei auf www.creobuch.de nutzen.

Import von STEP-Modellen

Website zum Buch

Über *Öffnen* gelangen Sie in das entsprechende Dialogfenster, das das zuvor ausgewählte Arbeitsverzeichnis zeigt. Ändern Sie nun rechts unten den Typ in *STEP (.stp, .step)*, um alle im Ordner vorhandenen STEP-Dateien anzuzeigen. Wählen Sie die entsprechende Datei aus, und klicken Sie auf *Importieren*. Nun öffnet sich der Dialog *Neues Modell importieren* (siehe Bild 2.20 links). Standardmäßig stehen Ihnen nun folgende Einstellungen zu Verfügung:

- *Typ:* Der Typ wird für gewöhnlich automatisch erkannt. Falls nicht, kann der Typ hier manuell gewählt werden.
- *Profil:* Über den Import- bzw. Exportprofileditor ist es möglich, formatspezifische Einstellungen zu hinterlegen und hier auszuwählen. Auf die Editoren kann über die Systemeinstellungen, aber auch direkt aus diesem Dialog heraus zugegriffen werden. Zudem können Sie für den Modellimport benutzerdefinierte Startteil- und Startbaugruppen-Schablonendateien verwenden und den Importtyp definieren.
- *Optionen:* Import-Protokolldateien werden standardmäßig generiert und temporär als XML im Arbeitsverzeichnis hinterlegt. Sie können über die Registerkarte *Werkzeuge > Untersuchen > Import-Protokolldatei* angezeigt werden. Die Informationen gelten nur für die aktuelle Sitzung und werden bei weiteren Importvorgängen überschrieben.
- *Dateiname:* An dieser Stelle kann dem importierten Teil ein Name zugewiesen werden.

Um ein Modell als STEP-Datei zu exportieren, wählen Sie im Dialogfenster *Kopie speichern* zunächst als Typ *STEP (*.stp)* aus. Sie können den Speicherort festlegen und einen Namen vergeben. Anschließend können Sie über *Optionen…* die STEP-Exportprofil-Einstellungen editieren (siehe Bild 2.20 rechts) oder ein vorab definiertes Profil laden. Beim Export von STEP-Dateien hängt das Dialogfenster vom ausgewählten Anwendungsprotokoll ab. Es können Modelleinstellungen festgelegt und einzuschließende Komponenten ausgewählt werden. Zudem gibt es erweiterte Einstellungsmöglichkeiten. Wenn Sie im Hauptdialog

Export von STEP-Modellen

zusätzlich das Kontrollkästchen *Export anpassen* aktiviert haben, öffnet sich nach der Bestätigung über *OK* ein neuer Dialog, um ausgewählte Folien und ein Koordinatensystem für das Modell festzulegen.

Bild 2.20 Dialog für Import und Export von STEP-Dateien

2.2.4 Modellansicht

Wie bei fast allem in Creo haben Sie auch bei der Ausrichtung Ihrer Bauteile oder Baugruppen verschiedene Möglichkeiten, um ans gewünschte Ziel zu gelangen. Den vollen Umfang an Funktionen finden Sie auf der Registerkarte *Ansicht*. Die wichtigsten bzw. die, die man häufig verwendet, sind auch in der Grafiksymbolleiste zusammengefasst (siehe Bild 2.21).

Grafiksymbolleiste

Bild 2.21 Grafiksymbolleiste

Viele Einstellungen zur Darstellung eines Modells können direkt in der Grafiksymbolleiste (siehe Nummer 4 in Bild 2.4) getätigt werden. Beispielsweise können Elemente ein- und ausgeblendet, der Darstellungsstil verändert oder das Modell neu eingepasst werden. Über einen Rechtsklick auf die Leiste können die Symbole angepasst werden. Die standardmäßig vorhandenen Funktionen der Grafiksymbolleiste sind in Tabelle 2.7 aufgelistet.

Tabelle 2.7 Elemente der Grafiksymbolleiste

Symbol	Bezeichnung	Funktion
	Neu einpassen	Die Anzeige des Modells wird so aktualisiert, dass es im Arbeitsfenster vollständig sichtbar ist.
	Vergrößern/ Verkleinern	Hiermit können Sie das Modell im ausgewählten Ergebnisfenster vergrößern/verkleinern.
	Bildaufbau	Hiermit bauen Sie eine Ansicht im Arbeitsfenster neu auf. Dadurch werden alle temporär angezeigten Informationen entfernt und der Bildschirminhalt aktualisiert.
	Renderingoptionen	Umschalten der Renderingoptionen
	Darstellungsstil	Ändern des Darstellungsstils
	Gespeicherte Orientierungen	Mit dieser Option positionieren Sie Ihr Modell neu, sodass es die Orientierung der gespeicherten Ansicht aufweist, die Sie im Listenfeld ausgewählt haben.
	Ansichts-Manager	Öffnet den Ansichts-Manager
	Perspektivansicht	Umschalten auf Perspektivansicht

Tabelle 2.7 *(Fortsetzung)*

Symbol	Bezeichnung	Funktion
	Bezugsdarstellungs-filter	Ein- bzw. Ausblenden verschiedener Bezüge
	Anmerkungen anzeigen	Ein- bzw. Ausblenden von Anmerkungen auf dem Modell
	3D-Drehmitte	Mit diesem Befehl orientieren Sie das Modell, indem Sie es um die angegebene Position dreidimensional drehen.

Registerkarte Ansicht

Bild 2.22 Registerkarte *Ansicht*

Weitere Möglichkeiten, die Darstellung eines Modells zu steuern, finden sich auf der Registerkarte *Ansicht* der Multifunktionsleiste. Die dort enthaltenen Optionen dienen dem Einstellen der Modellorientierung, Anzeigen des Ansichtsmanagers, Einrichten des Modells (z. B. Beleuchtung und Perspektive) und Einstellen der System- und Elementfarben (siehe Bild 2.22).

An dieser Stelle werden die wichtigsten Funktionen kurz erläutert:

Bereich Sichtbarkeit

Im Bereich *Sichtbarkeit* können Sie im Modellbaum markierte Elemente ein- und ausblenden. Wie bereits beschrieben, kann man diese Funktionen ebenfalls über das Kontextmenü aktivieren, das durch Rechtsklick auf das entsprechende KE im Arbeitsfenster oder im Modellbaum erreichbar ist.

Bereich Farbeffekt

Unter *Farbeffekt* können Sie Ihre Modelle einfärben und einen Hintergrund festlegen. Dies ist auch im Render Studio auf der Registerkarte *Anwendungen* möglich und wird in Kapitel 6 genauer behandelt.

Neu einpassen

Die Funktion *Neu einpassen* sollten Sie sich von Beginn an einprägen. Denn vor allem am Anfang kommt es vor, dass Sie Ihr Modell aus Versehen außerhalb des Sichtbereichs des Arbeitsfensters verschieben und es nicht mehr „wiederfinden" können. Über *Neu einpassen* können Sie das Modell zurückholen.

 Vergrößern, Verkleinern etc.

Die Funktionen *Vergrößern*, *Verschieben*, *Verkleinern* etc. können Sie alternativ zur Steuerung über die Maus verwenden.

 Gespeicherte Orientierungen

Unter dem Icon *Gespeicherte Orientierungen* verbergen sich die verschiedenen eingestellten Ansichten. Über *Neu orientieren* können eigene Ansichten hinzugefügt werden. Wählen Sie hierzu über verschiedene Referenzen die gewünschte Ansicht, vergeben Sie einen Namen, und speichern Sie die neue Ansicht. Sie ist nun in Ihrem Modell hinterlegt und kann in verschiedenen Modulen abgerufen werden.

Mithilfe der Funktion *Schnitt* ist es möglich, Schnittansichten von Bauteilen zu erzeugen. Dies ist immer dann sinnvoll, wenn Sie Elemente, die im Inneren des Modells liegen bzw. von außen nicht sichtbar sind, visualisieren möchten. Für einen Planarschnitt beispielsweise wählen Sie eine Fläche oder Ebene als Referenz und verschieben diese in das Bauteil bis zur gewünschten Schnittebene. Ebenfalls lässt sich hier ein abgesetzter Schnitt erzeugen. Dazu klicken Sie auf das Icon *Schnitt*. Anschließend wählen Sie eine Ebene, um den Schnittverlauf zu skizzieren. Dies erfolgt mit den Werkzeugen des Skizzierers, die näher in Abschnitt 3.3 beschrieben werden. Sobald Sie den Schnittverlauf festgelegt haben, wird Ihr Bauteil oder Ihre Baugruppe geschnitten dargestellt.

Schnitt

Alle eingestellten Ansichten, d. h. Orientierungen, Schnitte etc., können Sie über den *Ansichtsmanager* einsehen und verwalten.

Über den *Darstellungsstil* können Sie z. B. auf eine Drahtmodellansicht umschalten oder verdeckte Kanten anzeigen.

Darstellungsstil
Bereich Anzeigen

Die Funktionen im Bereich *Anzeigen* erlauben das Ein- und Ausblenden verschiedener Bezüge, Anmerkungen und Ankerpunkte. Besonders bei umfangreichen Modellen können Sie so den Überblick behalten.

2.2.5 Modellanalyse

Bild 2.23 Registerkarte *Analyse* der Multifunktionsleiste

Modelle können über verschiedene Wege analysiert werden. Eine reine Sichtprüfung zeigt die gröbsten Fehler, die Importvalidierung und der *DataDoctor* dienen der Überprüfung von importierten Daten. Diverse Studien erlauben zudem Detailuntersuchungen. Die Registerkarte *Analyse* beinhaltet zahlreiche Funktionen zur Anzeige von Modellinformationen und zum Ändern der Optionen für die Modellparameteranalyse (siehe Bild 2.23). So ist es hier z. B. möglich, geometrische Unterschiede zwischen zwei Teilen zu ermitteln, Modell-, Kurven-, Flächen-, Creo-Simulate-, Excel- oder benutzerdefinierte Analysen durchzuführen oder Studien zu optimieren.

Registerkarte Analyse

Messen und Prüfen

Für Modelle sind die Modell- und Geometrieanalyse sowie das Werkzeug *Messen* wichtig.

Es gibt zahlreiche Möglichkeiten der Modellanalyse. Beispielhaft können Masseneigenschaften für ein Teil, eine Baugruppe oder eine Zeichnung ermittelt werden. Über *Volumendurchdringung* oder *Globale Durchdringung* lassen sich Überschneidungen von Volumina oder Komponenten anzeigen. Farbliche Markierungen für Überschneidungen, Abstände etc. unterstützen die visuelle Interpretation der Ergebnisse.

Modell- und Geometrieanalyse

Messen

Über die Funktion *Messen* können geometrische Abmessungen eines Modells ermittelt werden. Hierfür stehen verschiedene Möglichkeiten zur Verfügung: *Kurvenlänge*, *Abstand*, *Winkel* etc. Nach Auswahl der gewünschten Messmethode werden die Elemente ausgewählt, die vermessen werden sollen.

Mehrere Elemente (z. B. Abstand zweier Geraden) können mit gedrückter <STRG>-Taste angewählt werden.

Verhalten bei Fehlern

Am besten ist es natürlich, Fehler von vornherein zu vermeiden. Einige Vorgehensweisen können Ihnen dabei helfen:

Auf die Reihenfolge achten!

Manche Werkzeuge in Creo reagieren empfindlich auf die Reihenfolge, in der sie angewandt werden. Dies betrifft unter anderem das Schalentool in Kombination mit Rundungen oder Fasen von Ecken oder Kanten, aber auch mit Bohrungen (siehe Bild 2.24). Selbstreferenzierende Tools wie Muster oder Spiegel führen häufig zu Fehlermeldungen, wenn diesen Abhängigkeiten in der weiteren Bearbeitung nicht genügend Beachtung geschenkt wird.

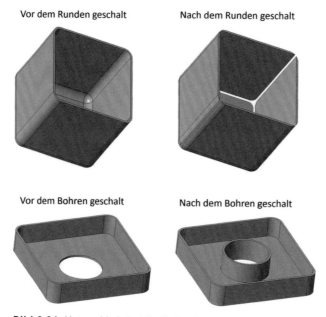

Bild 2.24 Unterschiede bei der Reihenfolge von Features

Prüfmöglichkeiten im Skizzierer

Bereits im Skizzierer gibt es Möglichkeiten, Fehlern vorzubeugen. Hierzu wurden die in Tabelle 2.8 aufgeführten Tools eingeführt.

Tabelle 2.8 Prüfmöglichkeiten im Skizzierer

Symbol	Bezeichnung	Verwendung/Funktion
	Geschlossene Schleifen schattieren	Dieses Tool zeigt an, wenn sich zwei oder mehr Körper überschneiden oder tangieren. Creo ist nicht in der Lage, ein KE zu erstellen, in dessen Skizze ein Punkt für zwei Objekte verwendet wird. Geschlossene Konturen, bei Creo häufig auch als Schleifen bezeichnet, werden farbig ausgefüllt (rosa) dargestellt.
	Offene Enden hervorheben	Dieses Tool markiert nicht geschlossene Skizzen mit einem roten Kreis an den offenen Enden.
	Überlappende Geometrie	Hierdurch werden in einer Skizze die Punkte und Strecken rot markiert, die mehr als einmal gezeichnet wurden. Eine solche Skizze kann nicht Basis eines KE sein.
	KE Anforderung	Es wird überprüft, ob eine gezeichnete Skizze als KE darstellbar ist. Zudem wird ein Prüfbericht in einem separaten Fenster ausgegeben. Hierbei werden gefundene Fehler mit einem Ausrufezeichen markiert.

Doch was tut man, wenn es trotzdem zu Fehlern kommt? Als Erstes ruhig bleiben! Creo bietet einige Möglichkeiten der Unterstützung bei der Fehleridentifizierung und Behebung, z. B.:

Wenn es doch zu Fehlern kommt

- Fehlermeldungen
- farbige Markierungen
- Hinweise in der Statusleiste
- Fehlerbehebungsmodus

Mögliche Lösungen Ihres Problems sind dann z. B.:

- Umdefinieren
- Editieren
- dynamisch editieren
- Einstellungen editieren
- Löschen
- Unterdrücken
- Umordnen

Je komplexer der aufgetretene Fehler, desto schwieriger ist es bzw. desto mehr Erfahrung wird benötigt, um das Problem zu identifizieren und auch zu beheben. Häufig macht man vor allem am Anfang bei Operationen wie *Umdefinieren* das Ganze nur noch schlimmer.

Eine recht simple Lösung ist es, den letzten Schritt, bei dem das Problem aufgetreten ist, zu revidieren. Sollten neue Dialoge erscheinen, können Sie Ihre letzten Änderungen widerrufen, und im schlimmsten Fall greifen Sie einfach auf die zuletzt gespeicherte intakte Version Ihres Modells zurück.

2.2.6 Modellbasierte Definition von Bauteilen und Baugruppen

Abschließend soll noch einmal kurz auf die modellbasierte Definition eingegangen werden. Der klassische Weg, ein Bauteil oder auch eine Baugruppe zu erstellen, ist der, dass erst ein 3D-Modell generiert wird und anschließend in der technischen Zeichnung alle wichtigen Maße, Form- und Lagetoleranzen festgelegt werden. Dieses Vorgehen ist historisch gewachsen und war bzw. ist auch heute noch größtenteils völlig ausreichend, solange eine technische Zeichnung mit all ihren Informationen Kommunikationsmittel ist. Allerdings ist das Erstellen einer korrekten technischen Zeichnung aufwendig und im Sinne von CAM eigentlich auch nicht mehr zwingend notwendig, wenn die Fertigung entsprechend ausgestattet ist. Wenn der Maschinenpark es zulässt, dann kann der Konstrukteur bereits in der CAD-Umgebung die Bearbeitung des Bauteils planen und direkt an die entsprechenden Fertigungsautomaten übermitteln. Auch Creo bietet Ihnen solche Möglichkeiten im Bereich Fertigung, was allerdings in diesem Buch leider nicht näher beschrieben wird, da wir uns auf die konstruktiven Grundlagen beschränken.

Doch kommen wir nun zurück zur Bauteil- bzw. Baugruppenerstellung. Wenn Modelle auch ohne die dazugehörige Zeichnung weiterverwendet werden, dann müssen auch die Maßdefinitionen, die Form- und Lagetoleranzen, die Bearbeitungshinweise usw. mit dem 3D-Körper verknüpft werden. Bei Creo heißt dieses Vorgehen modellbasierte Definition.

In diesem Buch wird Ihnen vor allem das klassische Vorgehen nähergebracht, deshalb folgt an dieser Stelle zumindest eine kurze Einführung in die modellbasierte Bauteildefinition.

Sobald Sie ein Bauteil oder eine Baugruppe erstellt haben, können Sie über die Registerkarte *Anmerkungen erstellen* Ihr Teil auch näher definieren (siehe Bild 2.25). Dabei erstellen Sie sogenannte Anmerkungs-KE, die schlussendlich nichts weiter sind als Daten-KE, mit denen Sie Modellanmerkungen verwalten und Modellinformationen auf andere Modelle oder in Fertigungsprozesse übertragen können. Jedes dieser KE, das einen eindeutigen Namen erhält, enthält mindestens ein Anmerkungselement, das sich wiederum aus der Anmerkung selbst und optional aus den entsprechenden Referenzen und Parametern zusammensetzt. Wie bei der technischen Zeichnung auch stehen Ihnen verschiedene Anmerkungstypen zur Verfügung, wobei nachstehend nicht alle aufgelistet sind:

- Notiz
- Symbol
- Oberflächengüte
- geometrische Toleranz
- Basislinienbemaßung für Ordinatenbemaßung
- gesteuerte Bemaßung
- ordinatengesteuerte Bemaßung
- …

Bild 2.25 Registerkarte *Anmerkungen erstellen*

Sie erzeugen eine neue Anmerkung indem Sie auf der Registerkarte *Anmerkungen erstellen* im Bereich *Anmerkungs-KE* auf das Icon *Anmerkungs-KE* klicken (siehe Bild 2.25). Sie können so sowohl bereits bestehende Anmerkungen auswählen als auch eine neue Anmerkung erstellen. Sobald Sie den Anmerkungselementtyp gewählt haben, ändert sich die Benutzeroberfläche für das Erzeugen des jeweiligen Anmerkungstyps. Nach dem Erzeugen der Anmerkung können Sie Parameter definieren oder zusätzliche Referenzen für das Anmerkungselement wählen. Sobald Sie ein Anmerkungs-KE erstellt haben, lässt es sich wie alle anderen KE in Creo über den Modellbaum editieren. Wichtig ist dabei zu wissen, dass Anmerkungs-KE an sich keine eigene Geometrie oder Körper besitzen und folglich auch nicht wie andere KE im Arbeitsfenster angewählt werden können, sondern nur über den Modellbaum zu erreichen sind. Aus diesem Grund ist es sehr wichtig, dass die Anmerkungs-KE im Modellbaum angezeigt werden, was im Teilemodus kein Problem ist, da hier standardmäßig alle KE-Typen im Modellbaum aufgelistet werden. Bei Baugruppen schaut es anders aus. Hier müssen Sie erst selbst die Einstellungen entsprechend ändern.

An dieser Stelle beenden wir die kurze allgemeine Einführung in die Erstellung von modellbasierten Definitionen. Weiter Informationen erhalten Sie in der Hilfe. Bild 2.26 zeigt exemplarisch, wie eine modellbasierte Definition in Creo aussieht.

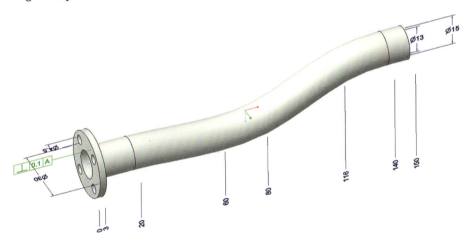

Bild 2.26 Modellbasierte Definitionen beim Bauteil Arm_V1

3 Erstellen von Bauteilen

Nachdem in Kapitel 2 in die Programmoberfläche, in erste grundlegende Funktionen und in die Bedienung von Creo eingeführt wurde, beginnen wir nun mit dem eigentlichen Konstruieren. Dieses Kapitel beschreibt die verschiedenen Funktionen, die zur Erstellung von Bauteilen nötig sind.

■ 3.1 Erstellen eines neuen Bauteils

Ehe wir mit dem ersten Bauteil beginnen, müssen noch einige Voreinstellungen vorgenommen werden, wie sie in Kapitel 2 bereits allgemein erläutert wurden. Für den Anfang wollen wir diese ersten Schritte noch einmal gemeinsam durchgehen.

Schritt 1 – Arbeitsverzeichnis festlegen: Zuerst gilt es, das entsprechende Arbeitsverzeichnis zu wählen, damit alle Bauteile auch in den gleichen Ordner gespeichert werden. Bei Creo ist es immer sinnvoll, für jedes Konstruktionsprojekt ein eigenes Arbeitsverzeichnis zu definieren. Das sorgt für eine klare Struktur und erleichtert damit das Wiederfinden von zusammengehörigen Bauteilen, Baugruppen und Zeichnungen. Dazu klicken Sie auf das Icon *Arbeitsverzeichnis auswählen*, woraufhin sich das in Bild 3.1 dargestellte Fenster öffnet.

Arbeitsverzeichnis auswählen

Erstellen Sie unter dem von Ihnen zu wählenden Pfad einen neuen Ordner mit dem Namen *Drohne*, wählen Sie diesen aus, und bestätigen Sie das Ganze mit einem Klick auf *OK*. Nun haben Sie das Arbeitsverzeichnis gewählt.

Für komplexe Baugruppen mit vielen Unterbaugruppen und noch mehr Einzelteilen kann es sinnvoll sein, sich eine entsprechende Ordnerstruktur aufzubauen und für jede Unterbaugruppe einen eigenen Ordner und damit auch Arbeitsbereich zu definieren. Die Komplexität der Drohne, die im Folgenden erstellt wird, hält sich in Grenzen, deswegen ist ein Arbeitsbereich zunächst ausreichend.

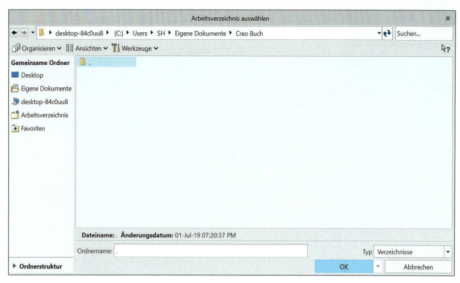

Bild 3.1 Auswahlfenster zum Festlegen des Arbeitsverzeichnisses

Durch einen erneuten Klick auf die Schaltfläche *Arbeitsverzeichnis auswählen* können Sie überprüfen, ob das Arbeitsverzeichnis, in dem Sie arbeiten, auch das richtige ist. Um in das Arbeitsverzeichnis eines bestehenden Projekts zu wechseln, wählen Sie den entsprechenden Ordner aus.

Neues Teil

Schritt 2 – neues Teil anlegen: Haben Sie das Arbeitsverzeichnis definiert, erstellen Sie ein neues Einzelteil. Dies erfolgt, wie in Kapitel 2 beschrieben, über die Funktion *Neu*. Wählen Sie im erscheinenden Dialog den Typ *Teil* und den Untertyp *Volumenkörper*, setzen Sie den Haken für *Standardschablone verwenden*, und drücken Sie auf *OK* (siehe Bild 3.2).

Bild 3.2 Auswahlfenster zum Erstellen neuer Creo-Dateien

Da die Standardschablone von Creo verwendet wurde, erscheint das in Bild 3.3 dargestellte Fenster.

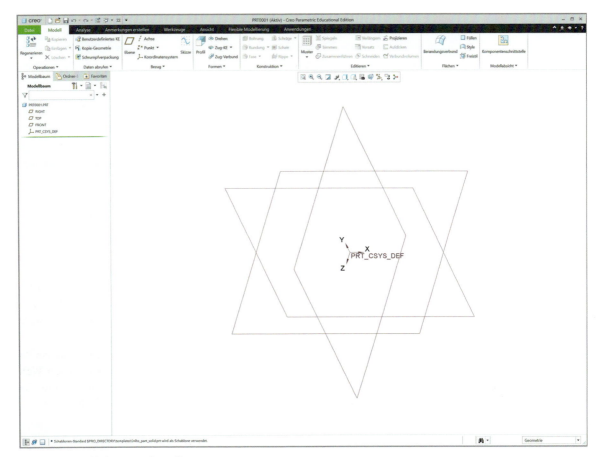

Bild 3.3 Oberfläche neues Bauteil

Im Anzeigebereich sind die Standardebenen zu sehen, die durch das globale Bauteilkoordinatensystem (bestehend aus x-, y- und z-Achse) aufgezogen werden. Wenn Sie mit der Maus über die Begrenzungen der Ebenen fahren, werden diese mit einer orangefarbenen Umrandung hervorgehoben, sobald eine Ebene anklickbar ist. Wenn Sie jetzt mit der linken Maustaste die Ebene wählen, färbt sich die Umrandung grün, und links im Strukturbaum wird die von Ihnen gewählte Ebene blau hervorgehoben. Wie bereits erläutert, besteht die Multifunktionsleiste aus mehreren Bereichen. Schauen wir uns als Erstes den Bereich *Bezug* näher an.

3.2 Anlegen von Bezügen

Im Bereich *Bezug* innerhalb der Registerkarte *Modell* lassen sich Bezugselemente, wie Ebenen, Achsen, Punkte, Kurven oder auch Koordinatensysteme, erstellen. Wie bereits erwähnt, werden in Creo die meisten KE auf Basis zweidimensionaler Skizzen erzeugt. Eine Skizze braucht immer eine Ebene, auf die sie gezeichnet wird. Durch die Standardschablone stehen uns die drei Ebenen RIGHT, TOP und FRONT zur Verfügung, die durch das globale Koordinatensystem aufgespannt werden. Möchte man jetzt aber eine Skizze erstellen, die nicht auf einer dieser Ebenen liegt, so muss zuvor eine entsprechende Ebene mithilfe der bestehenden und weiterer Bezugselemente konstruiert werden.

Bezugsachse

Beginnen wir mit dem Erstellen einer Achse. Durch das Klicken auf das entsprechende Symbol öffnet sich das in Bild 3.4 dargestellte Einstellungsfenster.

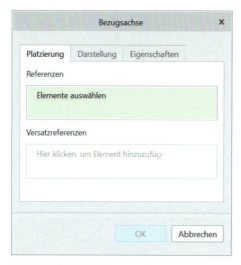

Bild 3.4 Dialogfeld *Bezugsachse*

Eine Achse kann auf verschiedene Weise definiert werden:

- **Mithilfe zweier sich schneidender Ebenen:** Dazu wählt man zwei Ebenen, wobei man bei Wahl der zweiten die <STRG>-Taste gedrückt halten muss. Die Achse entspricht dann der Schnittlinie der beiden Ebenen.
- **Mithilfe einer Ebene und zweier Versatzreferenzen:** Klickt man nur auf eine Ebene, so erscheint eine Achse, die normal zu dieser ausgerichtet ist, wie in Bild 3.5 dargestellt. Weiter erscheinen zwei rot gestrichelte Linien, an deren Enden sich eckige, rote Klammern befinden (siehe Bild 3.5 links). Diese Handles dienen der Referenzierung der Achse. Um die Achse vollständig zu definieren, müssen die Eckpunkte auf zwei Bezugselemente, beispielsweise Ebenen, verschoben werden.
Bewegt man das Ende über eine andere Ebene oder aber auch eine Bauteilkante oder -fläche, so wird diese orangefarben hervorgehoben. Dadurch wird angezeigt, dass das

hervorgehobene Element als Versatzreferenz ausgewählt werden kann. Lässt man nun das Ende los, wird der Endpunkt gelb, und ein Abstandsmaß erscheint, wie in Bild 3.5 rechts dargestellt. Dieses kann je nach Wunsch mit einem Doppelklick entweder direkt aufs Maß im Arbeitsfenster oder aber durch einen Doppelklick auf das entsprechende Maß im Einstellungsfester erfolgen. Verfährt man mit dem zweiten Ende genauso, ist die Achse auch vollständig definiert.

Hat man eine Referenz gewählt, so kann man im grün hinterlegten Bereich des Einstellungsfensters auswählen, ob eine Achse senkrecht auf der ausgewählten Ebene stehen oder nur durch diese hindurchgehen soll. Eine Anpassung während der Auswahl der Referenzen ist hier nicht notwendig, da Creo diese Einstellung entsprechend der gewählten Referenzen ändert.

- **Mithilfe einer Ebene und eines Punktes:** Wählt man einen Punkt und eine Ebene und hält die <STRG>-Taste gedrückt, ist die Achse auch vollständig definiert.
- **Mithilfe zweier Punkte:** Sie werden nacheinander mit gedrückter <STRG>-Taste angewählt.

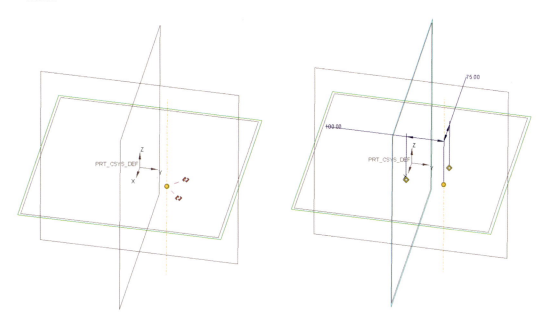

Bild 3.5 Platzieren von Bezugsachsen

Auf den anderen Registerkarten des Einstellungsfensters lässt sich unter *Darstellung* die Länge der Achse anpassen, indem man entweder die Länge per Zahlenwert vorgibt oder aber einer Referenz angleicht. In der Regel ist es ausreichend, hier keine weiteren Einstellungen vorzunehmen. Weiter lässt sich die Achse noch unter *Eigenschaften* benennen, was vor allem bei vielen Achsen in einer Konstruktion hilfreich sein kann.

Eine Achse wird erstellt, wenn über *OK* bestätigt wird.

Bezugspunkt

Durch das Klicken auf das entsprechende Symbol öffnet sich das Einstellungsfenster zur Erstellung von Bezugspunkten. Ein Punkt kann auf verschiedene Weise definiert werden:

- **Mithilfe dreier Ebenen:** Sie werden nacheinander mit gedrückter <STRG>-Taste angewählt.
- **Mithilfe einer Ebene und einer Achse:** Sie werden ebenfalls nacheinander mit gedrückter <STRG>-Taste angewählt.
- **Mithilfe einer Ebene und zweier Versatzreferenzen:** Sie werden genauso gewählt, wie vorangehend bei der Achse beschrieben.

Im Gegensatz zu Achsen können in einem Einstellungsfenster mehrere Punkte erzeugt werden. Dafür muss, nachdem ein Punkt vollständig definiert wurde, auf die Schaltfläche *Neuer Punkt* geklickt werden, die mit einem blauen Pfeil markiert wird (siehe Bild 3.6). Die Punkte werden erstellt, indem man *OK* drückt.

Bild 3.6 Weiteren Bezugspunkt einfügen

Bezugsebene

Durch das Klicken auf das entsprechende Symbol öffnet sich das Einstellungsfenster zur Erstellung einer Bezugsebene. Eine Ebene kann auf verschiedene Weise definiert werden:

- **Mithilfe einer Ebene und eines Abstandes:** Legt man eine Referenzebene fest und wählt im grün hinterlegten Referenzfenster im Dropdown-Menü *Versatz* aus, lässt sich unterhalb dieses Fensters ein Versatz bzw. eine Translation um eine gewisse Entfernung einstellen. Soll die Ebene auf die andere Seite der Bezugsebene verschoben werden, so lässt sich das mit einem negativen Abstand realisieren. In einer Ecke der Ebene erscheint ein violetter Pfeil, der die Orientierung der Ebene angibt. Mit einem Klick auf diesen lässt sich die Orientierung der Ebene umkehren. Die Orientierung einer Ebene bestimmt beispielsweise, auf welcher Seite Skizzen erstellt werden oder welche Richtung bei Extrusionen als positiv angesehen wird.
- **Mithilfe zweier sich schneidender Ebenen:** Dabei müssen nacheinander zwei sich schneidende Ebenen gewählt werden. Es wird automatisch die winkelhalbierende Ebene zwischen den beiden ausgewählten eingeblendet. Zwei sich scheidende Ebenen haben zwei winkelhalbierende Ebenen. Wenn die falsche angezeigt wird, dann lässt sich die andere im grünen Referenzfenster im entsprechenden Dropdown-Menü auswählen.
- **Mithilfe zweier paralleler Ebenen:** Wählt man zwei parallele Ebenen, so wird in Creo eine Symmetrieebene zwischen diesen erstellt.

Die Ebene wird erstellt, wenn man mit *OK* bestätigt.

 HINWEIS: Grundsätzlich besteht auch immer die Möglichkeit, ein Bezugselement anhand von Bauteilecken, -kanten oder -flächen zu definieren. Dabei ist aber zu beachten, dass sich die so definierten Bezugselemente auch mit der jeweils referenzierten Bauteilgeometrie ändern.

Die Erstellung weiterer Bezugselemente funktioniert ähnlich, deswegen wird im Folgenden auf weitere Erläuterungen zu diesem Thema verzichtet.

3.3 Skizzierer

Dieser Abschnitt besteht aus einem einführenden und einem vertiefenden Teil. Möchten Sie schnell erste Ergebnisse erzielen, genügt es, zunächst Abschnitt 3.3.1 und Abschnitt 3.3.2 durchzugehen. Einem tieferen Verständnis für ein optimiertes Arbeiten kann im Anschluss Abschnitt 3.3.3 dienen.

Beginnen wir aber zunächst mit dem Erstellen einer Skizze.

3.3.1 Erstellen einer Skizze

Es gibt verschiedene Möglichkeiten, eine Skizze zu erstellen, wobei immer das entsprechende Symbol und eine Ebene oder Körperfläche ausgewählt werden muss. Die Reihenfolge ist grundsätzlich unerheblich:

- Man wählt eine Ebene oder eine Körperfläche im Arbeitsfenster und klickt anschließend auf das Skizzensymbol im Bereich *Bezug* der Multifunktionsleiste. In umgekehrter Reihenfolge ist es auch möglich.
- Man wählt eine Ebene oder eine Körperfläche im Arbeitsfenster mit der linken Maustaste aus, und es erscheint das Kontextmenü. Dort ist das Skizzensymbol zu wählen.
- Man wählt eine Ebene im Modellbaum mit der linken Maustaste aus, und es erscheint das Kontextmenü. Dort ist das Skizzensymbol zu wählen.

Nachdem Sie die Auswahl bestätigt haben, öffnet sich in der Multifunktionsleiste die Registerkarte *Skizze*, die in Bild 3.7 dargestellt ist. Weiterhin werden im Arbeitsfenster die gestrichelten Hilfslinien sichtbar. Die Registerkarte *Skizze* (im Folgenden nur mit Icons abgebildet) beinhaltet alle Funktionen, die Creo zum Erstellen einer Skizze zur Verfügung stellt. Die gängigsten werden in der jeweiligen Gruppe mit Symbolen abgebildet. Diejenigen, die in der Regel nicht so häufig Verwendung finden, erreichen Sie über die Überlaufmenüs, indem Sie auf die kleinen schwarzen, nach unten gerichteten Pfeilspitzen klicken.

Bild 3.7 Registerkarte *Skizze*

3.3.2 Skizzierer – Einführung

In diesem einführenden Abschnitt werden nur ausgewählte Funktionen des Skizzierers beschrieben, damit möglichst schnell mit der Konstruktion der ersten Bauteile begonnen werden kann. Diese sind:

- *Bezug*
- Linien-, Rechteck- und Kreiswerkzeuge auf der Registerkarte *Skizze*
- *Editieren*
- *Bedingungen definieren*
- *Bemaßung*

Diese Bereiche der Multifunktionsleiste sind die zentralen Bausteine des Skizzierers. Das gilt übrigens nicht nur für Creo, sondern für die meisten anderen CAD-Programme auch. Die Funktionen heißen oft unterschiedlich und die Symbole sehen anders aus, aber das Prinzip ist überall gleich.

 Skizzenansicht

 Modell clippen

 Referenzen

> **TIPP:** Zu Beginn finden Sie hier noch ein paar Hinweise, die Ihnen das Leben leichter machen:
>
> - Es kann immer wieder vorkommen, dass mehr oder weniger absichtlich die Perspektive geändert wird. Über die Funktion *Skizzenansicht* gelangen Sie wieder zur Ausgangsansicht, der normalen Skizzenebene.
> - Falls die Sicht auf die Skizzierebene durch einen Teil des Volumenkörpers verdeckt wird, ermöglicht Ihnen die Funktion *Modell clippen*, die gesamte Geometrie bis zur Skizzierebene auszublenden.
> - Setzen Sie auf jeden Fall *Referenzen*! Somit können Sie Ihre Skizze auf bereits vorhandene Komponenten referenzieren. Wenn Sie das gleich am Anfang machen, können Sie Zeichentools direkt auf den gesetzten Referenzen einrasten lassen.

3.3.2.1 Bezüge

Bereich Bezug

Bild 3.8 Auswählen des Bereichs *Bezug*

Im Bereich *Bezug* (siehe Bild 3.8) lassen sich, ähnlich wie im Dreidimensionalen, zweidimensionale Bezugselemente generieren. Besondere Bedeutung kommt in Creo den Mittellinien zu. Diese werden an verschiedenen Stellen gebraucht, beispielsweise zur Definition einer Rotationsachse. Bestimmen lassen sich diese durch zwei Punkte, die nacheinander im Arbeitsbereich gewählt werden. Wenn die Mittellinienfunktion aktiv ist und Sie über eine bereits erzeugte Achse, Bauteilkante oder -ecke fahren, dann färbt sich diese grün, und es erscheint neben dem Mauspfeil ein grünes Symbol. Das bedeutet, dass dieser Punkt der Mittellinie mit der entsprechenden Auswahl zusammenfällt. Nachdem der erste Punkt auf diese Weise definiert wurde, kann der zweite Punkt waagrecht oder senkrecht dazu, kollinear, parallel oder senkrecht zu bereits bestehenden Referenzen oder frei im Raum liegen. Die Bedeutung der grünen Symbole wird in Abschnitt 3.3.2.3 erläutert. Nach der Definition des zweiten Punktes wird sofort die Mittellinie erzeugt. Meistens werden Maße angezeigt, die in Abschnitt 3.3.2.4 genauer beschrieben werden.

Punkte und Koordinatensystem werden analog durch die Platzierung auf der Blattebene definiert.

3.3.2.2 Skizze

Bild 3.9 Skizzierwerkzeuge auswählen — Bereich Skizze

Die meisten Körper lassen sich mithilfe der Werkzeuge Linie *(Linienkette)*, *Rechteck* und *Kreis* erzeugen, die Sie im Bereich *Skizze* auf der gleichnamigen Registerkarte finden (siehe Bild 3.9). Deswegen beschränken wir uns in diesem einführenden Abschnitt auf diese drei Funktionen. Eine vollständige tabellarische Übersicht mit entsprechenden Erläuterungen zu allen Funktionen ist im Vertiefungsteil in Abschnitt 3.3.3 zu finden.

 HINWEIS: Nach Anwahl der verschiedenen Werkzeuge wird das jeweilige Symbol markiert, und das Mauszeigersymbol ändert sich. Die Funktion ist so lange aktiv, bis sie aktiv beendet wird. Das Verlassen eines Tools kann über verschiedene Wege erfolgen:

- Abwahl des Werkzeugsymbols
- <ESC>-Taste
- mittlere Maustaste

Die *Linienkette* wird entweder durch einen Klick auf das Liniensymbol oder durch das Drücken der Taste <L> aktiviert. Sie können jetzt in der Skizzierebene Punkte setzen, die durch Linien miteinander verbunden werden. Die Linienkette verlängert sich mit jedem weiteren Punkt. Mit der <ESC>-Taste bzw. der mittleren Maustaste beendet man diese und kann mit einem neuen Linienzug starten. Bei zweimaligem Betätigen der Taste legt man das Linienwerkzeug ab. Auf diese Weise lassen sich alle möglichen Konturen zeichnen.

 Linienkette

Eine geschlossene Kontur, die später zum Erstellen von Volumenkörpern benötigt wird, erkennt man daran, dass nach dem Beenden des Zeichnens die durch die Linien oder

Kurven begrenzte Fläche rosa eingefärbt wird. In Bild 3.10 ist zweimal die gleiche Kontur dargestellt, einmal geschlossen (rechts) und einmal offen (links). Eine offene Kontur erkennt man an den rot hervorgehobenen Enden der Linien. Im vorangegangenen Beispiel liegen diese auf der vertikalen Bezugsachse. Um eine offene Kontur zu schließen, müssen die beiden offenen Enden miteinander verbunden werden. Anschließend färbt sich die Fläche rosa. Dies geschieht nur, wenn die Prüffunktion *Geschlossene Schleifen schattieren* (siehe Abschnitt 2.2.5) aktiviert ist. Genauere Infos zu den grünen Symbolen und den unterschiedlich farbigen Maßen erhalten Sie in den folgenden Gliederungspunkten.

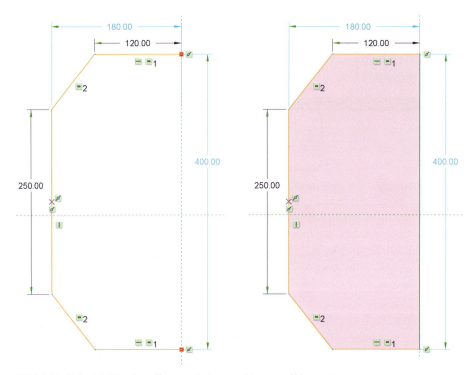

Bild 3.10 Beispiele für eine offene und eine geschlossene Skizze

 Eine wichtige Erkenntnis für Creo: Im Gegensatz zu manch anderen Programmen sind Mittellinien und Bezugsachsen reine Hilfslinien. Um Konturen zu schließen, müssen immer alle offenen Enden verbunden werden.

 Rechteck

Standardmäßig wird bei Creo ein *Rechteck* über zwei diagonale Eckpunkte definiert. Sobald nach dem Aktivieren der Schaltfläche der erste Eckpunkt gesetzt wurde, spannt sich sofort mit dem Bewegen der Maus ein Rechteck auf. Durch Klicken wird der zweite Punkt gesetzt. Es erscheinen wieder die automatischen Maße, und da es sich bei einem Rechteck um eine geschlossene Kontur handelt, färbt sich die Innenfläche auch gleich rosa. Neben dieser Variante ein Rechteck zu definieren, gibt es weitere, die man dadurch erreicht, dass man auf die kleine, nach unten gerichtete schwarze Pfeilspitze klickt. Es fächert sich ein Dropdown-Menü auf, und die in Tabelle 3.1 aufgeführten Möglichkeiten stehen zur Auswahl.

Tabelle 3.1 Möglichkeiten zum Erstellen von Rechtecken

Symbol	Bezeichnung	Verwendung/Funktion
◇	Geneigtes Rechteck	In einem ersten Schritt wird eine frei in der Fläche liegende Linie gezeichnet. Diese fungiert als eine Kante des Rechtecks. Anschließend wird normal zu dieser das Rechteck aufgezogen und über die linke Maustaste abgelegt.
▭	Mittleres Rechteck	Mit diesem Werkzeug wird beim ersten Klick mit der linken Maustaste der Schnittpunkt der beiden Diagonalen eines Rechtecks definiert. Anschließend bestimmt man über einen Eckpunkt die Größe des Rechtecks.
▱	Parallelogramm	In einem ersten Schritt wird eine frei in der Fläche liegende Linie gezeichnet. Diese fungiert als eine Kante des Parallelogramms. Anschließend zieht man, ähnlich wie beim geneigten Rechteck, das Parallelogramm auf, nur eben jetzt nicht zwingend normal zur ersten Linie.

Die Multifunktionsleiste verändert sich beim Skizzieren. Es wird immer die letzte Variante, mit der eine bestimmte Kontur erzeugt wurde, als Standard hinterlegt. Wurde beispielsweise ein Rechteck zuletzt über die Funktion *Mittleres Rechteck* definiert, so nimmt auch das entsprechende Symbol den Platz neben dem Schriftzug Rechteck in der Multifunktionsleiste ein. Dies bleibt auch so, nachdem Sie eine Skizze beendet haben und eine weitere anlegen.

Bei Creo erfolgt die standardmäßige Erzeugung eines Kreises, die auch in der Multifunktionsleiste symbolisch dargestellt ist, in zwei Schritten. Erst wird das Zentrum des Kreises definiert, und anschließend wird sein Durchmesser aufgezogen. Durch das Öffnen des Dropdown-Menüs über die schwarze Pfeilspitze lassen sich weitere Funktionen wählen, mittels derer sich Kreise generieren lassen (siehe Tabelle 3.2).

 Kreis

Tabelle 3.2 Möglichkeiten zur Erstellung von Kreisen

Symbol	Bezeichnung	Verwendung/Funktion
◎	Konzentrisch	Für dieses Tool wird ein Punkt benötigt. Es ist unerheblich, ob dabei eine Konturecke, ein neu generierter Punkt oder der Koordinatenursprung gewählt wird. Nachdem der Punkt ausgewählt wurde, erzeugt jeder Klick mit der linken Maustaste einen weiteren Kreis konzentrisch zum gewählten Punkt.
○	Drei Punkte	Wie die Bezeichnung des Werkzeugs schon vermuten lässt, wird hier ein Kreis über drei Punkte definiert.
△	Drei Tangenten	Mit diesem Werkzeug wird ein Kreis über drei Linien definiert, die diesen nur tangieren.

3.3.2.3 Bedingungen definieren

Bereich Bedingung definieren

Bild 3.11 Auswahl der Bedingungen

Kommen wir zu den kleinen grünen Kästen neben den skizzierten Linien. Bei den Standardeinstellungen von Creo sind immer die sogenannten implizierten Annahmen beim Skizzieren aktiv, d. h., dass das Programm beim Erstellen von Bauteilkonturen unterstützt. Bewegt man beispielsweise den Mauspfeil bei aktivierter Linienkette oder mit einem anderen Zeichenwerkzeug über eine der Bezugsachsen, so erscheint ein kleiner, grüner Kasten mit einem blauweißen Punkt auf einer schwarzen Linie (siehe Bild 3.12).

Bild 3.12 Mögliche Bedingungen bei einer Linienkette

Dieses Symbol bedeutet *Zusammenfallend*. Hier würde also der zu setzende Punkt exakt auf der Bezugsachse liegen. Setzen wir diesen Punkt und bewegen den Mauspfeil weiter, so sieht man die orangefarbene Linie, die erst durch das Setzen des zweiten Punktes vollständig definiert ist. Bewegt man beim Linienzeichnen, nachdem der erste Punkt gesetzt wurde, den Cursor senkrecht oder waagrecht, erscheinen neben bzw. unter der Linie wieder grüne Symbole mit senkrechtem bzw. waagrechtem schwarzem Strich. Im vorangegangenen Beispiel wurde eine waagrechte Linie gezeichnet. Im Allgemeinen vereinfachen Bedingungen das Skizzieren in mehrfacher Hinsicht:

- Es müssen weniger Maße gesetzt werden, um eine Skizze vollständig zu definieren. In Bild 3.13 sind die Seiten eines Rechtecks (mit Linienkette gezeichnet) gleich lang, links über eine Zwangsbedingung, rechts durch Maße.

- Skizzen, die durch Bedingungen definiert sind, lassen sich leichter im Maß anpassen und sind etwas sicherer. Im Beispiel aus Bild 3.13 müssen beim rechten Viereck fünf Maße angepasst werden, möchte man die Seitenläge jeweils auf 4,01 mm vergrößern und die Lage beibehalten. Vor allem wenn man bei sehr kleinen Änderungen ein Maß vergisst, fällt dies unter Umständen nicht einmal bei der Zeichnungskontrolle auf. Am Ende hat man beispielsweise Bohrungen, die nicht konzentrisch übereinanderliegen. Sind Zwangsbedingungen gesetzt, kann man diesen Fehler zumindest minimieren.

Bedingungen müssen nicht zwingend bereits beim Zeichnen gesetzt werden. Man kann beispielsweise auch im Nachhinein eine schräge Linie zu einer waagrechten machen, indem man in der Multifunktionsleiste auf die Schaltfläche *Waagrecht* drückt und anschließend die entsprechende Linie anwählt.

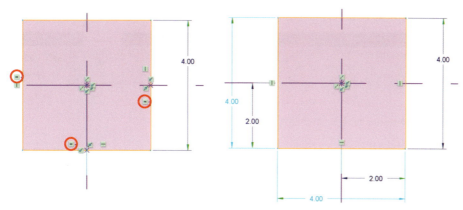

Bild 3.13 Vorteil von Bedingungen gegenüber Bemaßungen

Creo bietet weitere Bedingungen, die in Tabelle 3.3 vorgestellt und kurz erläutert werden.

Tabelle 3.3 Mögliche Bedingungen

Symbol	Bezeichnung	Verwendung/Funktion
┼	Senkrecht	Die gewählten Elemente liegen immer senkrecht zueinander, wobei die Definition von senkrecht durch die Lage des Koordinatensystems bestimmt wird (änderbar in den Skizzendefinitionen). Die Elemente können Start- und Endpunkt einer Linie, aber auch der Mittelpunkt eines Kreises und ein Endpunkt einer Linie oder zwei Kreismittelpunkte sein.
┼	Waagerecht	Die gewählten Elemente liegen immer waagrecht zueinander (Beschreibung analog zu senkrecht).
⊥	Lotrecht	*Lotrecht* definiert die Lage zweier Linien zueinander, die fortan immer im 90°-Winkel zueinanderstehen. Durch diese Bedingung lassen sich auch zwei schräg in der Ebene liegende Linien in Beziehung setzen.
⌒	Tangential	Es wird definiert, dass eine Linie einen Kreis nur berührt und nicht schneidet.
╱	Mittelpunkt	*Mittelpunkt* legt den Endpunkt einer Linie oder eines Kreisringes oder einfach nur einen Punkt genau auf den Mittelpunkt einer Linie.
—○—	Zusammen-fallend	Durch diesen Befehl werden zwei Punkte aufeinandergesetzt oder aber ein Punkt auf eine Linie.
→|←	Symmetrisch	Für diesen Befehl sind zwei Punkte und eine Mittellinie bzw. Bezugsachse notwendig. Nach der Auswahl dieser werden die Punkte symmetrisch zur Mittellinie ausgerichtet.
=	Gleich	Mittels dieser Bedingung werden zwei Elemente des gleichen Typs gleich lang. Das können sowohl gerade als auch gebogene Linien sein. Über diesen Befehl definiert man also Kreise gleichen Durchmessers oder aber, dass ein Kreisbogen die gleich Länge hat wie eine geschlossene Ellipse.
//	Parallel	Hierbei werden zwei Linien parallel zueinander ausgerichtet.

3.3.2.4 Bemaßung

Bereich Bemaßungen

Bild 3.14 Auswahl des gewünschten Bemaßungstyps

Wenn man eine Kontur betrachtet, fallen weiter die blauen Bemaßungen auf. Wie bereits erwähnt, müssen bei Creo Skizzen immer vollständig bestimmt sein. Aus diesem Grund fügt das Programm automatisch zu den Bedingungen Maße hinzu. Insgesamt gibt es bei Creo vier verschiedene Maßtypen, die jeweils unterschiedliche Farben oder Darstellungsformen haben:

Farben charakterisieren Bemaßungen.

- Blaue Maße werden automatisch generiert. Durch Ziehen an einer Referenz (Endpunkt) der Bemaßung ändert sich diese.
- Schwarze Maße sind vom Konstrukteur bereits editierte Maße. Durch Ziehen an einem Endpunkt der Bemaßung ändert sich diese.
- Dunkelviolette Maße zeigen vom Konstrukteur gesperrte Maße an. Sie verändern sich auch beim Verschieben einer Referenz der Bemaßung nicht bzw. lassen dieses unter Umständen gar nicht mehr zu.
- Maße in runden Klammern oder bei neueren Creo-Versionen mit dem Zusatz REF sind Referenzmaße. Sie dienen nur der Orientierung und können nicht editiert werden, sondern ergeben sich aus anderen Definitionen.

Bild 3.15 stellt die verschiedenen Bemaßungstypen nebeneinander.

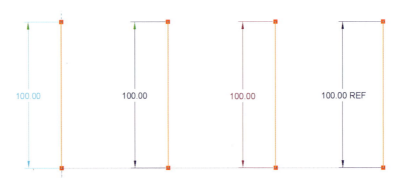

Bild 3.15 Die vier verschiedenen Bemaßungstypen bei Creo (von links nach rechts): automatisches Maß, definiertes Maß, gesperrtes Maß und Referenzmaß

Je komplexer eine Skizze ist, desto unübersichtlicher ist sie, nachdem die automatisch generierten Maße angezeigt werden. Teilweise stehen diese auch übereinander. Jedes Maß kann man verschieben, indem man es mit der linken Maustaste auswählt, die Taste gedrückt hält und den Mauspfeil an die gewünschte Position verschiebt. Wie bei der Auswahl anderer Elemente wird ein Maß, wenn man mit dem Mauszeiger darüberfährt, orangefarben hervorgehoben. Wenn man es auswählt, wird es grün.

Um ein automatisch generiertes Maß (blau) – oder auch jedes andere – zu bearbeiten, muss man es per Doppelklick mit der linken Maustaste auswählen. Es erscheint ein kleines Fenster direkt über bzw. neben dem zu ändernden Maß, das dessen momentanen Zahlenwert anzeigt. Nach der Eingabe des gewünschten Wertes kann man diesen mit der mittleren Maustaste oder mit der <ENTER>-Taste bestätigen. Das Maß ändert sofort seinen Wert und seine Farbe von Blau auf Schwarz. Dieser Wert ist aber bei Creo, im Gegensatz zu anderen CAD-Programmen, noch nicht fixiert. Wenn man einen Eckpunkt auswählt, an dem auch das Maß angreift, und bei gedrückter Maustaste verschiebt, ändert sich das Maß auch wieder.

Möchte man ein Maß fixieren, so muss man mit der linken Maustaste das entsprechende Maß auswählen und in der erscheinenden Minisymbolleiste den Befehl *Sperre umschalten* wählen.

Sperre umschalten

Sobald diese Funktion aktiv ist, verfärbt sich das Maß dunkelviolett. Der Zahlenwert kann nur noch bewusst mit einem Doppelklick editiert werden. Es ist ratsam, Anschlussmaße oder ähnliche wichtige Abmessungen einer Konstruktion zu fixieren.

Es ist sinnvoll, Skizzen genauso wie später die technischen Zeichnungen zu bemaßen. Man erkennt auf diese Weise sofort, wenn beispielsweise ein Lagersitz nicht passen sollte oder dass eine Welle insgesamt zu lang ist. Nicht alle automatisch erzeugten Maße gereichen diesem Anspruch, und es müssen von Hand die entsprechenden Abmessungen definiert werden. Dazu wählt man das Tool *Bemaßung* in der gleichnamigen Registerkarte der Multifunktionsleiste aus und geht wie folgt vor:

Bemaßung

- Eine Linie wird durch einen Klick auf diese und das Bestätigen mit der mittleren Maustaste definiert.
- Der Abstand zwischen zwei Punkten wird durch ihre Auswahl und das Bestätigen mit der mittleren Maustaste definiert.
- Ein Winkel wird über das Auswählen zweier nicht paralleler Linien oder dreier Punkte und das Bestätigen mit der mittleren Maustaste definiert.

Sobald der Skizze ein Maß hinzugefügt wird, verschwinden die blauen automatisch erzeugten Maße, die ansonsten dazu führen würden, dass die Skizze überdefiniert ist.

Am Beispiel einer schrägen Linie wird im Folgenden erläutert, dass es drei verschiedene Richtungen gibt, in denen ein Maß definiert werden kann (siehe Bild 3.16):

- Wählt man beide Eckpunkte und klickt dann in die Nähe der schrägen Linie, wird der direkte Abstand zwischen den beiden Enden festgesetzt (siehe Bild 3.16 rechts).
- Klickt man hingegen nach dem Wählen der Eckpunkte unter die Linie (deutlich unter den tiefer liegenden Eckpunkt), dann erzeugt man ein Maß, das den horizontalen Abstand beider Punkte zueinander beschreibt. Gleiches gilt, wenn man ein Maß oberhalb des oberen Endpunktes setzt (siehe Bild 3.16 Mitte).
- Analog dazu fügt ein Klick nach der Punktauswahl deutlich rechts neben den am weitesten in diese Richtung liegenden Punkt zu einem vertikalen Abstandsmaß der beiden Punkte. Gleiches gilt wieder für die linke Seite (siehe Bild 3.16 links).

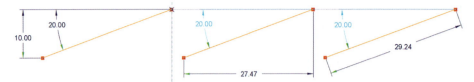

Bild 3.16 Möglichkeiten, ein Maß zu platzieren

Beim Bemaßen kommt es immer wieder vor, dass ein Maß, das man gerne setzen würde, eine Skizze überdefinieren würde oder im Widerspruch zu bereits gesetzten Maßen oder Bedingungen steht. In solchen Fällen öffnet sich in Creo immer das Fenster *Skizze lösen* (siehe Bild 3.17).

Bild 3.17 Überbestimmte Kontur

Hier werden alle Maße und Referenzen aufgeführt, die in Summe zu der Überdefinition führen. Je komplexer die Skizze, desto höher ist die Anzahl der sich widersprechenden Elemente und desto unübersichtlicher ist das Ganze. Auch an dieser Stelle wird wieder die Bedeutung des Leitsatzes „Skizzen immer so einfach wie möglich gestalten" deutlich. Ein im Fenster *Skizze lösen* markiertes Element wird auch im Arbeitsfenster durch einen schwarzen Kasten hervorgehoben. Um das Problem zu lösen, hat man drei Möglichkeiten. Entweder man widerruft seinen letzten Befehl mit dem Anwählen der entsprechenden Schaltfläche, löscht das markierte Maß bzw. die hervorgehobene Bedingung oder wandelt die entsprechende Bemaßung in eine Referenzbemaßung um. Letzteres ist dadurch erkennbar, dass das Maß anschließend bei älteren Creo-Versionen in runden Klammern steht, bei neueren wird der Zusatz REF ergänzt. Über die Schaltfläche *Erklären* erhält man im Informationsbereich der Statusleiste eine kurze Erklärung zu dem jeweiligen markierten Element. Ein Schließen des Fensters *Skizze lösen* führt zum Löschen des markierten Elements.

Alle weiteren Bemaßungsvarianten werden im vertiefenden Abschnitt 3.3.3.6 behandelt.

3.3.2.5 Editieren

Bild 3.18 Auswahl des Editierbereichs

Für den Anfang sind vor allem zwei Werkzeuge aus dem Bereich *Editieren* auf der Registerkarte *Skizze* (siehe Bild 3.18) wichtig, *Ändern* und *Segment löschen*, die auch in diesem Abschnitt beschrieben werden.

Vor allem wenn Sie die erste Skizze in einem neuen Bauteil anlegen, unterscheiden sich die Abmessungen oft stark von den gewünschten. Die Kontur wird in der Regel zu groß gezeichnet. Sollte man nun die Maße zu stark verändern, verzieht sich die gesamte Kontur, was Bild 3.19 (Nummer 1 und 2) zeigt.

 Ändern

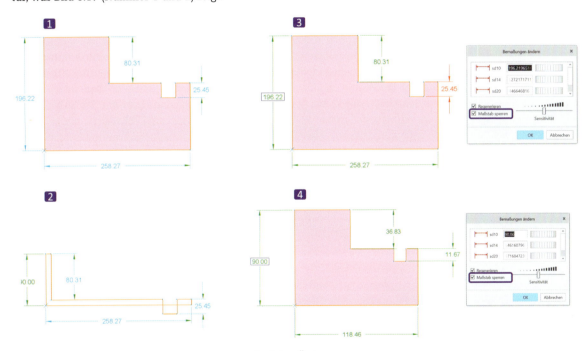

Bild 3.19 Probleme beim Bemaßen und Vorteil der Funktion *Ändern*

Es wurde hier lediglich die Gesamthöhe von 196,22 mm auf 90,00 mm geändert. Leider ist die Kontur nicht mehr zu erkennen und müsste mühsam wieder zurechtgezogen werden. Um dies zu vermeiden, gibt es bei Creo einen einfachen Trick. Man markiert die gesamte Kontur entweder über die Tastenkombination <STRG> + <ALT> + <A>, oder man zieht mit gedrückter linker Maustaste einen Rahmen darum. Die gesamte Kontur samt aller Maße wird grün. Anschließend wählt man auf der Registerkarte *Editieren* die Funktion *Ändern* aus.

Wichtig ist jetzt, dass Sie als Erstes den Haken für das Sperren des Maßstabs setzen. Das entsprechende Kästchen finden Sie im Einstellungsfenster *Bemaßung ändern*, in Bild 3.19 jeweils mit einem Rahmen markiert. Dadurch werden dann, sobald Sie ein Maß und damit eine Linie ändern, alle übrigen Linien mit skaliert. Anschließend wählen Sie sich ein Maß aus, in diesem Fall wieder die Höhe der Kontur. Hier wird Sie auf 90,00 mm geändert und mit der <ENTER>-Taste bestätigt. Die Kontur wird entsprechend skaliert.

Das funktioniert nicht nur ins Kleinere wie hier, sondern auch bei Vergrößerungen. Anschließend können Sie alle weiteren Maße auch hier editieren, wobei Sie darauf achten müssen, dass Sie jetzt den Haken vor *Maßstab sperren* herausnehmen. Oder Sie beenden die Funktion *Ändern* und editieren die Maße wie gewohnt einzeln mit einem Doppelklick auf das entsprechende Maß.

Segment löschen

Mit dem Tool *Segment löschen* lassen sich Linien entfernen und dadurch Konturen schließen. Die Funktionsweise lässt sich am besten anhand eines Langlochs, wie es in Bild 3.20 dargestellt ist, erklären. Für das Langloch wurden zwei gleich große Kreise gezeichnet und diese anschließend mit Linien verbunden. Die Kontur ist nicht geschlossen, was man an den nicht verknüpften roten Enden der Linien sieht. Hintergrund ist, dass in Creo Kreise an sich als geschlossene Konturen betrachtet werden, die keine Anknüpfungspunkte bieten. Nach dem Aktivieren des Tools gibt es zwei Möglichkeiten, diese Segmente zu löschen. Beide sind in Bild 3.20 rechts zu erkennen. Entweder man wählt die zu löschenden Linien direkt aus, wie beim rechten Kreis, oder klickt mit der linken Maustaste in den Arbeitsbereich, hält die Maustaste gedrückt und fährt über die zu entfernende Linie (linker Kreis). Aber Vorsicht, bei Letzterem wird jede Linie gelöscht, über die man gefahren ist.

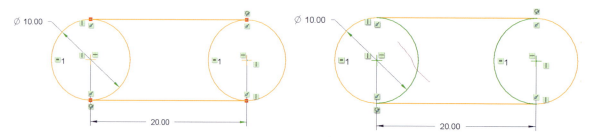

Bild 3.20 Problem einer nicht eindeutigen Kontur und Funktion *Segment löschen*

3.3.3 Skizzierer – Vertiefung

Nachdem in den vorangegangenen Gliederungspunkten die Grundlagen erläutert wurden, liegt es jetzt bei Ihnen: Entweder Sie springen zu Abschnitt 3.4 und widmen sich den ersten Bauteilen der Drohne, oder Sie befassen sich erst mit den folgenden Ausführungen, die weitere Werkzeuge der einzelnen Module des Skizzierers vorstellen.

3.3.3.1 Setup

Bild 3.21 Auswahl der Setup-Einstellungen   Bereich Setup

Im Bereich *Setup* auf der Registerkarte *Skizze* (siehe Bild 3.21) können Sie grundlegende Einstellungen an Ihrer Skizze verändern. Der Übersicht halber werden die einzelnen Werkzeuge in Tabelle 3.4 aufgelistet.

Tabelle 3.4 Funktionen im Bereich *Setup*

Symbol	Bezeichnung	Verwendung/Funktion
	Skizze einrichten	Sobald diese Schaltfläche ausgewählt wurde, öffnet sich ein Einstellungsfenster. Hier kann im Nachhinein noch einmal die Bezugsebene oder Bezugskörperfläche der Skizze geändert werden. Weiter ist es möglich, mit einem Klick auf den violetten Pfeil im Arbeitsbereich die Skizzenausrichtung umzukehren. Man kann also erneut die Seite der Ebene festlegen, auf die gezeichnet wird. Dies lässt sich auch über die entsprechende Schaltfläche im Einstellungsfenster erreichen. Auch die Orientierung der Skizze lässt sich im Fenster umkehren. Wie bei Creo üblich kann unter *Eigenschaften* eine Benennung vergeben werden. Die Auswahl wird durch einen Klick auf die blau hervorgehobene Skizzenschaltfläche bestätigt.
	Referenzen	Mit diesem Tool können verschiedene Referenzen bearbeitet oder erzeugt werden. Zum einen lassen sich die Referenzen der Skizze neu setzen, falls diese aus Versehen gelöscht worden sind oder Sie diese ändern wollen. Zum anderen kann man einfach durch Auswählen verschiedene Körperkanten oder Linien bestehender Skizzen als Referenz in die aktuelle Skizze projizieren. Diese werden als Konstruktionslinien übernommen und können so zur Orientierung oder Bemaßung verwendet werden.
	Skizzenansicht	Durch einen Klick auf dieses Icon rotiert die Ansicht im Arbeitsbereich automatisch wieder in die Ausgangsansicht. Sie ist nicht nur in der Multifunktionsleiste zu finden, sondern auch in der Grafiksymbolleiste.

Auf eine genauere Beschreibung der weiteren Setup-Funktionen, die über das Überlaufmenü ausgewählt werden können, wird in diesem Buch verzichtet.

3.3.3.2 Datei abrufen

Bereich Daten abrufen   **Bild 3.22** *Daten abrufen* auswählen

Über eine Auswahl des Dateisystemsymbols lassen sich Skizzen importieren. Neben dem Creo-eigenen Dateiformat .SEC sind auch .DRW-, .IGS- bzw. .IGES-, .DXF-, .DWG- und .AI-kompatible Dateiformate möglich. Genauere Informationen über verschiedene mit Creo kompatible Dateiformate können Sie Kapitel 2 entnehmen.

3.3.3.3 Operationen

Bereich Operationen   **Bild 3.23** Aktivierte Auswahlschaltfläche

Solange Sie keine andere Funktion aktiviert haben, ist die Auswahlschaltfläche aktiv (siehe Bild 3.23). Sie können jetzt die anderen Funktionen wählen oder aber auf gezeichnete Linien klicken. Haben Sie eine gezeichnete Linie im Arbeitsfenster angewählt, werden die Icons *Ausschneiden* und *Kopieren* auswählbar. Durch einen Klick auf das entsprechende Symbol wird das kopierte oder ausgeschnittene Objekt in die Zwischenablage kopiert, um anschließend über das Icon *Einfügen* an einer anderen Stelle platziert zu werden. Einfacher sind diese drei Funktionen durch die auch standardmäßig in Windows gebräuchlichen Tastenkombinationen zu verwenden. Diese sind:

- Kopieren: <STRG> + <C>
- Ausschneiden: <STRG> + <X>
- Einfügen: <STRG> + <V>

Durch einen Klick auf die schwarze Pfeilspitze unterhalb der Cursordarstellung öffnet sich ein Dropdown-Menü, in dem Sie die Funktionen *Kette* und *Alle* auswählen können.

Haben Sie eine Kontur vorliegen, die aus mehreren Linien besteht, können Sie alle Teile der Kontur wählen, indem Sie zuerst die Kettenfunktion auswählen und anschließend auf eine Linie der Kontur klicken.

Vor allem für komplexe, unübersichtliche Skizzen ist die Funktion *Alle* sinnvoll, die alle in der Skizze liegenden Elemente auswählt. Auch hier ist allerdings der Weg über die entsprechende Tastenkombination <STRG> + <ALT> + <A> der geschicktere.

Im Dropdown-Menü dieses Bereichs finden Sie noch die Funktion *Löschen*. Damit lassen sich ausgewählte Linien oder Konturen löschen. Einfacher kommt man zum gleichen Resultat, wenn man die <ENTF>-Taste drückt.

In bestimmten Fällen ist die hier zu findende Funktion *Konstruktion* nützlich. Eine zuvor getroffene Auswahl an Linien lässt sich über diese in den *Konstruktionsmodus* konvertieren. Dies ist praktisch, wenn eine importierte Skizze nur zur Orientierung genutzt werden soll. Als Beispiel könnten verschiedene Konturen importiert werden, um Kollisionen mit anderen Bauteilen zu vermeiden.

3.3.3.4 Skizze für Fortgeschrittene

Bild 3.24 Auswahl der Skizzierwerkzeuge

Bereich Skizze

Bei Creo gibt es zwei unterschiedliche Modi bei der Generierung von Skizzen, den *Konstruktionsmodus* und den *Erzeugungsmodus*. Im *Konstruktionsmodus* werden Hilfslinien und Hilfsgeometrien gezeichnet, die nur in der jeweiligen Skizze sichtbar sind und beim weiteren Erstellen von Volumenkörpern keine Rolle spielen. In diesem Modus kann man beispielsweise den Außendurchmesser einer Unterlegscheibe um einen Bohrungsmittelpunkt herum einzeichnen. Dadurch erkennt man sofort, wenn dieser durch das Verrutschen der Bohrung mit einer anderen Bauteilkante kollidiert. Andere Beispiele hierfür sind Umgebungskonturen. Oder man nutzt den Konstruktionsmodus, um Bohrkreisdurchmesser einzuzeichnen oder um mit möglichst wenig Aufwand achsfreie Bohrkreismuster zu erzeugen. Im *Erzeugungsmodus* wird die eigentliche Kontur des Volumenelements entworfen. Standardmäßig ist immer der Erzeugungsmodus beim Generieren einer neuen Skizze aktiv. In den Konstruktionsmodus wechselt man durch das Klicken der entsprechenden Schaltfläche in der Multifunktionsleiste. Diese bleibt auch so lange aktiviert, bis sie wieder deaktiviert wird. Man verlässt den Konstruktionsmodus entweder über ein erneutes Auswählen der Schaltfläche oder die Tastenkombination <STRG> + <M>.

Konstruktions- modus

Neben den bereits ausführlich erläuterten Werkzeugen *Linienkette*, *Rechteck* und *Kreis* bietet Creo weitere Möglichkeiten, um eine Kontur zu erzeugen, die in Tabelle 3.5 jeweils so weit wie möglich dargestellt werden.

Die Funktion *Bogen* ermöglicht, auf verschiedene Art und Weise Kreisbögen zu zeichnen.

 Bogen

Tabelle 3.5 Möglichkeiten zur Erstellung von Bögen

Symbol	Bezeichnung	Verwendung/Funktion
	3 Punkte/Tangentenenden	Standardmäßig ist die Definition über drei Punkte aktiv. Wenn diese Schaltfläche gewählt ist, dann setzt man mit den ersten beiden Klicks die beiden Endpunkte des Bogens und mit dem dritten bestimmt man den Radius.
	3 Tangenten	Analog dazu funktioniert die Definition über drei Tangenten, wobei hier Linien zur Begrenzung der Bogenabmessungen gewählt werden müssen.
	Mitte und Endpunkte	Alternativ bestimmt man über die Funktion *Mitte und Endpunkte* als Erstes den Mittelpunkt des Bogenradius, anschließend mit dem Startpunkt des Bogens gleichzeitig seinen Radius und schließlich mit dem Endpunkt seine Länge.
	Konzentrisch	*Konzentrisch* funktioniert analog zu der entsprechenden Kreisdefinition. Nach dem Festlegen des Bogenradiusmittelpunktes werden durch die jeweiligen Start- und Endpunkte konzentrische Bögen generiert.
	Kegel	Ähnlich wie bei der eingangs beschriebenen 3-Punkt-Definition geht man auch bei der Kegel-Variante vor. Zuerst wird über zwei Punkte eine Hilfsgerade definiert. Anschließend kann man über den dritten zu setzenden Punkt einen verzerrten Kreisbogen erzeugen.

Ellipse

Creo bietet zwei unterschiedliche Wege, eine *Ellipse* zu erzeugen (siehe Tabelle 3.6).

Tabelle 3.6 Möglichkeiten bei der Erstellung von Ellipsen

Symbol	Bezeichnung	Verwendung/Funktion
	Achsenendenellipse	Standardmäßig ist diese Definition als Symbol in der Multifunktionsleiste sichtbar. Eine Ellipse wird hier in zwei Schritten erstellt. Zuerst definiert man über zwei Punkte eine Achse der Ellipse, und anschließend zieht man über den dritten Punkt, der ein Ende der zweiten Ellipsenachse definiert, die Breite der Ellipse auf.
	Mittelpunkt und Achse der Ellipse	Diese Funktion erreicht man über das Dropdown-Menü neben den Ellipsen, ihre Anwendung ist nach den vorherigen Beschreibungen selbsterklärend.

Spline

Mit der Funktion *Spline* lassen sich Kurven zeichnen, indem man eine beliebige Anzahl von Punkten definiert. Es handelt sich dabei um einen sogenannten Polynomzug. Dabei werden Stützstellen, also die vom Nutzer definierten Punkte, durch stückweise Polynome zusammengesetzt. Ein Spline muss nicht zwingend geschlossen sein, wie Bild 3.25 verdeutlicht, wobei auch hier Volumenkörper nur aus geschlossenen Konturen erzeugt werden können.

Bild 3.25 Offene und geschlossene Spline-Konturen

Durch eine entsprechende Bemaßung lassen sich mithilfe von Splines auch trigonometrische Funktionen darstellen.

Unter bestimmten Bedingungen ist es sinnvoll, *Verrundungen* und *Fasen* bereits in der Skizze einer Kontur zu definieren. Die gebotenen Möglichkeiten sind in Tabelle 3.7 zusammengefasst.

Verrundungen und Fasen

Tabelle 3.7 Möglichkeiten zur Erstellung von Verrundungen und Fasen

Symbol	Bezeichnung	Verwendung/Funktion
	Kreisförmig	Hierzu sind zwei Linien zu wählen, die einen gemeinsamen Eckpunkt haben. Nach Auswahl der beiden Kanten wird der gemeinsame Eckpunkt durch eine Rundung ersetzt. Der ursprüngliche Eckpunkt bleibt erhalten.
	Rundung trimmen	Die Funktion ist analog zur Funktion *Kreisförmig*, die Eckpunktinformation geht aber verloren.
	Elliptisch	Die Funktion ist analog zur Funktion *Kreisförmig*, nur dass die Rundungsform durch eine Ellipse festgelegt wird.
	Elliptisch trimmen	Die Funktion ist analog zur Funktion *Rundung trimmen*, nur dass die Rundungsform durch eine Ellipse festgelegt wird.
	Fase	Die Funktion ist analog zur Funktion *Kreisförmig*, nur wird die Ecke nicht durch eine Rundung ersetzt, sondern durch eine Linie abgeschnitten.
	Fasentrimmung	Die Funktion ist analog zur Funktion *Rundung trimmen*, nur wird die Ecke nicht durch eine Rundung ersetzt, sondern durch eine Linie abgeschnitten.

Text

Creo bietet die Möglichkeit, *Text* auf Bauteiloberflächen anzubringen. Beachten Sie, dass, ehe Sie den gewünschten Text eingeben können, noch eine Richtung definiert werden muss. Dies geschieht wieder über zwei Punkte. Der erste legt den Ort des ersten Buchstabens fest und der zweite die Orientierung. Um ein Textfeld zu erzeugen, in dem der Text in der momentanen Ansicht lesbar von links nach rechts geschrieben ist, müssen Sie den zweiten Punkt oberhalb des ersten wählen. Anschließend öffnet sich ein Fenster, und Sie können Ihren Text und verschiedene Textparameter einstellen.

Projizieren, Versatz und Aufdicken

Drei ähnliche Funktionen sind *Projizieren*, *Versatz* und *Aufdicken* (siehe Tabelle 3.8). Bei allen drei besteht die Möglichkeit, einzelne Kanten, eine Kette an Kanten oder eine geschlossene Kantenschleife zu übertragen bzw. manipuliert in die Skizze einzufügen. Wenn mehrere Kanten gewählt werden sollen, ist die <STRG>-Taste gedrückt zu halten.

Tabelle 3.8 Weitere Skizziermöglichkeiten

Symbol	Bezeichnung	Verwendung/Funktion
	Projizieren	Mithilfe dieses Tools können Bauteilkanten bestehender Volumenkörper in die Skizzierebene projiziert werden. Beachten Sie, dass diese Kanten immer normal zur Skizzierebene übertragen werden.
	Versatz	Dieses Werkzeug bringt Bauteilkanten bestehender Volumenkörper mit einem vorzugebenden Offset in die Skizzierebene. Genauso ist es aber möglich, bereits gezeichnete Linien um einen gewissen Betrag zu versetzen. Die Versatzrichtung ist durch ein Minus vor den Zahlenwert umzukehren.
	Aufdicken	*Aufdicken* funktioniert analog zum *Versatz*. Nach der Kantenauswahl muss zuerst die Breite der Aufdickung und anschließend ein Versatz gewählt werden. Die gewählten Elemente werden in Versatzrichtung verschoben und anschließend in die entgegengesetzte Richtung um den entsprechenden Wert aufgedickt.

Mittellinie

Auch im Skizzenbereich der Multifunktionsleiste lassen sich Mittellinien bzw. Mittellinientangenten, Punkte und Koordinatensysteme erzeugen. Die Vorgehensweise ist analog zu der Erzeugung der Elemente im Bereich *Bezug*.

 Palette

Creo bietet im Skizzierer eine Bibliothek, die häufig benötigte Geometrien beinhaltet. Die sogenannte *Palette* enthält verschiedene Polygone und Profile, wie z. B. Dreiecke, aber auch C-, I- und L-Träger, die im Stahlbau verwendet werden. Weiter sind dort unterschiedliche Formen zu finden, etwa Kreuze oder aber auch die oft verwendeten gebogenen und geraden Langlöcher. Seltener verwendet werden die Sterne (mit von drei ansteigender Zackenzahl).

Die verschiedenen Geometrien fügt man wie folgt in eine Skizze ein:

- Zuerst ruft man die Geometriebibliothek mit der Anwahl der Schaltfläche *Palette* in der Multifunktionsleiste auf. Es öffnet sich das Fenster, das in Bild 3.26 dargestellt ist.
- Wählen Sie die gewünschte Kontur aus. Mit einem einfachen Klick mit der linken Maustaste wird die entsprechende Kontur angezeigt. Zum Auswählen ziehen Sie sie entweder mit Drag & Drop in den Arbeitsbereich oder wählen sie mit einem Doppelklick aus und klicken auf die gewünschte Position.

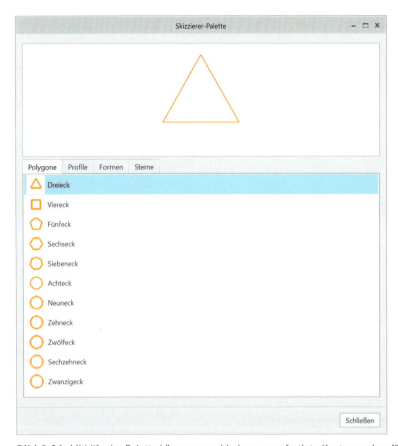

Bild 3.26 Mithilfe der Palette können verschiedene vorgefertigte Konturen eingefügt werden.

- Die platzierte Kontur kann sowohl noch verschoben als auch gedreht werden. Dafür wählen Sie einfach das Zentrum der jeweiligen Geometrie, das in Bild 3.27 orangefarben hervorgehoben ist, aus und verschieben es mit gedrückter linker Maustaste. Zum Rotieren klicken Sie einfach auf den ebenfalls in Bild 3.27 erkennbaren blauen Pfeil im Arbeitsbereich.
- Weiter besteht die Möglichkeit, über die entsprechenden Felder in der Multifunktionsleiste die Kontur um einen vorzugebenden Winkel zu rotieren oder um einen Faktor zu skalieren.
- Die Geometrie wird – wie üblich – über die Multifunktionsleiste oder die mittlere Maustaste eingefügt.

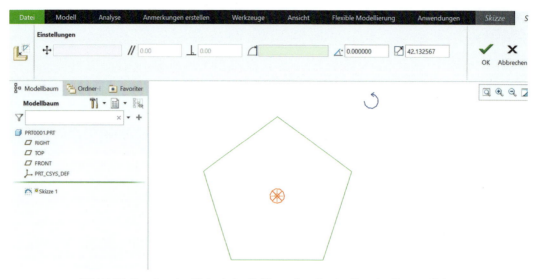

Bild 3.27 Benutzeroberfläche beim Einfügen einer Kontur über das Feature *Palette*

Über die vier Registerkarten *Polygone*, *Profile*, *Formen* und *Sterne* gelangt man in den entsprechenden Teilbereich. Besonders wichtig sind im Bereich *Polygone* das Sechseck, mit dem man beispielsweise Vertiefungen für einen Innensechskantschlüssel schnell und einfach realisieren kann, und im Bereich *Formen* die Rennbahn, mit der man komfortabel Langlöcher erstellen kann.

3.3.3.5 Editieren für Fortgeschrittene

Bereich Editieren   **Bild 3.28** Bereich *Editieren* auswählen

Wie bereits erwähnt, enthält der Bereich *Editieren* auf der Registerkarte *Skizze* (siehe Bild 3.28) viele wichtige Funktionen, die dazu dienen, bereits gezeichnete Linien oder ganze Geometrien zu bearbeiten. Neben den bereits im Einführungsteil beschriebenen Werkzeugen beinhaltet der Bereich noch die in Tabelle 3.9 aufgeführten Funktionen.

Tabelle 3.9 Funktionen im Bereich Editier*en*

Symbol	Bezeichnung	Verwendung/Funktion
	Spiegeln	Mit diesem Werkzeug lassen sich bereits gezeichnete Geometrien um eine Mittellinie spiegeln. Wichtig ist dabei, dass beides bereits gezeichnet sein muss. In einem ersten Schritt ist die zu spiegelnde Geometrie auszuwählen. Dies kann entweder durch Anklicken der Linien nacheinander mit gedrückter <STRG>-Taste erfolgen oder durch das Aufziehen eines Rahmens, der die Geometrie umschließt. Falls alles gewählt werden soll, kann man dies über die Tastenkombination <STRG> + <ALT> + <A> erreichen. Anschließend wird die Mittellinie ausgewählt, woraufhin das Spiegelbild der Geometrie erstellt wird. Es besteht ein Bezug zwischen originaler und gespiegelter Geometrie, d. h., dass eine Änderung an einer simultan die andere mit ändert. Dieser Bezug bleibt so lange erhalten, bis entweder alle Symmetriesymbole gelöscht werden oder die Mittellinie der Spiegelung gelöscht wird.
	Aufteilen	Durch diese Funktion lassen sich Linien oder Bögen teilen. Es werden an der vom Konstrukteur ausgewählten Stelle Punkte eingefügt. Dies ist bei verschiedenen Funktionen (unter anderem Zug-Verbund) wichtig. Genauere Erläuterungen finden Sie an den entsprechenden Stellen.
	Ecke	Dieses Werkzeug trimmt Linien. Nachdem diese Funktion aktiviert wurde, sind die beiden Teile von zwei sich kreuzenden Linien oder Bögen zu wählen, die erhalten bleiben sollen. Die anderen Anteile jenseits des Schnittpunktes werden entfernt.
	Rotieren/Größe ändern	Wie beim Spiegeln muss auch hier eine Linie oder eine Geometrie gewählt sein, ehe die Funktion anwählbar wird. Sobald die Funktion *Rotieren/Größe ändern* aktiv ist, erscheint ein Koordinatensystem, in dessen Ursprung der Flächenschwerpunkt liegt. Die Geometrie ist wie folgt manipulierbar: **Verschieben:** Entweder man wählt im Arbeitsfenster den Flächenschwerpunkt aus und verschiebt diesen direkt mit der Maus, oder man gibt die Verschiebungswerte in die jeweiligen Felder der Multifunktionsleiste ein. Der Zahlenwert in dem mit zwei parallelen Linien gekennzeichneten Feld führt zu einer horizontalen, der in dem Feld neben dem lotrechten Symbol zu einer vertikalen Verschiebung der Geometrie.

Tabelle 3.9 *(Fortsetzung)*

Symbol	Bezeichnung	Verwendung/Funktion
		Drehen: Auch beim Drehen gibt es zwei Varianten, die Geometrie zu rotieren. Entweder man gibt direkt einen Zahlenwert in das entsprechende Fenster ein, dann wird die Geometrie um den entsprechenden Winkel mit Drehpunkt im Flächenschwerpunkt gedreht. Alternativ kann man einen beliebigen Rotationspunkt wählen, indem man in das Fenster neben dem Rotationspunktsymbol klickt und diesen wählt. Es kann jeder Eckpunkt der Kontur gewählt werden, aber auch Punkte innerhalb oder außerhalb dieser. `Mittelpunkt: Bogen   25.000000   1.000000`
		Skalieren: Durch die Eingabe eines Zahlenwertes größer als 1 wird die Geometrie vergrößert, bei einem Wert kleiner als 1 verkleinert. Die Skalierung erfolgt prozentual, wobei der Wert 1 100 % entspricht. Also entspricht 0,8 einer Skalierung auf 80 % und 1,5 einer auf 150 %.

3.3.3.6 Bemaßung für Fortgeschrittene

Bereich Bemaßungen   **Bild 3.29** Bereich *Bemaßungen* anwählen

Umfang

Mithilfe der Bemaßungsart *Umfang* lässt sich die Länge einer Linienkette oder -schleife festlegen. Das kann beispielsweise bei der Konstruktion eines Riementriebes sinnvoll sein, wenn die Länge des Riemens vorgegeben ist. Grundsätzlich gehen Sie dabei wie folgt vor:

1. Aktivieren Sie die Schaltfläche *Umfang*.
2. Wählen Sie alle Linien mit gedrückter <STRG>-Taste, deren Länge in die Umfangsdefinition mit einfließen soll, und bestätigen Sie die Auswahl mit der mittleren Maustaste.
3. Anschließend wählen Sie eine Linie aus, genauer gesagt das Maß der entsprechenden Linie, die als variabel angesehen werden soll, und bestätigen Sie die Auswahl mit der mittleren Maustaste. Das variable Maß wird später mit der Abkürzung „var" gekennzeichnet.
4. Als letzten Schritt definieren Sie dann den gewünschten Zahlenwert des Umfangs.

Das in Bild 3.30 dargestellte Beispiel stellt einen schematischen Riementrieb dar. Das Antriebsritzel hat einen Wirkradius von 50 mm, die Synchronscheibe von 100 mm. Es soll ein Riemen mit 1200 mm Länge verwendet werden. Der Achsabstand der beiden Scheiben zueinander soll variabel sein. Dafür verfahren Sie so:

1. Zeichnen Sie zwei Kreise und zwei Linien, die die beiden Kreise weder schneiden noch berühren.
2. Setzen Sie die *Tangential*-Bedingungen, je eine pro Linie und Kreis.
3. Über *Segmente löschen* löschen Sie die überstehenden Enden der Linien und die inneren Kreissegmente.
4. Markieren Sie alles, sperren Sie über die Funktion *Ändern* den Maßstab, und passen Sie über die Anpassung eines Maßes die Größe der Skizze an.
5. Definieren Sie die Radien der Kreise, sperren Sie sie, und definieren (nicht sperren) Sie den Achsabstand.
6. Aktivieren Sie den *Umfang* der Bemaßung, markieren Sie mit der <STRG>-Taste alle Linien, und bestätigen Sie mit der mittleren Maustaste. Legen Sie den Achsabstand als variables Maß fest, und bestätigen Sie erneut.
7. Stellen Sie den Umfang auf 1200 mm ein.

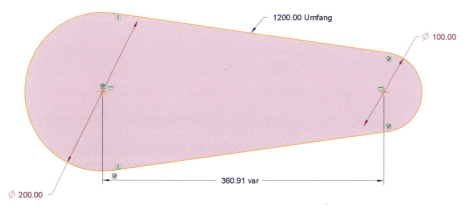

Bild 3.30 Festlegung der Länge eines Kurvenzuges durch Umfangsbemaßung

Mit dem Befehl *Basislinie* lassen sich in einer Skizze Ordinatenmaße einfügen. Bei komplexen Skizzen, beispielsweise von Wellen mit vielen Absätzen, ist es übersichtlicher, Ordinatenmaße zu verwenden (siehe Bild 3.31). Dabei gehen Sie wie folgt vor:

▭ Basislinie

1. Definieren Sie über den *Basislinie*-Befehl eine Ausgangslinie, die das Maß 0.00 erhält.
2. Anschließend verlassen Sie das Tool mit der mittleren Maustaste und aktivieren das Bemaßungsfeature.
3. Nun wählen Sie als Erstes das Ordinatenmaß der Basislinie, also das Maß 0.00, aus und als Nächstes den gewünschten Punkt und bestätigen die Auswahl mit der mittleren Maustaste. Es erscheint ein entsprechendes Ordinatenmaß.
4. Wenn Sie ein weiteres Ordinatenmaß hinzufügen wollen, müssen Sie wieder als Erstes das Maß der Basislinie anklicken und anschließend den nächsten Punkt.

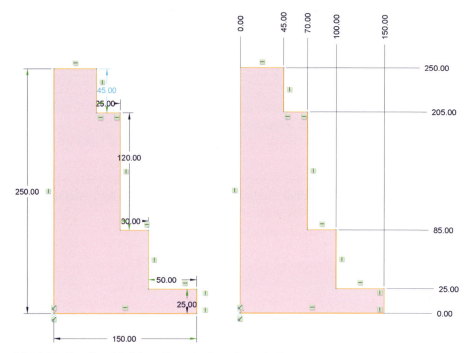

Bild 3.31 Eine übersichtlichere Form der Bemaßung: Ordinatenmaße über das Feature *Basislinie*

| REF | Referenz

Über die Schaltfläche *Referenz* lässt sich direkt ein Referenzmaß erzeugen. Alternativ können Sie aber auch jederzeit eine Bemaßung in ein Referenzmaß umwandeln, indem Sie ein Maß erst definieren, also eine starke Bemaßung erzeugen, und anschließend über die Minisymbolleiste das Symbol *Referenz* anwählen.

3.3.3.7 Prüfen

Bereich Prüfen   **Bild 3.32** Aktivieren des Bereichs *Prüfen*

Mithilfe der Funktionen im Bereich *Prüfen* auf der Registerkarte *Skizze* (siehe Bild 3.32), die Tabelle 3.10 im Einzelnen aufführt, können Sie Ihre Skizze gemäß verschiedener Gesichtspunkte überprüfen.

Tabelle 3.10 Funktionen im Bereich Prüf*en*

Symbol	Bezeichnung	Verwendung/Funktion
	KE-Anforderungen	Mithilfe dieses Diagnosewerkzeugs lässt sich überprüfen, ob die erstellte Skizze den Anforderungen des gewählten KE gerecht wird. Die Analyse kann die folgenden Ergebnisse liefern: • ☑ – Die Anforderung ist erfüllt. • ⚠ – Die Anforderung ist erfüllt, jedoch nicht stabil. • ⊘ – Die Anforderung ist nicht erfüllt. Man erhält durch dieses Tool zwar eine Aussage darüber, ob die Skizze in Ordnung ist oder nicht, die Fehlersuche allerdings wird nicht unterstützt.
	Offene Enden hervorheben	Diese Funktion ist standardmäßig aktiv. Sie hebt nicht verbundene Linienenden mit einem roten Kasten hervor. Dies erleichtert die Suche nach dem Fehler, falls einmal kein Volumenkörper aus einer Skizze erzeugt werden konnte, bzw. hilft, diesen zu vermeiden.
	Geschlossene Schleifen schattieren	Diese Feature ist standardmäßig aktiv. Sobald eine Kontur geschlossen ist, wird die durch sie begrenzte Fläche eingefärbt. Wie die Funktion *Offene Enden hervorheben* erleichtert sie die Suche nach dem Fehler bzw. hilft, diesen zu vermeiden.
	Überlappende Geometrie	Während des Skizzierens kann es vorkommen, dass aus Versehen mehrere Linien übereinanderliegen oder aber dass beim Trimmen kleine Linienstücke vergessen wurden. Für Creo ist eine solche Kontur nicht geschlossen, und es kann kein Volumenelement daraus generiert werden. Durch die Aktivierung dieser Funktion werden alle Linien blau hervorgehoben, die durch ein entsprechendes Element tangiert werden. Das folgende Beispiel verdeutlicht die Funktionsweise (*Offene Enden hervorheben* deaktiviert, *Geschlossene Schleifen schattieren* aktiv). **Links:** Bei einem Achteck wurde an der unteren Kante eine kurze Linie hinzugefügt, die die Seitenlinie schneidet (*Offene Enden hervorheben* deaktiviert). Die gegenüberliegende Kante wurde mit einer Linie nachgezeichnet. Die Fläche wird nicht schattiert. **Mitte:** Die Funktion *Überlappende Geometrie* wurde aktiviert. Alle Linien, bei denen etwas nicht stimmt, wurden hervorgehoben. Die untere Kante wird geschnitten, die oberen Kanten sind auch nicht klar definiert, da mehrere Eckpunkte übereinanderliegen. **Rechts:** Nach dem Löschen der beiden überflüssigen Linien ist die Kontur wieder geschlossen.

3.4 Erstellen verschiedener Volumina

Bild 3.33 Auswahl verschiedener Profilarten

Immer wichtig: Arbeitsverzeichnis definieren

Steigen wir in die Konstruktion der Drohne ein. Ehe wir mit dem Erstellen der Einzelteile beginnen, möchten wir Sie an dieser Stelle noch einmal auf das Festlegen des Arbeitsverzeichnisses hinweisen. Wir schlagen vor, einen Ordner mit dem Namen *Drohne* zu erstellen und auszuwählen (siehe Kapitel 2).

Registerkarte Modell

Creo stellt verschiedene Tools zur Verfügung, mit deren Hilfe Volumenkörper erstellt werden können. Diese sind in der Multifunktionsleiste auf der Registerkarte *Modell* im Bereich *Formen* zu finden (siehe Bild 3.33). Die Aufstellung aus Tabelle 3.11 gibt einen kurzen Überblick über die unterschiedlichen Werkzeuge und deren Verwendung. Grundsätzlich gilt bei all diesen Funktionen, dass sowohl ein Körper erzeugt als auch eine Geometrie von einem bestehenden Körper abgezogen werden kann.

Bereich Formen

Tabelle 3.11 Möglichkeiten der Erstellung verschiedener Volumina

Symbol	Bezeichnung	Verwendung/Funktion
	Profil	Mit diesem Feature erfolgt die Extrusion bzw. das Entfernen eines Volumens normal zur Skizzenebene.
	Drehen	Dieses Tool erzeugt Rotationsvolumina bzw. entfernt Material, indem eine Skizze um eine Achse rotiert wird.
	Zug-KE: Ziehen	Die Volumenkörpererzeugung bzw. die Volumenwegnahme erfolgt über eine Skizze und eine Leitkurve, bis zu deren Ende die Kontur der Skizze bewegt wird.
	Spiralförmiges Zug-KE	Die Volumenkörpererzeugung bzw. die Volumenwegnahme erfolgt über eine Skizze, eine Rotationsachse und eine Hüllkurve, wobei diese hier die äußere Form des KE bestimmt.
	Spiralförmiges Volumen Zug-KE	Mithilfe dieses Features kann aus einem bestehenden Körper ein spiralförmiges Volumen entfernt werden. Wie auch schon das Icon zeigt, kann hiermit beispielsweise aus einem Zylinder ein Spiralbohrer gemacht werden.
	Zug-Verbund	Hier werden mindestens zwei Geometrien, die auch unterschiedlich sein können, über eine oder mehrere Leitkurven miteinander verbunden.

Symbol	Bezeichnung	Verwendung/Funktion
	Verbund	Ähnlich dem *Zug-Verbund* werden mindestens zwei Geometrien, die auch unterschiedlich sein können, miteinander verbunden, allerdings ohne Leitkurve. Wichtig ist dabei, dass sich die Geometrien auf parallelen Ebenen befinden.
	Rotatorischer Verbund	Hier werden mindestens zwei Geometrien, die auch unterschiedlich sein können, durch Drehung um eine Achse miteinander verbunden.

> **HINWEIS:** Grundsätzlich gilt immer, dass Volumenkörper nur aus geschlossenen Skizzen erzeugt werden können. Für Flächen können auch offene Skizzen verwendet werden.

Beginnen wir mit dem ersten Teil für unsere Drohne: der Kamera.

Legen Sie also zunächst, wie in Abschnitt 3.1 beschrieben, ein neues Bauteil mit dem Namen KAMERA_V1.PRT an. Bei diesem Bauteil benutzen Sie die zwei verschiedenen Werkzeuge zum Erzeugen von Volumenkörpern, die auch am häufigsten verwendet werden: *Profil* und *Drehen*.

Erstes Beispiel: Kamera_V1.prt

 Neues Teil

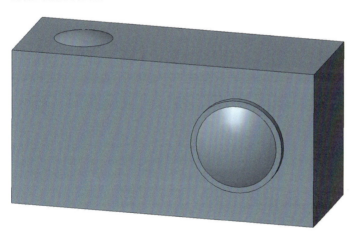

Bild 3.34 KAMERA_V1.PRT

Kurz vorneweg noch eine Anmerkung: Wir bieten Ihnen drei unterschiedliche Herangehensweisen zum Kennenlernen der Werkzeuge an:

Wie kann dieses Kapitel durchgearbeitet werden?

- Wenn Sie die Features auf eigene Faust kennenlernen wollen und nur einen groben Rahmen brauchen, so finden Sie am Anfang jedes Abschnitts eine kurze Auflistung der Schritte, die für das jeweilige Feature notwendig sind. Lesen Sie sich nur diese durch, und probieren Sie Ihr Glück. Sie können im Nachgang immer noch die genaue Anleitung zu Hilfe nehmen.

Website zum Buch

- Wenn Sie lieber mit konkreten Angaben arbeiten, dann finden Sie nach jeder kurzen Auflistung eine ausführliche Schritt-für-Schritt-Anleitung, mit der Sie das Feature kennenlernen können. Alternativ können Sie die Videotutorials auf *www.creobuch.de* nutzen, um die Features Schritt für Schritt kennenzulernen.
- Wenn Sie sich ganz sicher fühlen, dann können Sie auch direkt in Abschnitt 3.8 springen und die Bauteile anhand verschiedener Ansichten erstellen.

 HINWEIS: Wichtig: Prüfen Sie Ihr Einheitensystem, damit am Ende auch alles zusammenpasst. Dazu gehen Sie vor, wie in Kapitel 2 beschrieben.

3.4.1 Profil

Unter *Profil* wird in Creo ein Extrusionsteil verstanden. Basis hierfür ist eine geschlossene Skizze, die im Anschluss senkrecht zur Skizzierebene gezogen wird und so ein Volumen bildet. Für die Erstellung der Kamera genügt es, Abschnitt 3.4.1 und Abschnitt 3.4.2 durchzugehen.

Kamera_V1.prt: Grundkörper als Profil

Der Grundkörper der Kamera kann in folgenden Schritten erstellt werden:

1. Erstellen des Körpers mithilfe des Profil-Features:
   - Skizzenebene Front
   - 80 × 40 × 30 (Länge × Breite × Tiefe in Millimetern)
2. Erstellen der Bildschirmvertiefung mithilfe des Profil-Features:
   - Material entfernen
   - 72 × 32 × 1

Als erster Schritt zur Erzeugung unserer Kamera wird der Grundkörper konstruiert. Zur Erstellung eines Volumenkörpers sind folgende Schritte nötig:

 Profil

Schritt 1 – Funktion wählen: Wählen Sie die Funktion *Profil* aus. Die Multifunktionsleiste öffnet die Registerkarte *Extrudieren*. Die Registerkarte *Platzierung* ist rot hervorgehoben, d. h., dass Sie hier noch eine Referenz wählen müssen, auf die die Kontur gezeichnet werden soll.

Schritt 2 – Skizzierebene definieren: Der Grundkörper der Kamera wird auf der FRONT-Ebene gezeichnet. Dazu klicken Sie nun auf die Registerkarte *Referenz*. An dem roten Punkt im Referenzfenster sehen Sie, dass noch keine Auswahl getroffen wurde. Klicken Sie auf die Schaltfläche *Definieren …*, und es öffnet sich der Dialog *Skizze* (siehe Bild 3.35). Jetzt wählen Sie im Strukturbaum die FRONT-Ebene aus. Creo sucht sich jetzt automatisch eine weitere Referenz zum Orientieren der Skizze. Hier wurde die RIGHT-Ebene gewählt. Sie können die Auswahl aber jederzeit ändern, wenn Sie auf eine andere Ebene oder Fläche, z. B. die TOP-Ebene, klicken. Über die Schaltfläche *Umkehren* bzw. den violetten Pfeil im Arbeitsbereich können Sie die Ansichtsrichtung ändern und über das Dropdown-Menü die Orientierung, aber das ist vorerst nebensächlich.

Über die Schaltfläche *Skizze* bestätigen Sie Ihre Auswahl und gelangen in den Skizziermodus, d. h., die Registerkarte *Skizze* wird geöffnet.

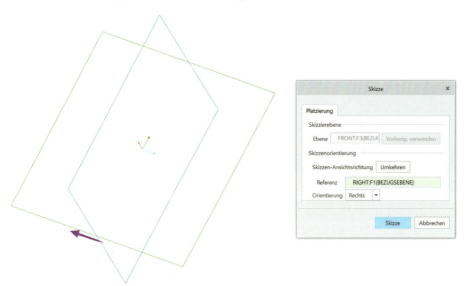

Bild 3.35 Skizzendialog zum Auswählen der Referenzebene oder -oberfläche

Klicken Sie auf das Skizzenansicht-Icon, um frontal auf die Skizzierebene zu blicken.

Schritt 3 – Skizze erstellen: An dieser Stelle wird nun die Kontur des Grundkörpers der Kamera erstellt. Zeichnen Sie zunächst ein Rechteck mit der Funktion *Mittleres Rechteck* (Dropdown-Menü, schwarze Pfeilspitze hinter Rechteck), und setzen Sie das Zentrum auf den Koordinatenursprung.

Als Nächstes werden die Maße der späteren Kamera festgelegt (siehe Bild 3.36). Wie bereits erwähnt, werden Skizzen meist sehr stark verzerrt, wenn Abmessungen deutlich verändert werden. Hier ist die Kontur allerdings so simpel, dass Sie auch die entsprechenden Maße – Breite 80 mm, Höhe 40 mm – auf die einfache Weise ändern könnten. Dazu müssen Sie lediglich doppelt auf das entsprechende Maß klicken und den gewünschten Zahlenwert eingeben.

Um jedoch gleich die Funktion, die ein Verzerren verhindert, zu üben, gehen Sie wie folgt vor: Markieren Sie alle Kanten mit <STRG> + <ALT> + <A>, und aktivieren Sie die Funktion *Ändern* auf der Registerkarte *Editieren*. Setzen Sie den Haken bei *Maßstab sperren*, und ändern Sie die Breite des Rechtecks auf 80 mm. Anschließend verlassen Sie das Tool *Bemaßungen ändern* oder wählen *Maßstab sperren* wieder ab und ändern die Höhe des Rechtecks auf 40 mm. Die Skizze wird bestätigt und der Skizziermodus beendet, indem Sie in der Multifunktionsleiste oben rechts auf *OK* klicken.

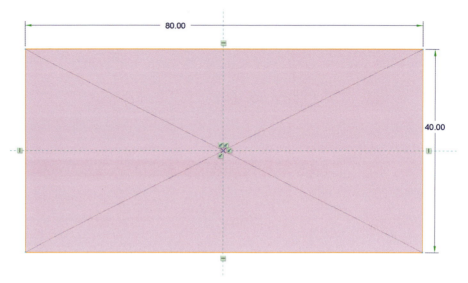

Bild 3.36 Abmessungen des Grundkörpers der Kamera

Schritt 4 – Einstellungen des Volumenkörpers vornehmen: Sobald der Skizzierer beendet wird, zeigt Creo eine Vorschau des Volumenkörpers (orangefarben dargestellt). Nach Verlassen des Skizzierers ist die Ansicht immer noch normal zur Skizzierebene ausgerichtet. Um den Volumenkörper zu sehen, rotieren Sie die Ansicht etwas, indem Sie die mittlere Maustaste gedrückt halten und die Maus bewegen. Nun müssen noch verschiedene Einstellungen in der Multifunktionsleiste vorgenommen werden (siehe Bild 3.37).

Bild 3.37 Multifunktionsleiste des Profil-Features

Mit den ersten beiden Schaltflächen entscheiden Sie, ob ein Volumenkörper oder ein Schalenmodell erzeugt werden soll. Standardmäßig ist bei Creo der Volumenkörper aktiv. Für die Erstellung der Drohnenbauteile benötigen Sie, soweit nichts anderes erwähnt ist, nur diesen Modus. Direkt daneben befindet sich ein Dropdown-Menü (siehe Bild 3.38). Hier wählen Sie, auf welche Weise die Extrusion erzeugt werden soll. Eine Übersicht gibt Tabelle 3.12.

> **HINWEIS:** Manche Einstellungsmöglichkeiten erscheinen erst, wenn bereits ein Basiskörper vorhanden ist. So sind bei der Erstellung eines zweiten KE im Vergleich zum Grundkörper mehr Tiefeneinstellungen verfügbar.

Bild 3.38 Verschiedene Arten der Tiefendefinition

Tabelle 3.12 Möglichkeiten zur Tiefeneinstellung

Symbol	Bezeichnung	Verwendung/Funktion
	Nicht durchgehend	Dabei wird ausgehend von der Skizzierebene ein Volumenkörper erzeugt, wobei die Höhe durch den Zahlenwert neben dem Dropdown-Menü angegeben wird.
	Symmetrisch	Hier erfolgt die Extrusion symmetrisch zur Skizzierebene. Die angegebene Höhe entspricht der Gesamthöhe des Teils.
	Bis zu	Es wird bis zur nächsten Fläche extrudiert.
	Durch alle	In diesem Fall werden alle Flächen bei der Extrusion geschnitten.
	Durch bis	Die Extrusion geht bis zu einer ausgewählten Fläche.
	Bis Auswahl	An dieser Stelle wird kein Zahlenwert vorgegeben, der die Höhe des Volumenkörpers bestimmt, sondern eine Fläche, Kante, ein Punkt, eine Kurve oder Achse angegeben, bis zu der sich der Volumenkörper ausdehnen soll. Der Vorteil dieser Variante besteht darin, dass sich der entsprechende Volumenkörper dynamisch mit dem referenzierten Element ändert.

Erzeugen Sie nun aus der Skizze einen Volumenkörper, bei dem die Skizzierebene *Symmetrisch* liegt und der Körper eine Höhe von 30 mm hat (siehe Bild 3.39).

Der Grundkörper ist erstellt, nun fügen wir die Bildschirmvertiefung hinzu. Zum Entfernen von Material wird wie folgt vorgegangen:

Schritt 1 – Positionierung des neuen Profils wählen: Wählen Sie erneut die Funktion *Profil* aus, und erstellen Sie auf der Rückseite des Grundkörpers eine neue Skizze.

Kamera_V1.prt: Bildschirmvertiefung durch Entfernen von Material

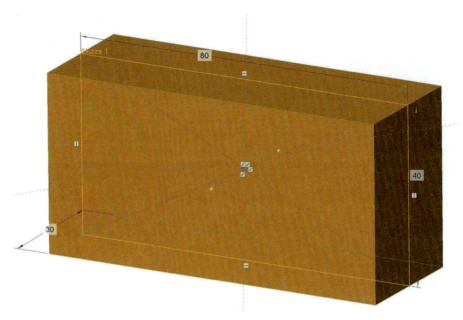

Bild 3.39 Grundkörper der Kamera

 Versatz

Schritt 2 – referenzierte Skizze erstellen: Man könnte jetzt einfach erneut ein Rechteck zeichnen und die entsprechenden Maße eingeben, dann müssten wir aber bei jeder Änderung des Grundkörpers die Bildschirmvertiefung nachziehen. Es geht auch geschickter: Nutzen Sie dazu die Funktion *Versatz*. Wählen Sie im Einstellungsfenster den Kettenversatz *Schleife*, und klicken Sie auf die Fläche des Grundkörpers. Die gewählten Kanten werden grün hervorgehoben (siehe Bild 3.40).

Nun ist der Versatz in das entsprechende Fenster in der Mitte der oberen Kante des Arbeitsbereichs einzugeben. Hierbei ist der orangefarbene Pfeil, der normal zu einer Linie der grünen Umrandung steht, zu beachten, denn er gibt die positive Versatzrichtung an. Wenn er, wie im dargestellten Fall (siehe Bild 3.40), nach innen zeigt, führt ein positiver Wert zu einem Rahmen innerhalb des grünen Kastens. Da die Display-Vertiefung innerhalb liegen soll, geben wir +4 ein. Es kann sein, dass bei Ihnen der orangefarbene Pfeil nach außen zeigt, dann müssen Sie –4 eingeben.

Sie erstellen die Kontur mit der mittleren Maustaste.

Falls Sie beim Erstellen einer Skizze einen Fehler gemacht haben sollten, können Sie die Skizze erneut editieren, wenn Sie auf der Registerkarte *Platzierung* die Schaltfläche *Editieren…* drücken. Das funktioniert aber nur, wenn Sie die Skizze erst erzeugt haben, nachdem Sie das Profiltool aktiviert haben.

Bild 3.40 Als Schleife gewählte Außenkontur der Kamera

 TIPP: Grundsätzlich ist es auch möglich, erst eine eigenständige Skizze zu erzeugen und dann das Werkzeug, das genutzt werden soll, auszuwählen. Vor allem für den Anfang empfehlen wir jedoch, die Skizze innerhalb des Tools *Profil* anzulegen.

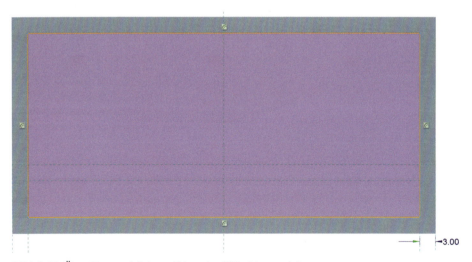

Bild 3.41 Über *Versatz* definierte Skizze der Bildschirmvertiefung

Beenden Sie die Skizze über *OK* oben rechts in der Multifunktionsleiste.

 Material entfernen

Schritt 3 – Material entfernen: Da bereits ein Volumenkörper existiert, können Sie nun die Funktion *Material entfernen* auswählen. Wenn keine orangefarben eingefärbten Flächen zu sehen sein sollten, dann muss noch die Orientierung umgedreht werden, was über das Icon mit den Pfeilen und der diagonalen Linie bewerkstelligt werden kann. Als Tiefe stellen Sie 1 mm ein (siehe Bild 3.42).

Bild 3.42 Material entfernen

 TIPP: Für die bessere Übersichtlichkeit empfiehlt es sich, vor allem am Anfang, auch einzelne KE mit sprechenden Namen zu versehen. Vergessen Sie also nicht, das Feature im Bereich *Eigenschaften* zu benennen.

Anschließend wird die Tasche mit der mittleren Maustaste oder *OK* erstellt.

Die Bildschirmvertiefung, die Sie in Bild 3.43 sehen, ist der letzte Arbeitsschritt bei der Kamera, der mithilfe des Werkzeugs *Profil* erzeugt wird. Die Geometrie wird mit anderen Tools vervollständigt, als Nächstes wird die Linse mit dem Tool *Drehen* erzeugt.

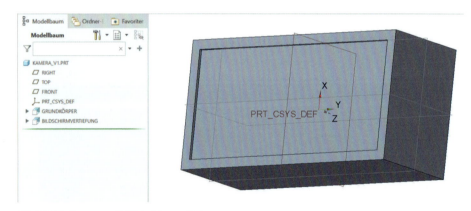

Bild 3.43 Kamera mit Bildschirmvertiefung

 Speichern

Speichern Sie das Kamerabauteil, indem Sie auf das *Speichern*-Icon der Startleiste klicken. Achten Sie dabei auf den korrekten Speicherort. Wenn Sie sich nicht direkt in dem gewünschten Ordner befinden, müssen Sie bei Gelegenheit das Arbeitsverzeichnis umstellen.

 Jetzt haben Sie wieder die Möglichkeit, direkt mit der Drohne weiterzumachen. In diesem Falle springen Sie zu Abschnitt 3.4.2. Alternativ fahren Sie einfach fort und setzen sich vertieft mit der Profilerzeugung auseinander.

Vertiefende Aspekte bei Profil-KE

Im Folgenden werden die weiteren Funktionen des Profilwerkzeugs näher beschrieben, die bisher nicht oder nur am Rande erwähnt wurden. Bei der Orientierung hilft Bild 3.37. Für spätere Bauteile benötigen Sie diese Features und von daher ist es sinnvoll, sich vorab mit diesen auseinanderzusetzen.

Mit dem nächsten Symbol lässt sich die Tiefenrichtung, also die Orientierung der Extrusion, umkehren. Alternativ ist dies auch möglich, wenn man auf den violetten Pfeil im Arbeitsfenster klickt.

 Tiefenrichtung ändern

Die Funktion *Material entfernen* haben Sie bereits bei der Kamera benutzt. Vielleicht ist Ihnen aufgefallen, dass diese Funktion bei der Erzeugung des Grundkörpers ausgegraut war, so wie in Bild 3.44 zu sehen. Beim Erstellen der Bildschirmvertiefung wiederum war sie anwählbar. Ganz allgemein heißt eine ausgegraute Schaltfläche, dass die Voraussetzungen für diese Funktion nicht erfüllt sind und Sie sie deshalb nicht verwenden können. So muss beispielsweise bei der Funktion *Material entfernen* ein Körper vorhanden sein, ehe man sie anwenden kann. Deswegen war sie auch beim Grundkörper ausgegraut, bei der Bildschirmvertiefung wiederum nicht.

 Material entfernen (ausgegraut)

Bild 3.44 Funktion ausgegraut

Skizze aufdicken nennt sich ein weiteres Werkzeug bei Creo. Damit lässt sich aus einer Skizze ein Hohlprofil mit einer vorzugebenden Wandstärke generieren. Sobald diese Funktion aktiviert wurde, erscheint neben dem Icon ein Fenster, über das man die Wandstärke definieren kann.

Skizze aufdicken

Über die Schaltfläche *Orientierung der Wandung/des entfernten Materials wechseln* lässt sich die Richtung der Wandung zwischen einer Seite, der anderen Seite oder beiden Seiten der Skizze wechseln.

Orientierung der Wandung/des entfernten Materials wechseln

Ist *Material entfernen* aktiviert, kann über diese Schaltfläche die Materialrichtung des Profilkörpers zur anderen Skizzenseite gewechselt werden.

Über die Registerkarte *Platzierung* haben wir bereits neue Skizzen für Volumenkörper erstellt. An dieser Stelle ist es aber genauso möglich, bereits erstellte Skizzen, die einer Extrusion zugrunde liegen, zu editieren (siehe Bild 3.45). Dies gilt auch für alle weiteren Features, mit denen Volumenkörper erzeugt wurden.

Registerkarte Platzierung

Alternativ lassen sich Skizzen auch über das entsprechende Symbol *Definitionen editieren* des Kontextmenüs der Skizze bearbeiten.

Bild 3.45 Editieren einer bereits erstellten Skizze bei der Profilerzeugung

Registerkarte Optionen

Über die Registerkarte *Optionen* kann man die Art und Weise, auf die eine Extrusion erstellt wird, editieren und die Tiefe festlegen. Solange nicht *Symmetrisch* als Extrusionsweise festgelegt ist, kann man den Volumenkörper auch in die zweite Raumrichtung ausdehnen. Dabei muss die Skizzierebene nicht mittig liegen. Weiter besteht die Möglichkeit, den Körper konisch auszuführen. Dafür muss der Haken in das entsprechende Feld gesetzt und ein Öffnungswinkel angegeben werden (siehe Bild 3.46).

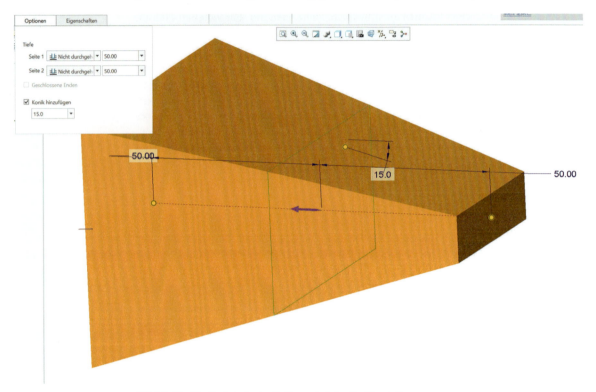

Bild 3.46 Die Registerkarte *Optionen* bei der Profilerstellung

Registerkarte Eigenschaften

Wie bereits bei der Kameraerstellung beschrieben, kann man auf der Registerkarte *Eigenschaften* den jeweiligen Körper benennen. Das ist vor allem dann sinnvoll, wenn man eine komplexe Geometrie mit vielen verschiedenen Werkzeugen erstellt. Besonders wichtig ist dies auch, wenn mehrere Personen mit den Bauteilen arbeiten. Jeder Konstrukteur hat seinen eigenen Stil, der für andere nicht zwingend einfach nachvollziehbar ist. Auch hier erleichtert eine klare Struktur mit benannten Features die Orientierung.

Weitere Elemente der Multifunktionsleiste

Weiter findet man in der Multifunktionsleiste verschiedene Steuerelemente, die dem Konstrukteur aber auch bei anderen Tools zur Verfügung stehen. Bild 3.47 zeigt diese Steuerelemente.

Bild 3.47
Steuerelemente beim Erstellen von Körpern

Das erste Symbol mit den beiden senkrechten Strichen kennen Sie vielleicht von Ihrem DVD-Player oder verschiedenen Mediaprogrammen auf Ihrem PC. Bei Creo wird es mit *Unterbrechen* bezeichnet und ermöglicht Ihnen, bei der Erstellung des aktuellen Körpers zu pausieren, um andere Werkzeuge zu bedienen. Wenn Creo während der Volumenerstellung auf Fehler hinweist, dann wird oft automatisch *Unterbrechen* aktiviert. Um nach dem Hinweis mit der Bearbeitung fortzufahren, müssen Sie auf die Schaltfläche *Wiederaufnahme*, ähnlich der Playtaste bzw. -schaltfläche, klicken. Diese ersetzt bei aktiver Unterbrechung das Unterbrechensymbol in der Multifunktionsleiste.

Unterbrechen und Wiederaufnehmen

Die nächsten drei Symbole steuern die Vorschau des Körpers. Wenn Sie sich keine Vorschau anzeigen lassen möchten, dann klicken Sie auf den durchgestrichenen Kreis. Alternativ stehen die Varianten *Nicht angesetzt* und *Angesetzt* zur Auswahl, die in dieser Reihenfolge auch neben dem Icon *Keine Vorschau* zu finden sind. Standardmäßig ist die Variante *Angesetzt* aktiv, wie auch in Bild 3.47 an dem dunkelgrauen Kasten um das Icon zu erkennen ist. Welche oder ob Sie überhaupt eine Voranzeige möchten, bleibt Ihnen überlassen.

Keine Vorschau/Nicht angesetzt/Angesetzt

Ein nettes Feature verbirgt sich hinter dem Brillensymbol. Damit können Sie in eine Art *Vorschau* wechseln und sich Ihren Körper so anschauen, wie er nach dem Erzeugen aussehen wird. Grundsätzlich könnten Sie auch erst einmal Ihr Feature mit *OK* erstellen und sich dann das Modell anschauen, müssten aber, wenn Sie noch etwas verändern möchten, wieder in den Bearbeitungsmodus zurückkehren. Dazu sind dann mehr Klicks notwendig als mit dem Voransichtsmodus. Auch hier können Sie so verfahren, wie es Ihnen beliebt.

 Vorschau

3.4.2 Drehen

Das Modul *Drehen* erlaubt es, über das Rotieren einer Skizze um eine festgelegte Drehachse ein Volumen zu generieren. Im Folgenden werden – analog zur Profilerzeugung – die Grundlagen anhand der Drohnenkamera KAMERA_V1.PRT Schritt für Schritt erklärt. Im Anschluss daran können Sie wieder entscheiden, ob Sie entweder direkt mit der Konstruktion der ersten Rotationskörper anfangen und zu Abschnitt 3.8 springen oder sich weiter mit diesem Abschnitt und den detaillierteren Beschreibungen der einzelnen Funktionen beschäftigen wollen.

Wie eingangs erwähnt, erzeugt man mit diesem Tool Rotationsvolumina bzw. entfernt Material, indem eine Skizze um eine Achse rotiert wird. Die Funktionsweise dieses Werkzeugs wird wie gewohnt an einem konkreten Beispiel erläutert. Es wird das Kamerabauteil mit Linse und Auslöser vervollständigt. Öffnen Sie dazu zunächst den in Abschnitt 3.4.1 gespeicherten Zwischenstand.

Den Grundkörper der Kamera haben Sie bereits erstellt, nun folgen Linse und Auslöser. Diese können durch folgende Schritte erstellt werden:

Kamera_V1.prt: Linse und Auslöser als Rotationsvolumen

1. Erstellen der Linse mittels eines Rotationskörpers:
   - Skizzenebene TOP
   - Einzeichnen der Mittellinie (ganz wichtig für Rotationskörper)
   - Abmessungen der Linse gemäß Bild 3.51
2. Erstellen des Auslösers mittels eines Rotationskörpers:
   - Skizzenebene FRONT
   - Einzeichnen der Mittellinie (ganz wichtig für Rotationskörper)
   - Abmessungen des Auslösers gemäß Bild 3.54

Kamera_V1.prt: Linse als Rotationsvolumen

Drehen

Beginnen wir mit der Linse. Zur Erzeugung dieses Elements gehen Sie wie folgt vor:

Schritt 1 – Funktion wählen: In der Multifunktionsleiste im Bereich *Formen* wählen Sie die Funktion *Drehen* aus.

Schritt 2 – Skizzierebene definieren: Als Skizzierebene wählen Sie die TOP-Ebene. Kontrollieren Sie, ob die Orientierung Ihrer Skizzierebene mit der im Beispiel in Bild 3.48 übereinstimmt. Das Koordinatensystem hilft Ihnen dabei.

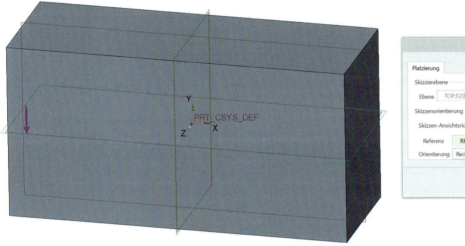
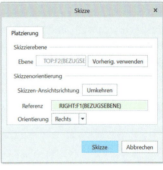

Bild 3.48 Orientierung der Skizze auf der TOP-Ebene

Falls die Orientierung nicht stimmen sollte, klicken Sie auf *Abbrechen* oben rechts in der Multifunktionsleiste. Sie gelangen zurück in die Registerkarte *Drehen* der Multifunktionsleiste. Über *Platzierung* können Sie erneut eine Skizzierebene wählen.

Mittellinie nicht vergessen!

Schritt 3 – Skizze erstellen: Um Rotationselemente zu erzeugen, wird immer eine Drehachse benötigt, um die rotiert wird. Die Drehachse erzeugen Sie direkt in der Skizze mithilfe der Funktion *Mittellinie* entweder aus dem Bereich *Bezug* oder *Skizze* der Multifunktionsleiste. Setzen Sie den Startpunkt auf die horizontale Hilfsachse, den zweiten Punkt dann senkrecht zur Horizontalen. Anhand der Zwangsbedingungssymbole lässt sich erkennen, wann Sie die entsprechende Position für die Punkte erreicht haben. Der Abstand zwischen Mittellinie und senkrechter Hilfsachse beträgt 20 mm (siehe Bild 3.49).

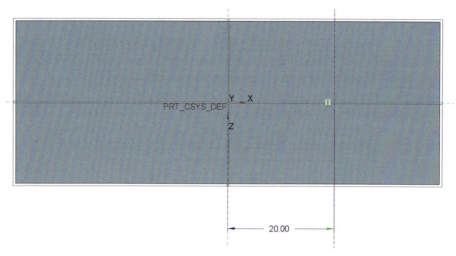

Bild 3.49 Mittellinie für den Linsenrotationskörper

> **HINWEIS:** Wenn Sie in Ihrer Skizze mehrere Mittellinien verwenden, können Sie im Kontextmenü der Linie diese als Drehachse bestimmen.

Ist die Rotationsachse positioniert, folgt die Konstruktion der später zu rotierenden Kontur der Linse. Bild 3.50 zeigt dies schrittweise.

Bild 3.50 Arbeitsschritte Erstellung Linsenkontur

- Zeichnen Sie hierzu zunächst drei Linien gemäß Nummer 1 in Bild 3.50.

Anschließend zeichnen Sie gemäß Nummer 2 in Bild 3.50 einen Bogen mit dem Tool *Mitte und Endpunkte*. Wichtig ist, dass sich der Mittelpunkt des Bogens auf der Mittellinie und zwischen den horizontalen Linien befindet. Der eine Eckpunkt ist ebenfalls auf der Mittellinie unterhalb der unteren horizontalen Linie, der zweite liegt direkt auf dieser unteren Linie.

Auch bei Rotationskörpern gilt, dass diese, solange ein Volumenmodell erzeugt werden soll, geschlossen sein müssen. Eine geschlossene Skizze erkennt man an der rosa eingefärbten Fläche, offene Linienenden anhand der roten Punkte. Nummer 3 in Bild 3.50 zeigt den momentanen Stand unserer Linse.

Linienkette

Mitte und Endpunkte

 Segment löschen

Nun entfernen Sie mit dem Werkzeug *Segment löschen* das Liniensegment zwischen Bogenendpunkt und Mittellinie. Dafür wählen Sie das Tool und klicken direkt auf die Linie oder, wie in Nummer 4 in Bild 3.50 dargestellt, etwas darüber in den Arbeitsbereich mit der linken Maustaste und ziehen mit gedrückter Maustaste eine Freihandlinie darüber. Sobald Sie die Maustaste loslassen, verschwindet die markierte Linie.

In einem nächsten Schritt schließen Sie die Kontur mit einer Linie zwischen den beiden rot markierten freien Enden gemäß Nummer 5 in Bild 3.50.

 Ändern

Abschließend müssen die Maße angepasst werden. An dieser Stelle können Sie sich den erweiterten Workflow über *Ändern* sparen, da die aktuellen Abmessungen nahe an den gewünschten liegen.

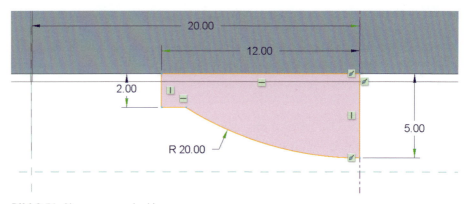

Bild 3.51 Abmessungen der Linse

 Bemaßung

Alle bis auf das 5-mm-Maß sind bereits als schwache Bemaßungen (blau) sichtbar. Sie können diese einfach über einen Doppelklick auf das jeweilige Maß editieren. Das 5-mm-Maß muss neu hinzugefügt werden. Dafür klicken Sie auf die Bemaßungsfunktion auf der entsprechenden Registerkarte der Multifunktionsleiste, klicken anschließend auf die entsprechende Linie oder wählen mit gedrückter <STRG>-Taste die beiden Endpunkte, bewegen den Mauscursor leicht zur Seite und platzieren das Maß mit der mittleren Maustaste. Abschließend muss nur noch der Zahlenwert auf 5 mm geändert werden, den Sie mit <ENTER> oder alternativ mit der mittleren Maustaste bestätigen.

- Der Skizzierer wird über *OK* in der Multifunktionsleiste oben rechts beendet.

 HINWEIS: Schließt die zu rotierende Kontur direkt an die Drehachse an, so darf die überlagernde Linie nur aus einer durchgängigen Linie bestehen. Aus mehreren Teilstücken bestehende Linien führen zu keiner Generierung des Rotationselements.

Schritt 4 – Einstellungen Volumenkörper: Sobald Sie den Skizzierer verlassen, wird sofort der Rotationskörper im bereits vom Profilwerkzeug bekannten orangefarbenen Voranzeigemodus dargestellt (siehe Bild 3.52).

3.4 Erstellen verschiedener Volumina

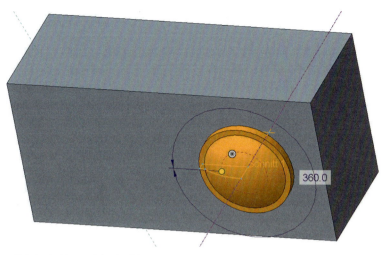

Bild 3.52 Voransicht der Linse

Die Multifunktionsleiste des Features *Drehen* ist ähnlich aufgebaut wie beim Profilerzeugen. Analog lässt sich über die entsprechenden Symbole einstellen, ob ein Volumenkörper oder ein Flächenmodell erzeugt werden soll. Im Bereich *Parameter* können Rotationseinstellungen getroffen werden. Als Rotationsachse wird die selbst skizzierte Mittellinie angezeigt, die als *Interne ML* gekennzeichnet ist (siehe Bild 3.53).

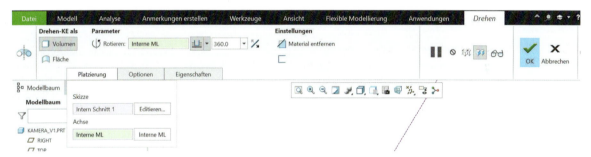

Bild 3.53 Multifunktionsleiste mit der Registerkarte *Drehen*

 HINWEIS: Nur in Skizzen erzeugte Mittellinien können als Rotationsachsen verwendet werden. Andere Elemente, wie Bezugsachsen, Profilkanten etc., sind hierfür nicht immer geeignet. Eine Ausnahme sind die globalen Koordinatenachsen, die über das Standardkoordinatensystem ausgewählt werden können, oder auch Kanten von Rotationskörpern.

Analog zur Profilgenerierung kann die Skizze auf verschiedene Weise rotiert werden. Die Auswahl erfolgt wieder über das Dropdown-Menü, die Symbole sind die gleichen. Weiterhin ist ein Eingabefeld verfügbar, über das genauer definiert wird, um wie viel Grad die

Skizze rotiert werden soll. Das Umkehren der Orientierung, Wegnehmen des Materials und Aufdicken der Skizze erfolgt über die bereits bekannten Icons.

Registerkarten Platzierung/Optionen/Eigenschaften

Die Untermenüs *Platzierung*, *Optionen* und *Eigenschaften* sind nahezu identisch wie im Modul *Profil* aufgebaut: Unter *Platzierung* kann die gewählte Skizze editiert oder geändert werden. Weiterhin können Sie auch hier die Drehachse auswählen und ändern. Unter *Optionen* lässt sich analog zur Funktion *Profil* eine zweite Rotationsrichtung angeben, wenn *Variabel* oder *Bis Auswahl* als Hauptrotationsart gewählt wird. Unter *Eigenschaften* weist man dem Feature einen Namen zu.

Rotationswinkel einstellen

Für die Kamera stellen wir einen Rotationswinkel von 360° ein und bestätigen das Konstruktionselement mit der mittleren Maustaste.

Kamera_V1.prt: Auslöser als Rotationsvolumen

Bei der Konstruktion des Auslösers lernen Sie keine neuen Funktionen kennen. Es wird lediglich das eben Erlernte wiederholt. Sie können also auch gleich zu Abschnitt 3.4.3 springen. Versuchen Sie, den Auslöser ohne Hilfestellung zu erstellen. Wenn Sie an einer bestimmten Stelle nicht weiterkommen sollten, dann lesen Sie einfach die nachfolgende Schritt-für-Schritt-Anleitung. Bedenken Sie jedoch immer, dass es verschiedene Wege gibt, ans Ziel zu kommen. Als kleine Orientierungshilfe können Sie sich an folgende Punkte halten:

- Skizzenebene FRONT
- Einzeichnen der Mittellinie (ganz wichtig für Rotationskörper)
- Abmessungen des Auslösers gemäß Bild 3.54

Nun folgt wieder die detaillierte Beschreibung der einzelnen Arbeitsschritte:

Schritt 1 – Funktion wählen: In der Multifunktionsleiste im Bereich *Formen* wählen Sie die Funktion *Drehen* aus.

Drehen

Schritt 2 – Skizzierebene definieren: Wählen Sie die FRONT-Ebene als Skizzierebene. Achten Sie auch hier auf die Orientierung Ihrer Skizze.

Schritt 3 – Skizze erstellen: Zeichnen Sie als Erstes wieder die *Mittellinie* ein und anschließend die Kontur des Auslösers. Die Abmessungen sind Bild 3.54 zu entnehmen. Für die Kontur des Auslösers zeichnen Sie zuerst zwei Linien, eine verläuft auf der Oberkante des Grundkörpers und die andere senkrecht dazu entlang der Drehachse. Die Abmessungen sind erst einmal zweitrangig.

Mittellinie nicht vergessen!

Als Nächstes zeichnen Sie wieder einen Bogen mithilfe des Tools *Mitte und Endpunkte*. Setzen Sie dazu den Mittelpunkt, also den ersten Punkt, auf die Rotationsachse unterhalb der Gehäuseoberkante, den zweiten auf den Endpunkt der vertikalen Linie und den dritten auf die horizontale Linie.

Mitte und Endpunkte

Anschließend löschen Sie die überstehenden Linienenden mit *Segment löschen* oder verlängern die Linien durch Ziehen der Eckpunkte, bis die Enden des Bogens mit diesen zusammenfallen.

Segment löschen

Beenden Sie die Skizze mit *OK*.

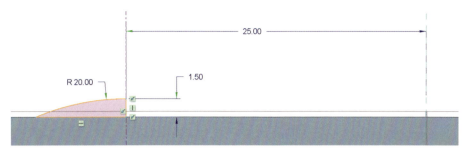

Bild 3.54 Abmessungen des Auslösers

Schritt 4 – Rotationsvolumenkörper erstellen: Die angegebenen Voreinstellungen sind in der Regel in Ordnung. Der Auslöser wird, wenn die Kontur auf die eben beschriebene Weise erstellt wurde, mit der Einstellung *Nicht durchgehend* und einem Rotationswinkel von 360° erstellt. Dafür muss abschließend mit *OK* bestätigt werden.

 Rotationswinkel einstellen

Speichern Sie die Kamera an dieser Stelle wieder ab, indem Sie einfach auf das Diskettensymbol klicken.

 Speichern

Nun haben Sie Ihr erstes vollständiges Bauteil mit Creo erstellt: Glückwunsch!

Es ist wichtig, sich schon während der Konstruktion Gedanken darüber zu machen, aus welchem Halbzeug das Bauteil gefertigt werden soll. Dabei gilt es, nicht nur zu klären, ob bestimmte Abmessungen lieferbar sind, sondern auch, ob diese zu den Standardabmessungen zählen. Besondere Abmessungen können die Herstellungskosten nach oben treiben. Ein kurzer Anruf beim Händler hilft hier wesentlich weiter als ein Blick auf deren Website, denn auch hier ist meistens nicht ersichtlich, welche Abmessungen standardmäßig verfügbar sind.

Bezüglich des Themas Halbzeuge ist auch Folgendes wichtig: In der Regel neigt man dazu „schöne, gerade" Abmessungen für Bauteile zu wählen, beispielsweise einen Wellendurchmesser von 45 mm. Auf den ersten Blick ist nichts daran auszusetzen, da auch ein entsprechendes Halbzeug standardmäßig verfügbar ist. Allerdings darf man hierbei nicht die Fertigungstoleranzen der Halbzeuge vergessen, ein Blick in die jeweilige Norm hilft. Um bei dem eingangs gewählten Beispiel zu bleiben, lässt sich aus einem Rundstahl mit 45 mm Außendurchmesser nur ein Zylinder drehen mit maximal 43 mm Außendurchmesser. Also würde hier der Fertiger ein Halbzeug mit 48 mm oder gar 50 mm Außendurchmesser wählen und in Rechnung stellen. Da bei Standardabmessungen der Preis proportional zum Gewicht ansteigt, kostet die Welle allein deshalb 6 % oder eben 11 % mehr. Dies lässt sich mit der geschickten Wahl der Außenabmessungen verhindern.

3.4.3 Kurven-KE

In diesem und den folgenden Abschnitten geht es um die Erstellung von Volumenelementen mithilfe von einer oder mehrerer Skizzen, die entlang einer oder mehrerer Leitkurven oder innerhalb einer Hüllkurve bewegt werden. Tabelle 3.13 liefert einen Überblick über die verschiedenen Werkzeuge.

Tabelle 3.13 Möglichkeiten zum Erstellen von Zug- bzw. Verbund-KE

Symbol	Bezeichnung
	Ziehen
	Spiralförmiges Zug-KE
	Spiralförmiges Volumen-Zug-KE
	Zug-Verbund-KE
	Verbund
	Rotatorischer Verbund

3.4.3.1 Zug-KE

Beginnen wir mit dem einfachsten dieser Elemente, dem *Zug-KE*.

Beispiel: Arm_V1.prt

Wie bisher auch wird diese Funktion anhand eines Drohnenbauteils erklärt, nämlich der Grundversion des Arms, der den Körper der Drohne mit den Rotoraufnahmen verbindet (siehe Bild 3.55).

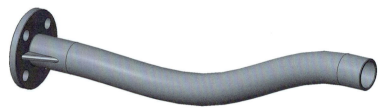

Bild 3.55 ARM_V1.PRT der Drohne

Neues Teil

Legen Sie ein neues Bauteil namens ARM_V1.PRT an. Bitte beachten Sie, dass dieses Bauteil, ebenso wie auch die Kameraaufnahme, mithilfe mehrerer Tools erstellt wird. Der Flansch und der eigentliche Arm werden in diesem Abschnitt erstellt, Rippen und Rundungen folgen später. Das grundsätzliche Vorgehen bei diesem Bauteil könnte sich wie folgt gestalten:

- Konstruktion des Flansches durch Extrusion *(Profil)*, Skizzierebene RIGHT (Abmessungen siehe Bild 3.56), Höhe 3 mm
- Zeichnen der Leitkurve gemäß Bild 3.57 auf die FRONT-Ebene
- Aktivierung des Features *Zug-KE*: Zeichnen des Zugprofils auf die RIGHT-Ebene, Außendurchmesser 12 mm, Innendurchmesser 10 mm
- *Speichern* von Arm_V1.prt, um ihn später mit anderen Funktionen fertig zu konstruieren
- Im Folgenden wird nun das Erstellen des Bauteils Arm_V1.prt schrittweise beschrieben.

Ehe es mit dem *Zug-KE* losgeht, ist allerdings noch eine kurze Fingerübung notwendig, denn der Anschlussflansch muss noch erstellt werden. Bitte beachten Sie, dass es sich beim Flansch um einen einfachen Extrusionskörper handelt. Die Erstellung solcher Bauteile wurde bereits detailliert in Abschnitt 3.4.1 beschrieben. Deswegen beschränken wir uns an dieser Stelle auf das Nötigste.

Arm_V1.prt: Anschlussflansch als Profil (Zwischenschritt)

Zwischenschritt – Flansch erstellen: Hierzu skizzieren Sie die in Bild 3.56 dargestellte Kontur auf die RIGHT-Ebene. Der Flansch hat eine Höhe von 3 mm.

 Profil

Ehe Sie mit den sichtbaren Kanten beginnen, ist es ratsam, die Hilfsgeometrie zu erzeugen. In diesem Fall sind das zwei Mittellinien, die den Winkel zwischen den Koordinatenachsen halbieren, und der Bohrkreisdurchmesser, auf dem die Bohrungen liegen. Für Letzteren ist es erforderlich, in den *Konstruktionsmodus* zu wechseln. Wichtig ist, dass Sie, nachdem Sie den Bohrkreis gezeichnet haben, erneut auf die Schaltfläche *Konstruktionsmodus* klicken, um eben diesen zu verlassen. Ansonsten zeichnen Sie nur Hilfslinien, aus denen keine Kontur erzeugt werden kann.

 Konstruktionsmodus

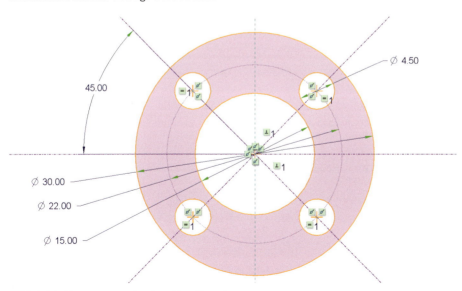

Bild 3.56 Abmessungen des Anschlussflansches

HINWEIS: Korrekterweise muss man an dieser Stelle anmerken, dass die richtige Vorgehensweise zur Konstruktion eines Flansches eine andere ist als die hier vorgestellte. Besser ist es, als Erstes den Flansch mittels Extrusion oder Rotation zu erzeugen und anschließend über das Bohrungsfeature die Bohrungen hinzuzufügen (siehe dazu Abschnitt 3.6.6).

 Flansche werden immer achsfrei konstruiert und eingebaut, d. h., dass die Bohrungen für die Schraubenverbindungen nie auf der Horizontalen oder Vertikalen liegen. Hintergrund ist folgender: Flanschverbindungen werden in der Regel auf Biegung beansprucht. Betrachtet man vereinfacht und idealisiert einen runden Stab, der vertikal von einer Kraft beansprucht wird, im Längsschnitt, so treten im oberen Bereich die größten Zugspannungen und im unteren Bereich die größten Druckspannungen auf. In der Mitte bleibt die Nullfase ohne Last. Würden jetzt bei einer Flanschverbindung mit vier Schauben eben diese auf den Achsen liegen, würden die beiden Schrauben in der Vertikalen sehr stark beansprucht, die in der Horizontalen gar nicht, da sie in der Nullfase liegen. Platziert man die Schrauben achsfrei, so trägt jede Schraube, und die Wahrscheinlichkeit einer Überbelastung sinkt.

Arm_V1.prt: Arm als Zug-KE

Schritt 1 – Leitkurve erstellen: Beim *Zug-KE* wird eine noch zu erstellende Kontur entlang einer Leitkurve bewegt, um einen Volumenkörper zu erstellen. Sie können die Orientierung, Rotation und Geometrie des Objekts steuern, ebenso kann Material hinzugefügt oder weggenommen werden. Die Leitkurve muss immer vor der Anwahl der Schaltfläche *Zug-KE* gezeichnet werden. Platzieren Sie nun eine neue Skizze auf der FRONT-Ebene, und zeichnen Sie die in Bild 3.57 dargestellte Leitkurve.

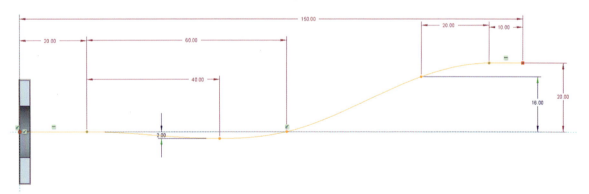

Bild 3.57 Abmessungen Leitkurve Arm_V1.prt

Ein mögliches Vorgehen zur Erstellung der Skizze könnte wie folgt aussehen:

- Zeichnen Sie die Linie vom Ursprung aus.
- Zeichnen Sie den Spline, dazu setzen Sie fünf Punkte, den ersten auf den Endpunkt der bereits gezeichneten Linie, den zweiten unter die horizontale Hilfsachse, den dritten auf eben diese Horizontale, den vierten darüber und den fünften etwas oberhalb des vierten.
- Zeichnen Sie das gerade Linienstück, ausgehend vom Endpunkt des Splines.
- Markieren Sie alle Elemente, und passen Sie die Abmessungen mithilfe der *Ändern*-Funktion an (Maßstab sperren).
- Bemaßen Sie die Skizze gemäß Bild 3.57.
- Beenden Sie den Skizzierer.

Schritt 2 – Funktion wählen: Als nächsten Schritt starten Sie die Funktion *Zug-KE*. Wie bei allen anderen Features im Bereich *Formen* lässt sich über die ersten beiden Schaltflächen einstellen, ob ein Volumenkörper oder ein Schalenmodell erstellt werden soll.

Zug-KE/Ziehen

Schritt 3 – Leitkurve auswählen: Auf der Registerkarte *Referenzen* wird nun die zuvor erstellte Leitkurve ausgewählt (siehe Bild 3.58). Wenn Sie die Leitkurve bereits ausgewählt hatten, ehe Sie das Feature gestartet haben, dann ist die Leitkurve bereits ausgewählt.

Bild 3.58 Oberfläche des Zug-KE

Schritt 4 – Zugschnitt festlegen: Sobald eine Leitkurve referenziert wurde, wird das Feld *Zugschnitt erzeugen oder editieren* im Bereich *Skizze* anwählbar. Hier erstellt man die Kontur, die entlang der Leitkurve bewegt werden soll. In unserem Fall ist es ein Kreisring mit einem Außendurchmesser von 15 mm und einem Innendurchmesser von 13 mm (siehe Bild 3.59).

Zugschnitt erzeugen oder editieren

Geschickter, als zwei Kreise zu zeichnen, ist es, den Außendurchmesser mithilfe von *Projizieren* zu übernehmen und den Innenring über Versatz zu generieren. Alternativ und noch etwas eleganter kann man beide Kreise über die *Aufdicken*-Funktion erzeugen, dabei eine Dicke von 1 mm und einen Versatz von 0 mm vorgeben. Wichtig bei beiden Varianten: Wählen Sie vor der Selektion der Linien den Kantenversatz *Kette* aus.

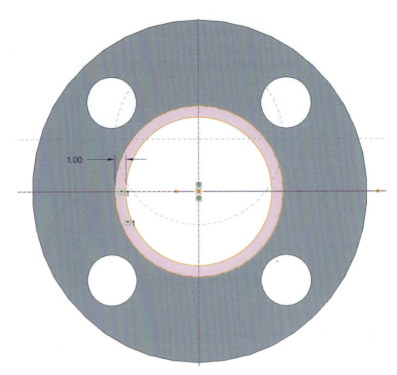

Bild 3.59 Abmessungen Zugschnitt Arm_V1.prt

Schritt 5 – Volumen erzeugen: Mit dem Beenden der Skizze wird sofort das neu erzeugte KE im Arbeitsfenster in der bekannten orangefarbenen Vorschau angezeigt (siehe Bild 3.60).

Bild 3.60 Voransicht des Arm_V1.prt

Benennen Sie unter *Eigenschaften* das KE um in „Arm" (siehe Bild 3.61), und erstellen Sie das Bauteil auf die übliche Weise, entweder durch die mittlere Maustaste oder einen Klick auf den entsprechenden grünen Haken in der Multifunktionsleiste.

HINWEIS: Nur noch einmal zur Erinnerung: Falls Sie an einem Feature noch einmal etwas verändern möchten, dann wählen Sie es mit der linken Maustaste entweder im Strukturbaum oder im Arbeitsfenster an. Es erscheint das Kontextmenü. Hier können Sie über die Symbole in der obersten Reihe folgende Aktionen durchführen: *Bemaßung editieren*, *Definition editieren* (<STRG> + <E>), *Referenzen editieren*, *Unterdrücken* und *Eltern auswählen*.

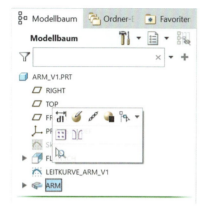

Bild 3.61 Umbenennen des KE

Schritt 6 – Speichern: Speichern Sie als Letztes das Bauteil ARM_V1.PRT.

Der Drohnenarm ist bis auf ein paar kosmetische Feinheiten, *Rundungen* und *Rippen* fertig. Diese Tools sind nicht sonderlich kompliziert. Sie können jetzt zu Abschnitt 3.6.3 und Abschnitt 3.6.5 springen, sich mit diesen Werkzeugen vertraut machen und anschließend ARM_V1.PRT gemäß der Zeichnung in Abschnitt 3.8 fertigstellen.

Speichern

Alternativ können Sie sich auch noch weiter mit den Spitzfindigkeiten des Zug-KE auseinandersetzen und an dieser Stelle fortfahren.

Vertiefende Aspekte bei Zug-KE

Einleitend noch ein paar Anmerkungen für Leitkurven:

- Es ist grundsätzlich möglich, entweder eine Leitkurve nach der Auswahl des Icons *Zug-KE* zu erstellen oder eine bereits erstellte Leitkurve auszuwählen.
- Im Allgemeinen gilt, dass Leitkurven planar sein müssen oder angrenzende Referenzflächen aufweisen.
- Es können mehrere Leitkurven gewählt werden. Die erste ausgewählte Kurve wird als Ursprungsleitkurve betitelt, entlang der die Kontur bewegt wird. Im Arbeitsbereich ist sie am Pfeil zu erkennen, der den Anfang der Kurve markiert. Durch ein Klicken auf diesen kann das andere Ende der Kurve als Startpunkt gewählt werden. Alle weiteren Leitkurven werden als Kette mit einer aufsteigenden Nummer bezeichnet.

Anmerkungen zu Leitkurven

- Leitkurve und Kontur müssen sich nicht zwingend berühren, wie Bild 3.62 zeigt. Allerdings weichen die Größe und Form des so erstellten KE von denen eines KE ab, dessen Kontur genau auf der Leitkurve bewegt wurde.
- Leitkurven dürfen sich nicht selbst schneiden.
- Der Bogen eines Radius oder die Krümmung eines Splines dürfen relativ zu den Abmessungen der bewegten Kontur nicht zu klein sein, sodass sich das KE selbst schneiden würde.

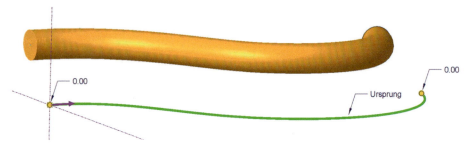

Bild 3.62 Leitlinie und Kontur berühren sich nicht.

Konstanter und variabler Schnitt

Betrachten wir noch einmal Bild 3.58 genauer bzw. öffnen noch einmal das Zug-KE von ARM_V1.PRT. Ehe auf die verschiedenen Funktionen, die die Registerkarten beinhalten, eingegangen wird, erläutern wir kurz die Schaltflächen *Unveränderter Schnitt* und *Lässt Änderungen des Schnittes zu*. Hinter diesen etwas sperrigen Begriffen verbirgt sich nichts anderes als die Bewegung einer in Größe und Form konstanten bzw. variablen Kontur entlang der Ursprungsleitkurve. Standardmäßig ist *Unveränderter Schnitt* aktiv, es wird also mit einer konstanten Skizze gearbeitet. Das heißt, dass sich die Form der Skizze, die entlang der Leitkurve gezogen wird, nicht ändert. Alternativ dazu wird bei *Lässt Änderungen des Schnittes zu* mit einer variablen Skizze gearbeitet, d. h., dass die Referenzen, auf die die jeweilige Skizze beschränkt ist, die Form der Skizze ändern. Das ist der Fall, wenn mehrere Leitkurven ausgewählt wurden. Allerdings unterstützt Creo Sie bei diesen Einstellungen. Sobald Sie mehrere Leitkurven auswählen, wird automatisch umgestellt.

Bild 3.63 verdeutlicht die Funktion. Hier bewegt sich ein Rechteck entlang der geraden Ursprungsleitkurve. Die Außenkontur des Rechtecks variiert entsprechend einer weiteren Leitkurve, die mit Kette 1 bezeichnet ist.

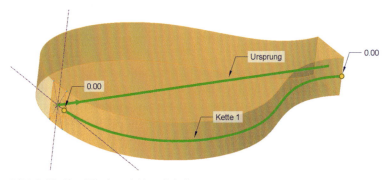

Bild 3.63 *Zug-KE* mit variablem Schnitt

Auf der Registerkarte *Referenzen*, ebenfalls zu sehen in Bild 3.58, lassen sich die *Schnittebenensteuerung* und die *Horizontalen-/Vertikalen-Steuerung* einstellen. Erstere legt die Orientierung der Skizzenebene fest. Dazu stehen folgende Möglichkeiten zur Auswahl:

Registerkarte Referenzen

- *Senkrechte Leitkurve* (Standardeinstellung)
- *Konstante senkrechte Richtung*
- *Senkrecht zu Projektion*

Bei der *Horizontalen-/Vertikalen-Steuerung* steht Ihnen Folgendes zur Auswahl:

- *Automatisch* (Standardeinstellung): Hierbei wird die Schnittebene automatisch in xy-Richtung orientiert.
- *Senkrecht zur Fläche*: Bei dieser Einstellung steht die y-Achse der Schnittebene senkrecht zur Fläche, auf der die Ursprungsleitkurve liegt.
- *X-Leitkurve*: Diese Einstellung ist nur wählbar, wenn vorher eine entsprechende Leitkurve als x-Leitkurve definiert wurde. Ist das der Fall, so verläuft die x-Achse der Schnittebene durch den Schnittpunkt der festgelegten x-Leitkurve und der Schnittebene entlang des Zug-KE.

Unter *Optionen*, der nächsten Registerkarte zu *Referenzen*, lassen sich zum einen die Enden eines Zug-KE schließen und zum anderen mit der Oberfläche eines angrenzenden Volumenkörpers zusammenführen. Sie müssen lediglich vor der gewünschten Option einen Haken setzen. Bild 3.64 zeigt die unterschiedlichen Resultate von *Enden zusammenführen* anhand eines Kaffeebechers.

Registerkarte Optionen

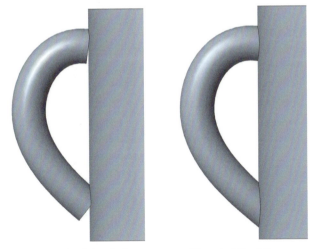

Bild 3.64 Funktion *Enden zusammenführen* bei *Zug-KE*

- Auf der Registerkarte *Tangentialität* lässt sich festlegen, dass die Mittellinie eines Schnitts zu den ausgewählten Flächen tangential steht.

Registerkarte Tangentialität

- Unter *Eigenschaften* kann wie gewohnt ein Name zugewiesen werden.

Registerkarte Eigenschaften

3.4.3.2 Spiralförmiges Zug-KE

Beispiel: Feder_V1.prt

Mithilfe der Funktion *Spiralförmiges Zug-KE* können spiralförmige Volumenkörper entlang einer Leitkurve und um eine Rotationsachse erzeugt werden. Das schrittweise Vorgehen wird anhand des Bauteils F<small>EDER</small>_V1.<small>PRT</small> erläutert.

 Neues Teil

Legen Sie also ein neues Bauteil mit der Benennung F<small>EDER</small>_V1.<small>PRT</small> an (siehe Bild 3.65).

Bild 3.65
F<small>EDER</small>_V1.<small>PRT</small>

Feder_V1.prt: Grundform als spiralförmiges Zug-KE

Um ein spiralförmiges Bauteil zu erzeugen, gehen Sie grundsätzlich wie folgt vor:
- Aktivieren von *Spiralförmiges Zug-KE*
- Definieren eines Spiralprofils (Hüllkurve) samt Spiralachse (Mittellinie)
- Festlegen des Zugschnitts
- Einstellen des Steigungsweges und der Art (Linke-/Rechte-Hand-Regel) und KE erzeugen
- Im Folgenden finden Sie nun eine detaillierte Anleitung zur Erstellung von spiralförmigen Bauteilen. Um das Bauteil F<small>EDER</small>_V1.<small>PRT</small> zu vervollständigen, muss der spiralförmige Körper noch mit anderen Features bearbeitet werden.

Spiralförmiges Zug-KE

Schritt 1 – Funktion wählen: In der Multifunktionsleiste im Bereich *Formen* wählen Sie die Funktion *Spiralförmiges Zug-KE* aus. Sie finden diese Funktion im Dropdown-Menü, das erscheint, sobald Sie auf die Pfeilspitze neben dem Zug-KE klicken. Es öffnet sich die Registerkarte *Spiralförmiges Zug-KE* in der Multifunktionsleiste (siehe Bild 3.66).

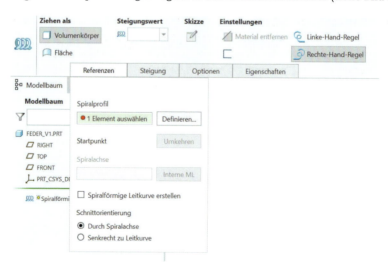

Bild 3.66 Multifunktionsleiste bei einem *Spiralförmigen Zug-KE*

Schritt 2 – Spiralprofil und Spiralachse festlegen: Unter *Referenzen* werden das Spiralprofil sowie die Spiralachse festgelegt. Es kann entweder eine bereits vorliegende Kurve ausgewählt oder eine neue Skizze erstellt werden. In unserem Beispiel nutzen wir letztere Option: Klicken Sie hierzu auf die Schaltfläche *Definieren...*, und wählen Sie die Bezugsebene *RIGHT* als Zeichenebene. Zeichnen Sie erst die Mittellinie, die später als Spiralachse fungiert, und anschließend das Spiralprofil gemäß Bild 3.67.

Spiralprofil und Spiralachse

Bild 3.67 Spiralprofil und Spiralachse des Bauteils FEDER_V1.PRT

Wichtig ist, dass eine Leitkurve nie geschlossen ist und dass die Elemente des Spiralprofils keine Tangente haben, die an einem Punkt senkrecht zur Rotationsachse steht. Allgemein ist beim Skizzieren weiter zu beachten, dass alle Elemente des Spiralenzugprofils in der jeweiligen Skizze zueinander tangential (C1-stetig) sein müssen, wenn Sie auf der Registerkarte *Referenzen* die Schnittorientierung ändern, indem Sie den Punkt vor *Senkrecht zur Leitkurve* aktivieren. Für dieses und die weiteren Beispiele in diesem Buch ist dies allerdings nicht nötig.

Wie auch in Bild 3.67 zu erkennen ist, erscheint auf der Leitkurve ein Pfeil, der den Startpunkt und die Orientierung anzeigt. Mit einem Klick auf diesen können Sie diese umkehren. Alternativ können Sie dies auch über die entsprechende Schaltfläche auf der Registerkarte *Referenzen* erreichen.

Beenden Sie den Skizzierer.

Schritt 3 – Zugschnitt erzeugen: Sobald Spiralprofil und -achse definiert sind, wird (wie bei anderen Zug-KE auch) die Schaltfläche *Zugschnitt erzeugen und editieren* anwählbar. Nun können Sie mit dem Zeichnen des Profils beginnen. Setzen Sie dazu einen Kreis mit 2 mm Durchmesser an das Ende der gezeichneten Leitkurve, wobei der Kreis die Leitkurve tangiert und der Mittelpunkt auf einer Linie mit dem deren Endpunkt liegt (siehe Bild 3.68). Anschließend kann die Skizze beendet werden.

 Zugschnitt erzeugen oder editieren

Bild 3.68 Kontur des Bauteils FEDER_V1.PRT

Schritt 4 – Volumen erzeugen: Sobald Sie die Skizze beenden, erscheint in der üblichen orangefarbenen Darstellungsweise eine Voransicht des Volumenelements. Wie bei anderen Funktionen auch, können Sie nun in der Multifunktionsleiste entscheiden, ob ein Volumenkörper oder eine Schale erzeugt wird, ob von einem bestehenden Körper Material abgezogen werden oder aber ein dünnwandiges Teil entstehen soll.

Steigung

Neu in diesem Tool ist die Einstellungsmöglichkeit einer *Steigung*. Diese kann neben der Schaltfläche in der Multifunktionsleiste auch über die entsprechende Registerkarte oder im Arbeitsfenster durch eine Änderung des Zahlenwertes hinter der Bezeichnung *Pitch* angepasst werden, wie Sie in Bild 3.69 sehen können. Stellen Sie eine Steigung, also einen Abstand zwischen den Windungen, von 5 mm ein.

Weiter kann man über die beiden Symbole neben der Steigungseingabe die Richtung des KE angeben, hier als *Linke-Hand-Regel* bzw. *Rechte-Hand-Regel* bezeichnet.

Wenn Sie die Maße in den jeweiligen Skizzen nicht gesperrt haben, dann können Sie die Feder über ein Verschieben der grünen Linie verändern. Die Maße können Sie dann wieder in der jeweiligen Skizze oder aber über die entsprechende Schaltfläche der Minifunktionsleiste anpassen.

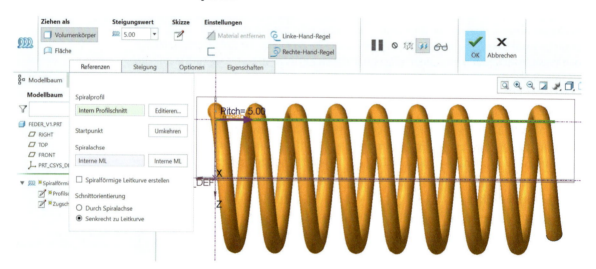

Bild 3.69 Vorschau des Bauteils *Feder_V1.prt*

Weitere Einstellungen müssen an dieser Stelle nicht getroffen werden. Sie können das Feature abschließen, um den Grundkörper des Bauteils FEDER_V1.PRT zu erzeugen.

Feder_V1.prt: abgeflachte Federenden als „normales" Zug-KE mit Profil (Zwischenschritt)

Zwischenschritt – Federenden abflachen: Damit eine Feder immer sauber aufliegt, wird meist der Draht an den Enden stärker gebogen und in manchen Fällen sogar noch abgeschliffen. Das soll an dieser Stelle auch noch gemacht werden. Auch hierfür gibt es verschiedene Wege. Nachfolgend wird exemplarisch die Möglichkeit zur Erstellung mittels *Ziehen* und *Profil* beschrieben.

3.4 Erstellen verschiedener Volumina

Das untere Ende der Feder liegt in der TOP-Ebene. Erstellen Sie einen Halbkreis auf dieser Ebene, dessen Mittelpunkt im Ursprung liegt, mittig in der Federkontur beginnt (Radius 8,1 mm) und diese verlängert.

Wählen Sie das „normale" *Zug-KE/Ziehen* aus und den eben gezeichneten Halbkreis als Leitlinie. Als Zugschnitt übernehmen Sie die Drahtkontur des Federdrahts. Anschließend können Sie die Verlängerung erstellen. Bild 3.70 verdeutlicht das Vorgehen.

Zug-KE/Ziehen

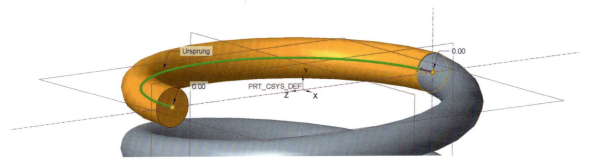

Bild 3.70 Bearbeitung der Federenden

Nun muss das Ganze noch einmal für die andere Seite der Feder wiederholt werden. Dafür benötigen Sie als Erstes eine Hilfsebene parallel zur FRONT-Ebene in einem Abstand von 42 mm. Sie erstellen wieder zuerst die halbkreisförmige Leitkurve, anschließend aktivieren Sie das Zug-KE-Tool, zeichnen die Querschnittsfläche und erstellen den Volumenkörper.

Abschließend müssen noch beide Enden abgeflacht werden. Dazu wählen Sie die *Profil*-Funktion und die FRONT-Ebene zum Skizzieren aus. Jetzt zeichnen Sie zwei Rechtecke, jeweils eins an jedem Federende. Die Rechtecke müssen gemäß Bild 3.71 platziert werden. Anschließend begradigen Sie mit der Funktion *Material entfernen* die Federenden.

Profil

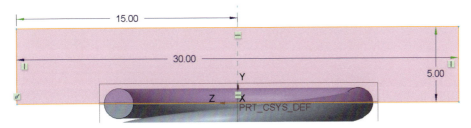

Bild 3.71 Lage der Rechtecke zum Begradigen der Federenden

Speichern Sie das Bauteil FEDER_V1.PRT ab.

An dieser Stelle können Sie direkt zu Abschnitt 3.4.3.3 springen oder mit dem folgenden Abschnitt anhand eines Beispiels in die Spitzfindigkeiten des *Spiralförmigen Zug-KE* einsteigen.

Speichern

Vertiefende Aspekte beim spiralförmigen Zug-KE

Beispiel: Feder_V2.prt

 Neues Teil

Die weiteren Möglichkeiten dieses Tools werden gleich schrittweise anhand eines weiteren Beispiels erläutert.

Legen Sie hierzu ein neues Teil an, und nennen Sie es FEDER_V2.PRT (siehe Bild 3.72).

Feder_V2.prt: Grundform als spiralförmiges Zug-KE

Bild 3.72 FEDER_V2.PRT

 Spiralförmiges Zug-KE

Spiralprofil und Spiralachse

Schritt 1 – Funktion wählen: Starten Sie erneut die Funktion *Spiralförmiges Zug-KE*.

Schritt 2 – Spiralprofil und Spiralachse festlegen: Unter *Referenzen* platzieren Sie die Skizze für Leitkurve und Mittellinien auf der RIGHT-Ebene. Entlang der horizontalen Hilfsachse zeichnen Sie die Mittellinie. Als Leitkurve dient ein Spline aus fünf Punkten gemäß Bild 3.73.

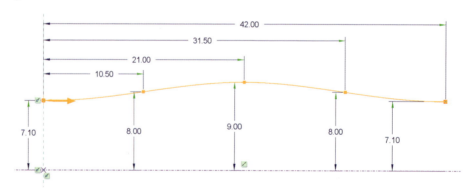

Bild 3.73 Leitkurve der FEDER_V2

Zugschnitt erzeugen oder editieren

Schritt 3 – Zugschnitt erzeugen: Als Zugschnitt zeichnen Sie eine Ellipse gemäß Bild 3.74.

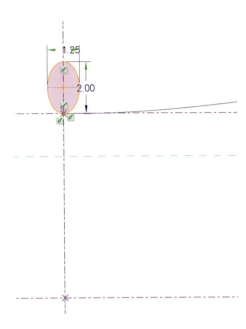

Bild 3.74 Zugschnitt der FEDER_V2

Schritt 4 – Steigung definieren: Der Draht dieser Feder soll verschiedene Steigungen in unterschiedlichen Bereichen haben. Dafür müssen Sie auf der Registerkarte *Steigung* der Multifunktionsleiste mehrere Einträge erzeugen. Sie fügen eine Steigung hinzu, indem Sie in der Tabelle auf den entsprechenden Schriftzug klicken oder mit der rechten Maustaste in das Feld klicken und dann Entsprechendes auswählen. Die ersten beiden Einträge definieren die Steigung am Anfang und am Ende. Für jede weitere Steigung haben Sie verschiedene Platzierungsmöglichkeiten:

- *Nach Wert* gibt die Steigung an der eingegebenen Position vor.
- *Nach Referenz:* Hiermit lässt sich die Steigung an einem bestimmten Punkt, beispielsweise mithilfe einer Ebene oder einer Bauteilkante, bestimmen.
- *Nach Verhältnis:* Durch einen Wert zwischen 0 und 1 wird hier der Ort der vorgegebenen Steigung prozentual zur auf die Drehachse projizierten Leitkurve angegeben.

Die Steigung selbst bestimmt man über den entsprechenden Zahlenwert. Erzeugen Sie drei Einträge gemäß Bild 3.75.

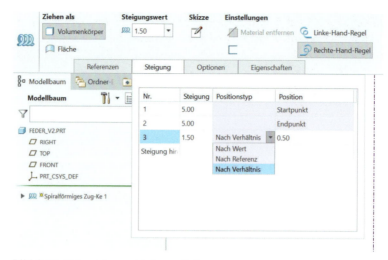

Bild 3.75 Feder mit verschiedenen Steigungen

Schritt 4 – Volumen erzeugen: Auf der Registerkarte *Optionen* gibt es ein Kontrollkästchen *Geschlossene Enden*. Diese Option ist nur für Flächen-Zug-KE mit einem geschlossenen Schnitt und einer offenen Leitkurve verfügbar. Weiter kann man wählen, ob der Schnitt entlang der Leitkurve konstant oder variabel sein soll, ähnlich wie beim *Zug-KE* in Abschnitt 3.4.3.1 beschrieben. Standardmäßig ist konstant aktiv. Wählt man einen variablen Schnitt, dann lassen sich Parameter definieren, mit denen man die Skizze variabel gestalten kann.

Feder_V2.prt: abgeflachte Federenden als „normales" Zug-KE mit Profil (Zwischenschritt)

Zwischenschritt – Federenden abflachen: Analog zur Feder_V1 müssen die Enden der Feder abgeflacht werden.

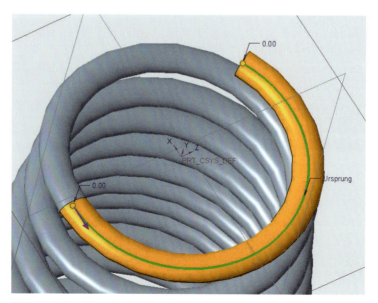

Bild 3.76 Erstellung der Feder als Zug-KE

Dazu erzeugen Sie ein *Zug-KE* mit dem projizierten Querschnitt der Spirale und einem Bogen von 210° in der TOP-Ebene. Anschließend wird eine Hilfsebene parallel zu TOP-Ebene mit einem Abstand von 42 mm generiert und ebenfalls ein *Zug-KE* am anderen Ende der Spirale erstellt.

 Zug-KE/Ziehen

Über zwei Profile werden abschließend die beiden Enden abgeflacht.

 Profil

Speichern Sie das Bauteil FEDER_V2.PRT.

Speichern

3.4.3.3 Zug-Verbund

Mit der Funktion *Zug-Verbund* lassen sich Volumenkörper erstellen, indem mindestens zwei verschiedene Schnitte entlang einer Ursprungsleitkurve und optional mittels einer sekundären Leitkurve miteinander verbunden werden. Dieses Tool wird anhand des Drohnenbauteils ANTENNE_V1.PRT erläutert.

Beispiel: Antenne_V1.prt

Legen Sie also zunächst ein neues Teil an, und nennen Sie es ANTENNE_V1.PRT (siehe Bild 3.77).

 Neues Teil

Bild 3.77 Bauteil ANTENNE_V1.PRT

Für die Erstellung sind folgende Arbeitsschritte notwendig:

- Erstellen der Hilfsebenen E1 und E2, beide parallel zur TOP-Ebene mit einem Abstand von 15 mm bzw. 60 mm
- Zeichnen der Ellipsen, Abmessungen gemäß Bild 3.78, Ellipse 1 auf die TOP-Ebene, Ursprung mittig, Ellipse 2 auf die E1-Ebene, Ellipse 3 auf die E2-Ebene
- Zeichnen der Leitkurve auf die RIGHT-Ebene gemäß Bild 3.78
- Auswählen des *Zug-Verbund*-Tools, Leitlinie wählen und Ellipsen als Schnitte definieren
- Volumenkörper erstellen, Radius hinzufügen und Bauteil speichern

Wie bei allen bisherigen Bauteilen folgt nun eine Step-by-Step-Anleitung zur Konstruktion des Bauteils.

Bezugsebene

Schritt 1 – Referenzebenen erstellen: Wie eingangs erwähnt, werden mit dem Werkzeug *Zug-Verbund* verschiedene Profile entlang einer Leitkurve miteinander verbunden. Die Profile sollen auf verschiedenen Ebenen liegen, die alle parallel zur TOP-Ebene sind. Diese werden in diesem Arbeitsschritt erstellt. Dazu wählen Sie im Bereich *Bezug* das Ebenensymbol aus und klicken anschließend auf die TOP-Ebene. In dem sich öffnenden Dialog können Sie neben der Art der Ebenenerzeugung auch eine Translation auswählen und den Abstand eingeben, den die neue Referenzebene zur Ausgangsebene haben soll. Wir erstellen zwei Ebenen, für die gilt:

- E1: parallel zu TOP-Ebene, Abstand 15 mm
- E2: parallel zu TOP-Ebene, Abstand 60 mm

Skizze

Schritt 2 – Skizzen erstellen: Damit es einfacher ist, werden in diesem Beispiel nur gleiche Konturen, nämlich Ellipsen, miteinander verbunden, die lediglich hinsichtlich ihrer Größe variieren. Grundsätzlich lassen sich allerdings beliebige Konturen miteinander verbinden, unter der Voraussetzung, dass sie die gleiche Anzahl an Verbundeckpunkten haben, dazu aber später mehr im Vertiefungsteil.

Schnitte

Bild 3.78 zeigt die Abmessungen der zu skizzierenden Ellipsen:

- Ellipse 1 auf die TOP-Ebene
- Ellipse 2 auf die E1-Referenzebene
- Ellipse 3 auf die E2-Referenzebene

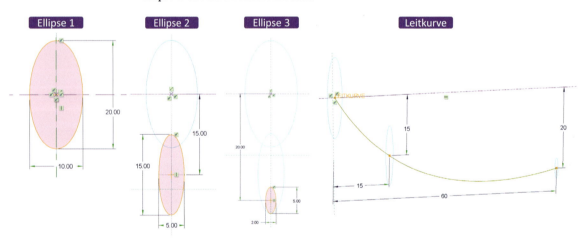

Bild 3.78 Abmessungen Antenne_V1.prt

Leitkurve

Zug-Verbund

Ebenfalls ist die Leitkurve dargestellt. Zeichnen Sie diese auf die RIGHT-Ebene.

Schritt 3 – Volumenkörper erstellen: Klicken Sie auf das Icon für einen *Zug-Verbund*. In der Multifunktionsleiste erscheint die entsprechende Registerkarte. Wie bei allen Werkzeugen kann man auch mit diesem entweder einen Volumenkörper oder ein Flächenmodell erzeugen. Ebenso lässt sich Material hinzufügen oder wegnehmen oder die Kontur mit einer Wandstärke aufdicken.

Die Registerkarte *Referenzen* ist identisch mit der des reinen Zug-KE, und es können auch die gleichen Einstellungen getroffen werden. Um diese Ausführungen möglichst schlank zu halten, sei an dieser Stelle auf die entsprechende Passage in Abschnitt 3.4.3.1 verwiesen. Wählen Sie an dieser Stelle die zuvor skizzierte Leitkurve aus.

Registerkarte Referenzen

Wichtig ist die nächste Registerkarte *Schnitte*. An dieser Stelle werden die verschiedenen Konturen ausgewählt, die miteinander verbunden werden sollen. Da Sie bereits die Schnitte skizziert haben, müssen Sie *Ausgewählte Schnitte* aktivieren (siehe Bild 3.79). Nun können Sie die bestehenden Ellipsen nacheinander anwählen, müssen allerdings zuvor für jede über die entsprechende Schaltfläche einen Schnitt hinzufügen. Hätten Sie noch keine Skizzen erstellt, könnten Sie dies an dieser Stelle tun. Dafür müssen Sie lediglich *Skizzierte Schnitte* auswählen und auf die Schaltfläche *Skizze* auf der Registerkarte *Schnitte* klicken, um zur Referenzwahl und zum Skizzierer zu gelangen.

Registerkarte Schnitte

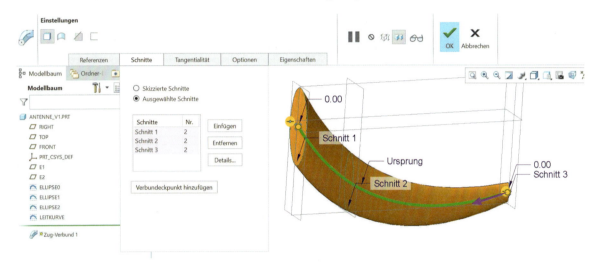

Bild 3.79 Multifunktionsleiste bei einem Zug-Verbund-KE

Besonders wichtig bei den Konturen, die miteinander verbunden werden sollen, ist die Anzahl der Verbundeckpunkte. Hinter jeder Kontur, die hinzugefügt wurde, befindet sich in der Spalte Nummer (abgekürzt *Nr.*) eine Zahl. Diese gibt an, wie viele Verbundeckpunkte die jeweilige Kontur besitzt. Creo teilt jede skizzierte Geometrie in Teilbereiche, die an den Verbundeckpunkten verbunden sind. Ein Kreis beispielsweise wird in zwei Halbkreise aufgeteilt. An den Stellen, an denen sich diese Punkte berühren, liegen die Verbundeckpunkte. Ein Rechteck wiederum besteht aus vier Linien und folglich vier Verbundeckpunkten in den Ecken.

Unabhängig vom Werkzeug kann immer nur dann ein Volumenelement erzeugt werden, wenn die Anzahl der Verbundeckpunkte gleich ist. Doch wie verbindet man nun einen Kreis mit einem Rechteck? Man fügt händisch Verbundeckpunkte beim Kreis hinzu. Dies lässt sich entweder in der Skizze der jeweiligen Kontur über das Feature *Aufteilen* bewerkstelligen, oder man fügt diese direkt auf der Registerkarte *Schnitte* über die entsprechende Schaltfläche hinzu. Der Verbundeckpunkt kann mit einem Handle am ausgewählten Schnitt bewegt werden. Das Handle rastet automatisch an einem Punkt oder Eckpunkt auf der ausgewählten Kette ein. Diese Funktion kommt aber erst in Abschnitt 3.4.3.4 zum Einsatz.

Um das Bauteil abzuschließen, muss am unteren Ende, zentrisch zur Ellipse, ein Block mit einer Länge von 22 mm, einer Breite von 12 mm und einer Höhe von 1 mm extrudiert werden.

Sie können die ANTENNE_V1.PRT erstellen.

Speichern Sie das Bauteil ANTENNE_V1.PRT.

 Speichern

3.4.3.4 Verbund

Beispiel: Propeller_V1.prt

Ein *Verbund* besteht aus mindestens zwei planaren Schnitten, die an ihren Eckpunkten durch Übergangsflächen so verbunden werden, dass ein zusammenhängender Volumenkörper entsteht. Im Vergleich zum Zug-KE ist beim Verbund (egal, ob paralleler oder rotatorischer) keine Leitkurve notwendig. Dafür spielen die Verbundeckpunkte eine wichtige Rolle. Das *Verbund*-Werkzeug wird anhand des Rotorblattes von PROPELLER_V1.PRT vorgestellt. Allerdings wird erst einmal nur das Rotorblatt erzeugt. Zum Fertigstellen des Bauteils muss die Funktion *Muster*, beschrieben in Abschnitt 3.5.1, verwendet werden.

Legen Sie also zunächst das Bauteil PROPELLER_V1.PRT an (siehe Bild 3.80).

 Neues Teil

Bild 3.80 Bauteil PROPELLER_V1.PRT

Grundsätzlich lässt sich ein Rotorblatt durch folgende Arbeitsschritte erstellen:

- Erstellen der Referenzen:
    - Ebene UEBERGANG, parallel zur RIGHT-Ebene, Abstand: 6 mm
    - Ebene GROESSTER_QUERSCHNITT, parallel zur RIGHT-Ebene, Abstand: 30 mm
    - Ebene ROTORENDE, parallel zur RIGHT-Ebene, Abstand: 120 mm
    - Rotationsachse A_1, die der Schnittgeraden zwischen TOP- und RIGHT-Ebene entspricht
- Erstellen der zu verbindenden Skizzen gemäß Bild 3.82 (wichtig ist, dass das Zentrum des Kreises und die Mittelpunkte der Rechtecke auf einer Linie liegen):
    - Ebene UEBERGANG: Kreis mit 5 mm Durchmesser, Hinzufügen von Verbundeckpunkten (insgesamt sind vier notwendig)
    - Ebene GROESSTER_QUERSCHNITT: Rechteck mit waagrechten bzw. senkrechten Kanten (20 mm breit und 4 mm hoch)
    - Ebene ROTORENDE: Rechteck um 20°mm zum größten Querschnitt rotiert (10 mm breit und 2 mm hoch)

- Verbund erstellen
- Rotoranschluss per Extrusion eines 5 mm langen Zylinders (Durchmesser 5 mm) auf der Übergangsebene konzentrisch zum auslaufenden Rotorblatt

Wie gewohnt erfolgt nun an dieser Stelle die ausführliche Schilderung des Vorgehens und im Zuge dessen wird das Verbund-Werkzeug vorgestellt.

Schritt 1 – Referenzebenen erzeugen: In einem ersten Schritt erzeugen wir drei Hilfsebenen, alle parallel verschoben zur RIGHT-Ebene (siehe Bild 3.81). Die Ebene UEBERGANG hat einen Abstand von 6 mm, die Ebene GROESSTER_QUERSCHNITT einen von 30 mm und die Ebene ROTORENDE einen von 120 mm. Aus Gründen der Übersichtlichkeit bietet es sich an, die Ebenen auch entsprechend zu benennen. Als letzte Referenz wird die spätere Rotationsachse erzeugt. Dafür wählen Sie die Ebenen TOP und RIGHT aus und klicken anschließend auf das Referenzachsensymbol.

Propeller_V1.prt: Rotorblatt als Verbund

 Bezugsebene

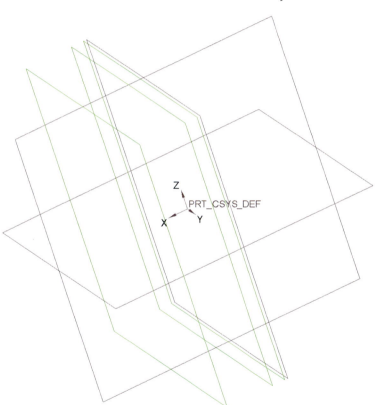

Bild 3.81 Referenzebenen für die Rotorblattkonstruktion

Schritt 2 – Querschnitte zeichnen: Nun müssen Sie die Querschnittsflächen des Rotors zeichnen. Bild 3.82 enthält alle notwendigen Abmessungen.

Beginnen Sie mit dem Kreis auf der Ebene UEBERGANG. Wichtig ist dabei, dass sein Zentrum genau im Ursprung liegt. Zeichnen Sie weiter die beiden Winkelhalbierenden zur Horizontalen und Vertikalen ein, so wie in Bild 3.82 (Nummer 1, oben links) zu sehen ist.

 Skizze Schnitte

Diese sind entscheidend für das Platzieren der Verbundeckpunkte. Wie bereits erwähnt, erfolgt bei einem *Verbund* die Verbindung zwischen den Querschnitten nicht mittels einer Leitkurve, sondern es werden die jeweiligen Verbundeckpunkte miteinander verknüpft. Dies ist jedoch nur möglich, wenn alle zu verbindenden Konturen die gleiche Anzahl an Verbundeckpunkten haben. Beim Rotorblatt sollen Rechtecke mit vier Punkten mit einem Kreis, der von Haus aus nur zwei Punkte aufweist, verbunden werden. Dies ist nur möglich, wenn beim Kreis entsprechend zusätzliche Punkte platziert werden.

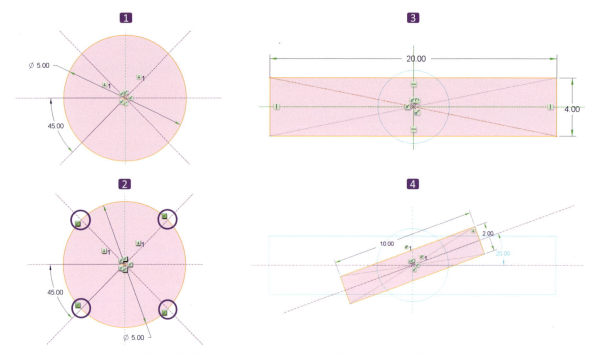

Bild 3.82 Abmessungen der Querschnitte für das Verbund-KE

 Aufteilen

Dies lässt sich im Skizzierer durch die Funktion *Aufteilen* lösen. Diese fügt an den gewünschten Stellen Verbundeckpunkte ein. Fügen Sie nun vier dieser Punkte jeweils an den Schnittpunkten zwischen Winkelhalbierender und Kreislinie ein. Es gibt zwar noch weitere Möglichkeiten, Verbundeckpunkte zu erzeugen, aber nur auf die soeben beschriebene Weise können Sie deren Lage ohne Weiteres selbst bestimmen. Anschließend sollte Ihre Skizze so aussehen, wie Nummer 2 (unten links) in Bild 3.82.

Einfacher ist die Skizze auf der Ebene GROESSTER_QUERSCHNITT. Übernehmen Sie die Abmessungen aus Nummer 3 (oben rechts) in Bild 3.82.

 Projizieren

Als Letztes erstellen Sie die Skizze auf der Ebene ROTORENDE. Hier zeichnen wir keine neue Geometrie, sondern *Projizieren* das Rechteck aus der vorangegangenen Skizze.

Rotieren/Größe ändern

Anschließend markieren Sie alles (<STRG> + <ALT> + <A>) und passen mit der Funktion *Rotieren/Größe ändern* die Kontur an. Dazu geben Sie einen Winkel und eine Skalierung gemäß Bild 3.83 ein.

Bild 3.83 Rotations- und Skalierungsfaktoren für Rotorquerschnitt

Schritt 3 – Volumenkörper erstellen: Nachdem die Skizzen alle erzeugt wurden, starten Sie die Funktion *Verbund* im Bereich *Formen* innerhalb der Registerkarte *Modell*. Grundsätzlich kann man auch zuerst die Funktion starten und anschließend die Ebenen und Skizzen erzeugen, so wie wir bisher bei der Erstellung anderer Volumenkörper verfahren sind, doch in diesem Fall erscheint die gewählte Vorgehensweise übersichtlicher. Das ist aber Geschmackssache.

Verbund

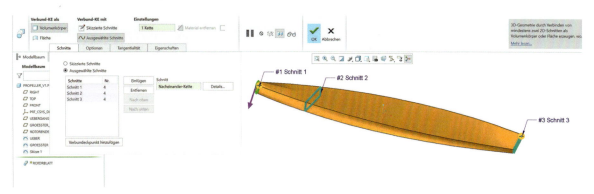

Bild 3.84 Multifunktionsleiste bei der Erzeugung eines Verbunds

Standardmäßig ist in der Multifunktionsleiste auf der Registerkarte *Schnitte* die Einstellung *Skizzierte Schnitte* aktiv. An dieser Stelle müssten Sie jetzt mit dem Erstellen der Skizzen fortfahren. Da diese ja aber bereits erstellt wurden, wählen Sie *Ausgewählte Schnitte* (siehe Bild 3.84). Nun fügen Sie über die entsprechende Schaltfläche zwei neue Schnitte ein und wählen die drei Skizzen aus. Wichtig: Halten Sie sich an die Reihenfolge, in der die Schnitte verbunden werden sollen. Wenn Sie erst den Übergang, dann das Rotorende und zum Schluss den größten Querschnitt wählen, kann kein oder zumindest kein sinnvolles Bauteil erzeugt werden.

Registerkarte Schnitte

Ganz wesentlich sind hier an dieser Stelle, wie bereits erwähnt, die Nummern hinter den ausgewählten Schnitten. Diese entsprechen den Verbundeckpunkten einer Kontur und müssen bei allen zu verbindenden Schnitten gleich sein. Da Sie bereits bei der Erstellung der Skizzen darauf geachtet haben, haben Sie an dieser Stelle keine Probleme.

Auf die Reihenfolge und die Anzahl der Verbundeckpunkte achten!

Sobald man zwei Schnitte gewählt hat, erscheint in der üblichen orangefarbenen Darstellungsweise die Voranzeige des Volumenkörpers. Sobald Sie alle drei gewählt haben, sollte der Rotorflügel so wie in Bild 3.85 oben dargestellt aussehen.

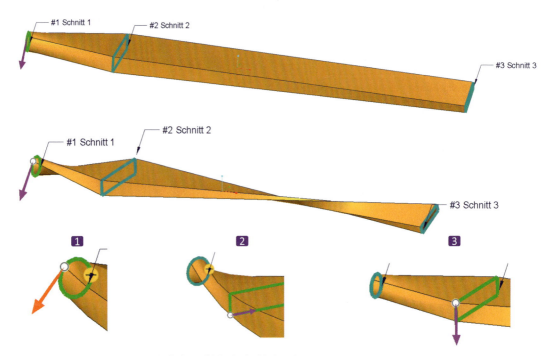

Bild 3.85 Verknüpfungsfehler beim Verbund

Ist das nicht der Fall und Ihr Rotorblatt ähnelt eher dem darunter, dann sind die Verbindungspunkte falsch verknüpft. Um dies zu beheben, klicken Sie auf der Registerkarte *Schnitte* auf den ersten Schnitt, der der Kreis sein sollte, und betrachten die hervorgehobene Kontur im Arbeitsfenster. Sie sollte ähnlich aussehen wie Nummer 1 in Bild 3.85. Wichtig ist der Pfeil. Dieser zeigt den ersten Verbindungspunkt dieser Kontur an und die Richtung, in der weitergezählt wird. Klicken Sie auf der Registerkarte *Schnitte* auf den zweiten Schnitt, der dem größten Querschnitt entsprechen sollte. Ist Ihr Rotorblatt verzogen, dann sieht dieser Schnitt im Arbeitsfenster eher so aus wie Nummer 2 in Bild 3.85. Als erster Verbindungspunkt ist der unten links gewählt. Die Orientierung der Pfeile ist zwischen den ersten beiden Schnitten gleich, das ist so weit gut, doch die Lage der Punkte ist unterschiedlich. Der Punkt vom Kreis oben links wird mit dem unten links im Rechteck verknüpft. Das müssen Sie jetzt ändern, indem Sie im Arbeitsfenster auf den Verbindungspunkt des Rechtecks klicken und diesen auf die obere linke Ecke des Rechtecks verschieben (Maustaste gedrückt halten), so wie bei Nummer 3 dargestellt. Sobald der Startpunkt verschoben ist, entzerrt sich auch die Kontur. Durch einen Klick auf den Pfeil ließe sich auch die Orientierung umdrehen. Kontrollieren Sie die Startpunkte bei allen Konturen.

Registerkarte Optionen

Auch wichtig ist bei diesem Feature die Registerkarte *Optionen*. Hier lässt sich einstellen, ob die Schnitte gerade verbunden werden sollen oder abgerundet. In älteren Creo-Versionen wird Abrunden oft noch mit stufenlos bezeichnet. Für den P\textsc{ropeller}_V1.\textsc{prt} sollen die Verbindungspunkte gerade verknüpft werden. Weiter lassen sich unter *Optionen* durch das Setzen des entsprechenden Hakens offene Enden schließen. Dies ist allerdings nur bei Flächenverbunden möglich.

Die Einstellungen auf den Registerkarten *Tangentialität* und *Einstellungen* sind analog zu den anderen Zug- bzw. Verbund-KE.

Registerkarten Tangentialität und Einstellungen

Über *OK* werden alle Einstellungen bestätigt und der Volumenkörper erstellt.

Zwischenschritt – Anschlussstück extrudieren: Das Anschlussstück wird über die Funktion *Profil* erstellt. Zeichnen Sie zuerst auf die Übergangsebene einen Kreis mit den gleichen Abmessungen wie der auslaufende Verbund und konzentrisch zu diesem (siehe Bild 3.86). Auch hier ist es sinnvoll, die Kontur von der bereits bestehenden Skizze mithilfe von *Projizieren* zu übernehmen.

 Profil

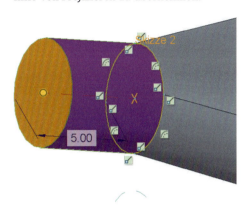

Bild 3.86 Übergang Rotorblatt zu Rotornabe

Das Rotorblatt ist so weit fertig und kann gespeichert werden.

Zum Fertigstellen des PROPELLER_V1.PRT springen Sie zum Mustern in Abschnitt 3.5.1.

 Speichern

3.4.3.5 Rotatorischer Verbund

Mit der Funktion *Rotatorischer Verbund* lassen sich analog zum eben beschriebenen *Verbund* verschiedene Skizzen miteinander verbinden, nur hier eben nicht durch Konturen auf parallelen Ebenen, sondern durch Ebenen, die um eine Drehachse rotiert werden. Zur Definition eines rotatorischen Verbunds wird also wieder eine Drehachse benötigt. Dafür gibt es zwei Möglichkeiten: Sie zeichnen entweder eine Mittellinie in die erste Skizze mit ein, dann wird diese automatisch bei der Skizzenanwahl als Rotationsachse festgelegt, oder Sie wählen eine beliebige Referenzgeometrie als Achse aus. Letzteres funktioniert nur, wenn in der ersten Skizze keine Mittellinie eingezeichnet ist.

Drehachse

Wichtig ist weiter, dass sich alle Ebenen, auf denen die Schnitte liegen, mit der gleichen Drehachse schneiden.

Falls Sie einen geschlossenen *Rotatorischen Verbund* konstruieren möchten, ist das auch möglich. Creo verwendet in diesem Fall automatisch den ersten Schnitt auch wieder als letzten Schnitt.

Die Funktion dieses Werkzeugs wird anhand des Bauteils ROTORSCHUTZ_V1.PRT erläutert.

Beispiel: Rotorschutz_V1.prt

Erstellen Sie also zunächst das neue Bauteil ROTORSCHUTZ_V1.PRT (siehe Bild 3.87).

 Neues Teil

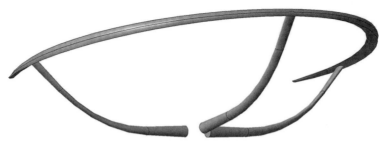

Bild 3.87 Bauteil ROTORSCHUTZ_V1.PRT

Grob zusammengefasst, sind folgende Punkte erforderlich, um dieses Bauteil zu erstellen:
- Erstellen der Referenzen:
  - Definition der Rotationsachse (Schnittgerade FRONT- und RIGHT-Ebene)
  - Definition der Referenzebene E1 (Rotationsachse, TOP-Ebene, +20°)
  - Definition der Referenzebene E2 (Rotationsachse, TOP-Ebene, −20°)
- Beim Zeichnen der Schnittkonturen ist wichtig, für jede Kontur eine eigene Skizze anzufertigen, auch wenn zwei auf der gleichen Ebene liegen sollten. Die Abmessungen und Positionen können Sie Bild 3.88 bzw. Bild 3.89 entnehmen.
- Erstellen Sie den Bügel des Rotorschutzes mithilfe des Werkzeugs *Rotatorischer Verbund*. Achten Sie dabei darauf, dass *Ausgewählte Schnitte* aktiv ist.
- Abschließend konstruieren Sie einen Haltearm mittels *Zug-Verbund*. Referenzebenen und die Abmessungen für Skizzen und Leitlinie sind Bild 3.88 und Bild 3.89 zu entnehmen.
- Um nicht dreimal gleiche Haltearme zu zeichnen, wird als letzter Schritt der Haltearm gemustert. Wie das genau funktioniert, entnehmen Sie Abschnitt 3.5.1.
  - Wie bisher auch folgt nun die ausführliche Anleitung und Erläuterung zum Tool *Rotatorischer Verbund*.

Rotorschutz_V1: Schutzbügel als Rotatorischer Verbund

Rotationsachse

Bezugsebene

Um den Rotorschutz zu erstellen, gehen Sie wie folgt vor:

Schritt 1 – Referenzen erzeugen: An dieser Stelle werden die Rotationsachse und die beiden Referenzebenen E1 und E2 erzeugt.

Beginnen Sie mit der Rotationsachse. Diese entspricht der Schnittgeraden zwischen RIGHT- und TOP-Ebene. Klicken Sie dazu auf das Ebenensymbol im Bereich *Bezug* und wählen Sie anschließend die beiden Ebenen aus.

Anschließend erzeugen Sie zwei Ebenen, definiert durch die Rotationsachse und die TOP-Ebene. Die Ebene E1 steht zur TOP-Ebene in einem Winkel von 20°, die Ebene E2 in einem Winkel von −20°. Bild 3.88 zeigt die Referenzen und markiert durch die Zahlen 1 bis 5 die Stellen, an denen im Folgenden Skizzen erzeugt werden.

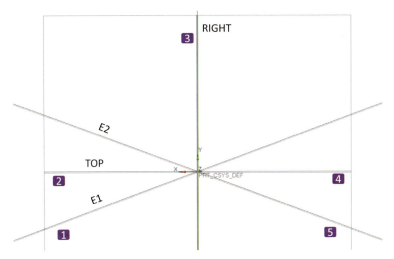

Bild 3.88 Referenzen Rotorschutz_V1.prt

Schritt 2 – Querschnitte zeichnen: Nun zeichnen Sie die verschiedenen Konturen, die später miteinander verbunden werden sollen. Die Abmessungen zeigt Bild 3.89. Dort ist ebenfalls mit den entsprechenden Nummern markiert, an welcher Stelle bezogen auf Bild 3.88 die jeweiligen Schnitte positioniert werden sollen. Wichtig ist, dass bei allen Konturen der Abstand zwischen der Rotationsachse und dem zu dieser am nächsten liegenden Punkt der Kontur 130 mm beträgt. Es bietet sich an, mit Skizze 1 an Stelle 1 zu beginnen.

 Skizze

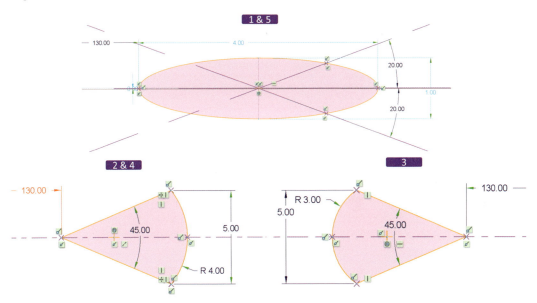

Bild 3.89 Abmessungen und Positionen der Schnitte

Aufteilen

Wie beim parallelen müssen auch hier beim *Rotatorischen Verbund* alle Schnitte die gleiche Anzahl an Verbindungspunkten aufweisen. In diesem Beispiel soll jeder Schnitt vier Verbindungspunkte aufweisen. Erzeugt werden diese wieder über das Werkzeug *Aufteilen*. Zur Verdeutlichung wurden die entsprechenden Stellen in Bild 3.89 mit einem kleinen x markiert.

Betrachten wir als Erstes die Ellipse, die an Stelle 1 und 5 liegen soll: Hier liegen zwei Verbindungspunkte an den Schnittpunkten der Horizontalen mit der Ellipsenkurve, die anderen beiden wiederum an denen zwischen den Hilfsgeraden und der Ellipsenkurve. Wichtig ist bei letzteren, dass die Verbindungspunkte immer in dem Teil der Ellipse liegen, die weiter von der Rotationsachse entfernt ist.

Die Lage der Verbindungspunkte bei den übrigen Geometrien ist einfach zu beschreiben. Diese liegen zum einen ebenfalls auf den Schnittpunkten zwischen Kontur und der Horizontalen und zum anderen auf den Eckpunkten zwischen Bogen und Linien.

Rotatorischer Verbund
Registerkarte Schnitte

Schritt 3 – Volumenkörper erzeugen: Aktivieren Sie nun die Funktion *Rotatorischer Verbund*. Es gibt wieder die beiden bereits bekannten Herangehensweisen zum Erstellen von Volumenkörpern. Entweder man skizziert direkt im aktiven Tool die Querschnitte, *Skizzierte Schnitte*, oder man erzeugt diese zuerst und aktiviert anschließend die Funktion *Rotatorischer Verbund*. Standardmäßig ist wieder erstere Vorgehensweise aktiv. Da bereits Skizzen erzeugt wurden, müssen Sie dies für unser Bauteil jedoch umstellen. Dafür setzen Sie auf der Registerkarte *Schnitte* den Punkt vor *Ausgewählte Schnitte* (siehe Bild 3.90).

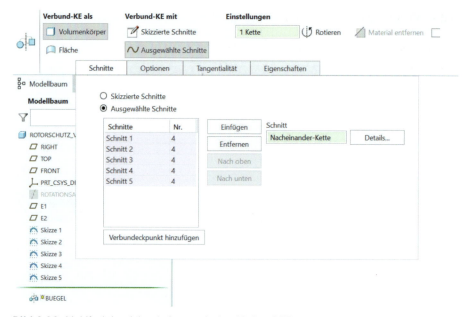

Bild 3.90 Multifunktionsleiste bei rotatorischen Verbund-KE

Insgesamt müssen fünf Schnitte eingefügt und jedem eine Skizze zugewiesen werden. Dazu drücken Sie immer zuerst auf die Schaltfläche *Einfügen*, wählen den hinzugefügten Schnitt im Fenster an und klicken anschließend auf die jeweilige Skizze (siehe Bild 3.90). Achten Sie dabei auf die Reihenfolge. Arbeiten Sie sich von der Stelle 1 zur Stelle 5 vor. Falls ein verdrehter Volumenkörper in der Voranzeige zu sehen ist, überprüfen Sie die Lage und die Richtung des ersten Verbindungspunktes. Beides wird hervorgehoben, sobald Sie auf den jeweiligen Schnitt in der Registerkarte *Schnitte* klicken. Wie bereits im vorangegangenen Abschnitt beschrieben, muss dieser, zumindest was die Beispiele in diesem Buch angeht, bei allen Konturen eines KE an der gleichen Stelle sein. Verschieben Sie die Punkte so, dass final die Kontur wie in Bild 3.91 aussieht.

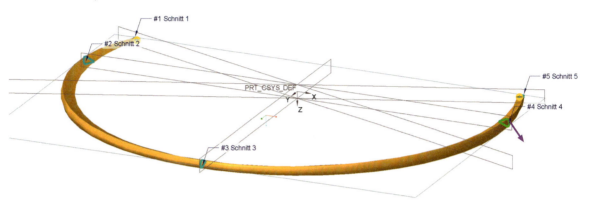

Bild 3.91 Voransicht Bügel Rotorschutz_V1.prt

Alle weiteren Einstellungsmöglichkeiten in der Multifunktionsleiste sind analog zum *Verbund-KE*.

Erstellen Sie den Schutzbügel.

Speichern Sie nun das Bauteil Rotorschutz_V1.prt.

 Speichern

An dieser Stelle können Sie nun zum nächsten Gliederungspunkt springen, oder aber Sie ergänzen noch das Bauteil Rotorschutz_V1.prt um einen Haltearm, indem Sie fortfahren.

Nachdem der Schutzbügel so weit fertig ist, fehlen noch die Anschlüsse zur Rotoraufnahme_V1.prt. Falls Sie die Arbeiten am Rotorschutz unterbrochen haben, öffnen Sie nun das Bauteil Rotorschutz_V1.prt, um es mithilfe eines *Zug-Verbunds* gemäß Abschnitt 3.4.3.3 zu vervollständigen.

Rotorschutz_V1.prt: Haltearm als Zug-Verbund

Schritt 1 – Referenzebenen erstellen: In diesem Fall können Sie auf bereits bestehende Ebenen zurückgreifen, somit entfällt die Erstellung zusätzlicher Referenzebenen.

Schritt 2 – Skizzen erstellen: In diesem Beispiel bietet es sich an, die Querschnitte erst innerhalb der Funktion zu erstellen. Somit wird an dieser Stelle auf das Zeichnen der Querschnitte verzichtet. Sie könnten allerdings auch das gewohnte Vorgehen hier nutzen.

 Skizze

Die Leitkurve wird wie gewohnt vorab als Skizze erstellt. Dazu zeichnen Sie erst eine Leitkurve gemäß Bild 3.92 auf der TOP-Ebene an der Stelle 2.

Leitkurve

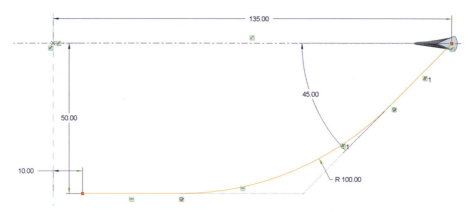

Bild 3.92 Abmessungen der Leitkurve des Haltearms

Zug-Verbund

Schritt 3 – Volumenkörper erstellen: Die Rotoraufnahme wird mit der Funktion *Zug-Verbund* erzeugt. Starten Sie also diese Funktion. Die gezeichnete Leitkurve wird automatisch ausgewählt, was Sie auf der Registerkarte *Referenzen* überprüfen können. Im Gegensatz zu den bisherigen Zug-Verbund-KE werden nun die Querschnitte erst im Feature erzeugt.

Erzeugung der Querschnitte auf der Registerkarte Schnitte

Es werden zwei unterschiedliche Schnitte benötigt, einer am Ende und einer am Anfang der Leitkurve. Wechseln Sie dazu auf die Registerkarte *Schnitte*, und überprüfen Sie, dass *Skizzierte Schnitte* ausgewählt ist (siehe Bild 3.93). Zuerst klicken Sie nun in das Fenster auf den mit einem roten Punkt gekennzeichneten Schnitt 1, überprüfen, ob im grünen Bereich der Schnittposition *Anfang* steht, und anschließend klicken Sie auf die Schaltfläche *Skizze*. Der Skizzierer öffnet sich, und Sie zeichnen einen Kreis gemäß Bild 3.94.

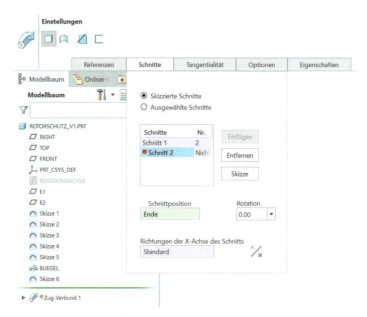

Bild 3.93 Schnitte im KE definieren

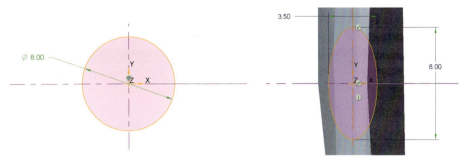

Bild 3.94 Abmessungen der Querschnitte des Haltearms

Nachdem der Kreis erstellt und der Skizzierer beendet wurde, klicken Sie auf die Schaltfläche *Einfügen*, um einen weiteren Schnitt platzieren zu können. Dieser wird automatisch ans Ende der Leitkurve gesetzt. Zeichnen Sie die ebenfalls in Bild 3.94 dargestellt Ellipse. Sobald Sie die zweite Skizze schließen, wird der Haltearm im Voransichtsmodus angezeigt (siehe Bild 3.95). Hinsichtlich der Verbindungspunkte ist kein Eingreifen Ihrerseits notwendig, da Creo bei Kreisen und Ellipsen von Haus aus zwei Verbindungspunkte setzt.

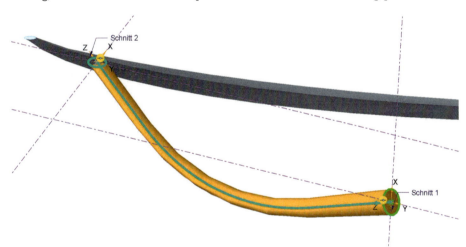

Bild 3.95 Voransicht Haltearm

An dieser Stelle sind keine weiteren Einstellungen notwendig, und Sie können den Haltearm erzeugen.

Zwischenschritt – Mustern: Um dieses Bauteil zu vervollständigen, muss der Haltearm noch gemustert werden. Wie das genau funktioniert, können Sie in Abschnitt 3.5 nachlesen. Nur der Vollständigkeit halber sein an dieser Stelle gesagt, dass Sie zum Vervollständigen des ROTORSCHUTZ_V1.PRT ein Muster des Typs *Achse* brauchen mit drei Mustermitgliedern und einem Winkel zwischen diesen von 90°. Als Rotationsachse ist die bereits konstruierte Referenzachse (siehe Schritt 1) zu wählen.

Das Bauteil ROTORSCHUTZ_V1.PRT ist fertig. *Speichern* Sie es ab.

Rotorschutz_V1.prt: Vervielfältigung des Haltearms mittels Mustern

 Speichern

■ 3.5 Editieren

Bild 3.96 Auswahlfenster *Editieren*

Im Bereich *Editieren* der Registerkarte *Modell* sind verschiedene Funktionen zusammengefasst, die erst anwählbar werden, wenn man bereits mindestens einen Volumen- oder Flächenkörper erstellt hat (siehe Bild 3.96). Für manche sind mehrere Körper notwendig. Die meisten dieser Funktionen werden erst interessant, wenn man mit Flächen arbeitet, deshalb beschränken wir uns in diesem Buch auf die folgenden beiden Features:

- *Muster* und *Geometriemuster*
- *Spiegeln*

3.5.1 Muster und Geometriemuster

Muster/ Geometriemuster

Bei einem *Muster* wird ein oder werden mehrere KE vervielfältigt. Sobald Sie ein Muster erzeugt haben, können Sie von diesem wieder ein Muster erzeugen, ein Muster eines KE-Musters also. Weiter lässt sich diese Kette bei Creo allerdings nicht mehr fortsetzen. Gleiches gilt für *Gruppenmuster*.

Das ausgewählte KE wird als Musterkopf bezeichnet, die durch das Mustern generierten KE als Mustermitglieder. Nehmen Sie eine Änderung am Musterkopf vor, so ändern sich auch alle Mitglieder des Musters.

Gruppe

Es können immer nur einzelne KE gemustert werden. Möchten Sie trotzdem mehrere KE mustern, müssen diese zuerst über den Befehl *Gruppe* zusammengefügt werden. Dabei müssen Sie zuerst die zusammenzufassenden KE im Modellbaum markieren und dann in der Multifunktionsleiste auf der Registerkarte *Modell* unter *Optionen* das Dropdown-Menü öffnen und dort die entsprechende Funktion *Gruppe* wählen. Alternativ und wesentlich schneller finden Sie diese Funktion auch im Kontextmenü, das sich öffnet, sobald Sie beide KE markiert haben.

Muster werden immer parametrisch gesteuert, d. h., Änderungen erfolgen über das Anpassen der Musterparameter, wie unter anderem die Anzahl der Varianten oder der Abstand zwischen einzelnen Varianten.

Doch genug der einleitenden Worte, die konkrete Funktion eines Musters wird am Beispiel des Bauteils PROPELLER_V1.PRT vorgeführt.

Öffnen Sie also zunächst das Bauteil PROPELLER_V1.PRT, das in Abschnitt 3.4.3.4 erstellt wurde.

Öffnen

Propeller_V1.prt: Vervielfältigung der Rotorblätter mittels Muster

Zur Erstellung mehrerer Rotorblätter verfahren Sie wie folgt:

Schritt 1 – KE gruppieren: Nun geht es darum, ein zweites und drittes Rotorblatt hinzuzufügen. Dafür müssen Sie zuerst die einzelnen KE zu einer Gruppe zusammenfassen. Dafür wählen Sie das erste und das letzte KE im Modellbaum an und fassen sie über die Funktion *Gruppe* zusammen. Bild 3.97 zeigt das Vorgehen.

 Gruppe

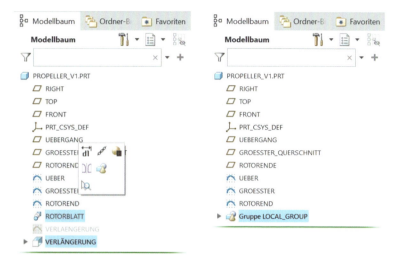

Bild 3.97 Gruppieren von KE

Schritt 2 – Muster erzeugen: Anschließend kann mit dem eigentlichen Mustern begonnen werden. Wählen Sie zunächst das entsprechende KE bzw. in diesem Fall die Gruppe aus, und klicken Sie auf das entsprechende Icon im Bereich *Editieren* in der Multifunktionsleiste.

 Muster

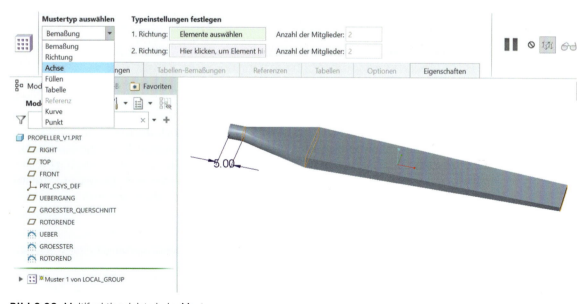

Bild 3.98 Multifunktionsleiste beim Mustern

Creo stellt verschiedene Mustertypen zur Verfügung, die im Dropdown-Menü oben links in der Multifunktionsleiste ausgewählt werden können (siehe Bild 3.98). Für den Propeller benötigen wir den Typ *Achse*, alle weiteren werden im Anschluss an dieses Beispiel erläutert.

Mustertyp: Achse

Dieser Typ wird dazu benötigt, um rotatorische Muster zu erzeugen. Sobald Sie diese gewählt haben, verändert sich die Multifunktionsleiste, wie Bild 3.99 zeigt. Nun gilt es noch, eine Rotationsachse zu wählen. Klicken Sie dazu auf die bereits in Abschnitt 3.4.3.4 erzeugte Achse A_1, die der Schnittgeraden zwischen TOP- und RIGHT-Ebene entspricht. Nachdem eine Achse gewählt wurde, wird im Arbeitsfenster das Muster im Voranzeigemodus dargestellt. Eine vollständige dreidimensionale Anzeige der Geometrie ist nicht möglich. Die Positionen der Mustermitglieder werden mit einem gelben Kreis mit schwarzen Punkt gekennzeichnet, die des Musterkopfes mit einem gelben Kreis mit schwarzem Innenkreis und den beiden Richtungspfeilen sowie die Rotationsachse mit einem gelben Kreis.

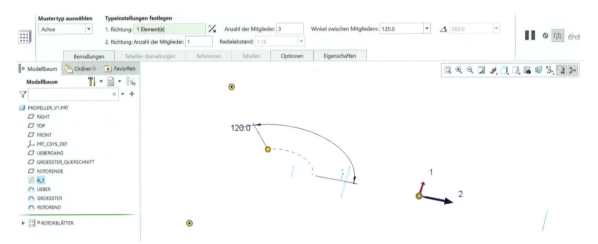

Bild 3.99 Multifunktionsleiste beim Feature *Muster*

In der Multifunktionsleiste finden Sie weiter die beiden Eingabemöglichkeiten für *1. Richtung* und *2. Richtung* (siehe Bild 3.99). Dies ist an dieser Stelle etwas irreführend. Bei *1. Richtung* wählt man die Rotationsachse, und über das dahinterstehende bekannte Pfeilsymbol lässt sich die Rotationsrichtung umkehren. Durch die wiederum sich dahinter befindenden Eingabefenster lässt sich die Anzahl der Mustermitglieder und deren Winkel einstellen. Mit *2. Richtung* legt man fest, wie viele Kopien in radialer Richtung erzeugt werden sollen, und durch das dahinterstehende Fenster legt man den radialen Abstand zwischen den Mitgliedern fest. Für die meisten Anwendungen, wie auch hier, benötigt man keine weiteren Mustermitglieder in radialer Richtung. Die spezifischen Registerkarten der Multifunktionsleiste beim Muster-Feature sind selbsterklärend.

Geben Sie nun an dieser Stelle eine Anzahl von 3 Mitgliedern und einem Winkel von 120° vor (siehe Bild 3.99), und erzeugen Sie das Muster.

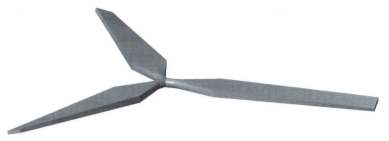

Bild 3.100 Gemusterte Rotorblätter

Zwischenschritt – Rotornabe: Um dieses Bauteil abzuschließen, ist nur noch die Rotornabe zu konstruieren. Hierfür ist ein Rotationskörper zu erstellen.

Nutzen Sie hierfür die in Abschnitt 3.4.2 beschrieben Funktion *Drehen*. Erstellen Sie eine Skizze gemäß Bild 3.101 auf der RIGHT-Ebene.

Propeller_V1.prt: Vervollständigung durch Rotornabe mittels Drehen

 Drehen

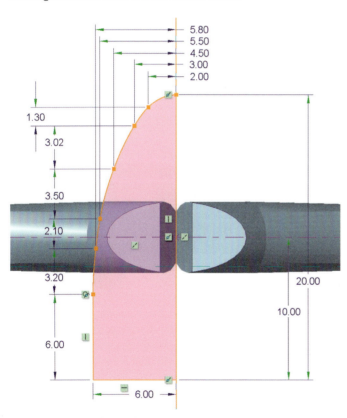

Bild 3.101 Skizze Rotornabe

Herzlichen Glückwunsch, Sie haben das Bauteil PROPELLER_V1.PRT konstruiert. Speichern Sie das Bauteil.

 Speichern

Weitere Mustertypen	Neben dem eben dargestellten Mustertyp *Achse* gibt es weitere Arten des Musterns, die im Folgenden beschrieben werden.
Mustertyp Bemaßung	Bei diesem Typ werden Muster auf Basis steuernder *Bemaßungen* und durch das Festlegen von inkrementellen Änderungen erzeugt. Folgendes Beispiel soll die Funktionsweise verdeutlichen.

Der kleinste Würfel in Bild 3.102 wurde mit einer Kantenlänge von 80 mm und einem Abstand von jeweils 80 mm von den Ebenen erzeugt. Diese beiden Abstände zu den Ebenen und die Höhe des Würfels wurden als steuernde Bemaßung angewählt (<STRG>-Taste beim Auswählen gedrückt halten) und jeweils unterschiedliche Inkremente vorgegeben. Die Anzahl der Mustermitglieder wurde auf 4 gestellt. Alle Mustermitglieder haben die gleiche Grundfläche, da Breite und Länge keine steuernden Bemaßungen sind. Beim ersten Mustermitglied bei jeder steuernden Bemaßung wird jeweils das entsprechende Inkrement hinzuaddiert, sprich, der zweite Körper ist 120 mm (80 + 1 x 40) hoch, von der rechten Ebene 160 mm (80 + 1 x 80) entfernt und von der vorderen 240 mm (80 + 1 x 160) entfernt. Beim dritten Körper wird zu jedem Grundmaß jeweils zweimal das Inkrement hinzugezählt, also beträgt beispielsweise die Höhe 160 mm (80 + 2 x 40) usw.

Bemaßungsmuster können unidirektional oder bidirektional sein.

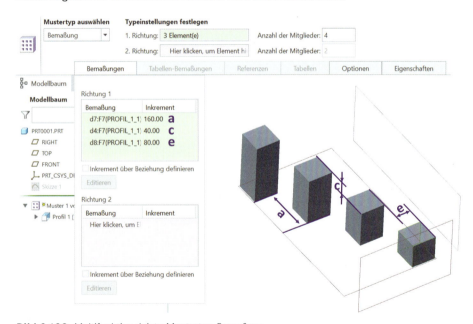

Bild 3.102 Multifunktionsleiste Mustertyp *Bemaßung*

Mustertyp Richtung	Hierbei müssen Sie eine *Richtung* festlegen, in die das Muster erzeugt werden soll (siehe Bild 3.103). Wenn Sie eine Kante oder eine Achse wählen, dann erfolgt die Musterung entlang dieser, bei der Wahl einer Ebene oder Fläche erfolgt sie normal dazu. Durch die Wahl des Inkrements legen Sie den Abstand zwischen den Mustermitgliedern fest. Die Anzahl wird auf die gleiche Weise festgelegt, wie bei den bisherigen Mustertypen. Durch die Wahl einer zweiten Richtung ist es möglich, ein Gitter an Mustergliedern zu erzeugen.

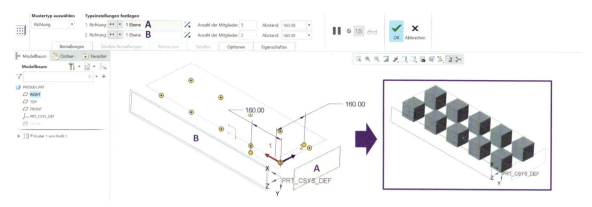

Bild 3.103 Mustertyp *Richtung*

Füllen: Mithilfe dieses Typs lässt sich eine Skizze mit einem Muster von KE füllen. Das Beispiel in Bild 3.104 verdeutlicht dies.

Mustertyp Füllen

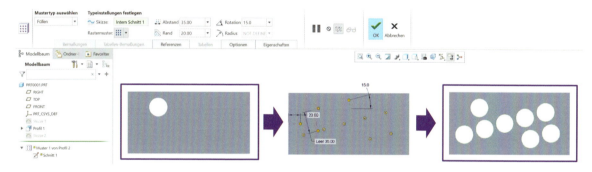

Bild 3.104 Mustertyp *Füllen*

Es wurde ein quaderförmiger Volumenkörper mit einer Bohrung erzeugt. Aktiviert man nun das Feature *Muster* und dabei den Typ *Füllen*, so ist zuerst eine Skizze vorzugeben. Das erfolgt über die Registerkarte *Referenzen* in der Multifunktionsleiste. Hier können Sie entweder eine bereits bestehende Skizze wählen oder, wie hier, eine neue erzeugen. In diesem Fall wurde einfach auf der Oberfläche des Volumenkörpers dessen Kontur übernommen. Über das nebenstehende Dropdown-Menü lässt sich die Art des Musters einstellen, wir belassen es bei dem Rechteckmuster. Über das nächste Eingabefenster legen Sie den Abstand zwischen den Mittelpunkten einzelner Mustermitglieder fest. Nebenstehend geben Sie den Abstand zwischen den Begrenzungslinien der Skizze und dem Mittelpunkt der Mustermitglieder vor. Über die Eingabefläche neben dem Winkelsymbol lässt sich die gesamte Ausrichtung des Musters bezogen auf den Musterkopf festlegen.

Tabelle: Dieser Typ bestimmt das Muster durch die Verwendung einer Mustertabelle. Dabei müssen ähnlich wie bei den eben beschriebenen Typen Bemaßungen ausgewählt werden. Anschließend kann eine Tabelle erzeugt und editiert werden. Beachten Sie dabei die spezielle Schreibweise der einzelnen Einträge.

Mustertyp Tabelle

Mustertyp Referenz

Referenz: Hierdurch besteht die Möglichkeit, ein zweites Muster analog zu einem ersten zu erzeugen. Ändert man das erste Muster, so ändert sich das zweite gleich mit.

Mustertyp Kurve

Kurve: Das KE bzw. die Gruppe an KE kann hier entlang einer beliebig vorzugebenden Kurve gemustert werden. Dafür muss, nachdem der Musterkopf erzeugt und im Musterwerkzeug im Dropdown-Menü der Kurventyp ausgewählt wurde, über die Registerkarte *Referenzen* die Skizze mit der Leitkurve erstellt werden. In Bild 3.105 wurde ein Quader entlang eines Splines gemustert. Grundsätzlich gibt es zwei unterschiedliche Mustervarianten bei diesem Typ. Entweder gibt man über das Feld mit den Nummern neben dem Spline eine maximale Anzahl an Mustermitgliedern vor, oder man definiert einen Abstand zwischen ihnen.

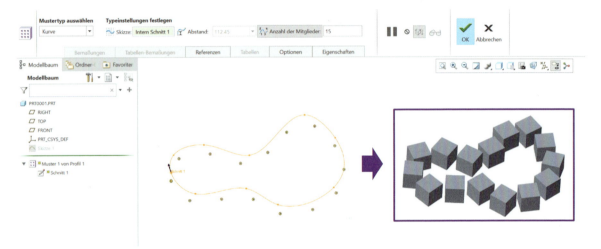

Bild 3.105 Mustertyp *Kurve*

Mustertyp Punkt

Dieser Typ platziert die Mustermitglieder anhand von Punkten, die entweder über eine interne oder externe Skizze oder durch ein Bezugs-KE vorgegeben werden.

Geometriemuster

Im Gegensatz zum *Muster* werden beim *Geometriemuster* die gewählten Flächen, Kurven oder KE nur kopiert. Auch bei dieser Art des Musterns stehen wieder die verschiedenen Mustertypen zur Auswahl, lediglich *Bemaßung* und *Referenz* sind hier nicht verfügbar. Das Vorgehen ist analog zu dem beim „normalen" Muster.

Eine Besonderheit sind die fünf verschiedenen Anbindungsoptionen, die in Tabelle 3.14 aufgeführt sind.

Tabelle 3.14 Möglichkeiten zur Anbindung

Symbol	Bezeichnung	Verwendung/ Funktion
	Verlängern/Trimmen	Hierbei werden die einzelnen Sammelflächen manipuliert, sodass sie immer an die Basisgeometrie angebunden sind, diese aber auch nicht durchdringen.
	Kopieren	Die ausgewählten Flächen, Kurven, KE, ... werden hier nur kopiert und an den entsprechenden Positionen eingefügt. Dabei können die Mustermitglieder auch frei im Raum stehen, sie werden nicht an die Basisgeometrie angeschlossen.
	Füllen	Diese Option füllt das durch die Sammelfläche definierte Volumen mit Material, es wird aber kein vorhandenes Material entfernt. Beachten Sie bei der Positionierung, dass die Sammelflächen genauso mit dem Basiskörper verbunden sein müssen wie die Auswahl, sonst kann kein Muster oder nur ein fehlerhaftes erstellt werden.
	Entfernen	Dieses Tool verhält sich ähnlich wie die Option *Füllen*, nur dass hier das durch die Sammelflächen begrenzte Material aus dem Volumen entfernt wird. Analog zum Füllen wird hier aber auch kein Material hinzugefügt. Allerdings gibt es keine Einschränkungen bei der Positionierung.
	Füllen/Entfernen	Hierbei wird innerhalb des von den Sammelflächen begrenzten Volumens Material hinzugefügt bzw. von dem bestehenden Volumen entfernt. Entscheidend ist dabei das Verhältnis zwischen den Mustermitgliedern und der angrenzenden Geometrie.

3.5.2 Spiegeln

Ein weiteres wichtiges Feature zum Vervielfältigen von Elementen ist das *Spiegeln*, das anhand des Bauteils KAMERAUFNAHME_V1.PRT erläutert wird.

Beispiel: Kameraufnahme_V1.prt

Erstellen Sie also zunächst ein neues Bauteil mit dem Namen KAMERAUFNAHME_V1.PRT (siehe Bild 3.106).

 Neues Teil

Bild 3.106 Bauteil KAMERAAUFNAHME_V1.PRT

Ehe wir die Funktion *Spiegeln* jedoch anwenden können, müssen noch ein paar Vorarbeiten erledigt werden.

Kameraufnahme_V1.prt: Vorarbeiten als Profil

Profil

Zwischenschritt – Grundkörper erstellen: Nutzen Sie hierfür die Funktion *Profil* aus Abschnitt 3.4.1. Zeichnen Sie die Grundplatte der Kameraaufnahme mit den Abmessungen, die Bild 3.107 zu entnehmen sind, auf die TOP-Ebene, sodass die RIGHT-Ebene die Symmetrieebene bildet. Vergessen Sie nicht die Grundplatte auf der Registerkarte *Eigenschaften* entsprechend zu benennen. Nach der Extrusion der Platte fügen Sie noch die ebenfalls in Bild 3.107 bemaßte Senkung hinzu.

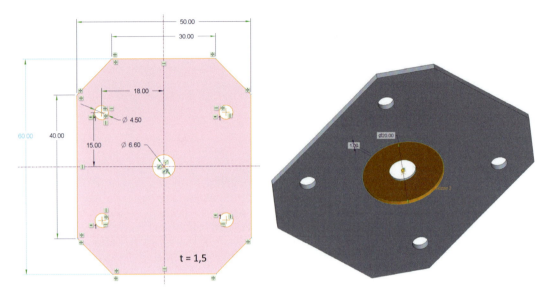

Bild 3.107 Abmessungen KAMERAAUFNAHME_V1.PRT Grundplatte

Zwischenschritt – Aufnahme erzeugen: Erzeugen Sie eine Hilfsebene mit 1,5 mm Abstand zur RIGHT-Ebene, die Richtung ist in diesem Fall zweitrangig. In Bild 3.108 rechts ist die RIGHT-Ebene grün hervorgehoben. Auf die eben erstellte Hilfsebene skizzieren Sie die in Bild 3.107 dargestellte Kontur, extrudieren einen 3 mm starken Körper und nennen diesen AUFNAHME.

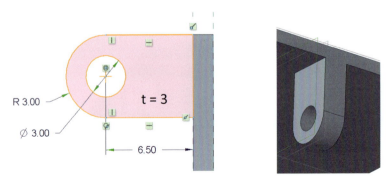

Bild 3.108 Abmessungen KAMERAAUFNAHME_V1.PRT Aufnahme

Schritt 1 – Zu spiegelndes Element wählen: Wählen Sie zunächst das Objekt aus, das gespiegelt werden soll. In diesem Beispiel wird der Teilkörper „Aufnahme", der im vorangegangenen Arbeitsschritt erzeugt wurde, angeklickt. Ist ein Objekt ausgewählt, wird die Funktion *Spiegeln* im Bereich *Editieren* innerhalb der Multifunktionsleiste aktiv und kann genutzt werden.

Kameraaufnahme_V1.prt: zweite Aufnahme als Spiegelteil

Schritt 2 – Spiegelung erzeugen: Aktivieren Sie die Funktion *Spiegeln*.

Spiegeln

Als Erstes muss nun die Spiegelebene gewählt werden. Dies kann eine Ebene, aber auch eine ebene Körperkante sein. In diesem Beispiel wird die Ebene RIGHT gewählt. Die eingestellte Ebene erscheint auf der Registerkarte *Referenzen* (siehe Bild 3.109).

Spiegelebene

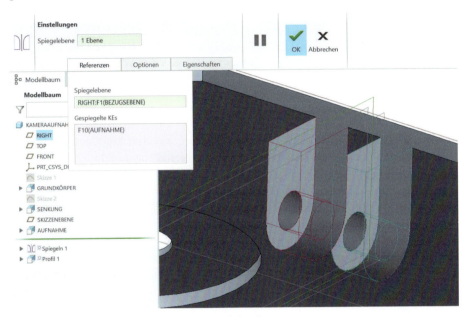

Bild 3.109 Multifunktionsleiste des Features *Spiegeln*

Auf der Registerkarte *Optionen* kann eingestellt werden, ob die Spiegelung eine abhängige (violettes Symbol) oder unabhängige Kopie (blaues Symbol) sein soll. Bei der unabhängigen Variante können nach dem Spiegeln Maße definiert werden, die anschließend sowohl beim Ursprungs-KE als auch bei den Kopien frei geändert werden können. Bei der abhängigen Variante können Änderungen nur am Ursprungs-KE vorgenommen werden, und alle Kopien ändern sich dann entsprechend mit. Wichtig ist: haben Sie einmal eine unabhängige Spiegelung generiert, dann lässt sich über *Definitionen editieren* dieses nicht mehr rückgängig machen. Hier ist eine vollständig abhängige Kopie zu erzeugen. Bestätigen Sie die getroffenen Einstellungen mit *OK*.

Abhängige und unabhängige Kopie

Um mehrere KE auszuwählen, die gespiegelt werden sollen, halten Sie die <STRG>-Taste beim Anwählen gedrückt. Sie können auch Bezüge oder reine Geometrien spiegeln. Um die Selektion zu vereinfachen, stellen Sie unten rechts im Auswahlfilter das Gewünschte ein.

Wenn Sie das Ganze bisher erzeugte Teil spiegeln wollten, dann klicken Sie mit der linken Maustaste auf den Namen des Teils im Modellbaum (ganz oben). Im Arbeitsfenster wird es dann in Orange dargestellt. Nun wird auch die *Spiegeln*-Funktion anwählbar.

 Speichern

Damit ist die KAMERAAUFNAHME_V1.PRT fertig. *Speichern* und schließen Sie das Bauteil.

■ 3.6 Konstruktion

Bild 3.110 Auswahl des Bereichs *Konstruktion*

In diesem Abschnitt werden die wichtigsten Features aus dem Multifunktionsleistenbereich *Konstruktion* auf der Registerkarte *Modell* vorgestellt (siehe Bild 3.110):

- *Schräge*
- *Rundung*
- *Fase*
- *Schale*
- *Rippe*
- *Bohrung*

Beispiel: Körper_V1.prt

Sämtliche Funktionen werden anhand des Bauteils KÖRPER_V1.PRT vorgestellt.

Neues Teil

Erstellen Sie also zunächst ein neues Bauteil, und nennen Sie es KÖRPER_V1.PRT (siehe Bild 3.111).

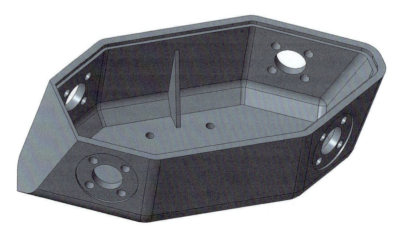

Bild 3.111 Bauteil KÖRPER_V1.PRT

3.6 Konstruktion

Beginnen wir mit der vorbereitenden Konstruktion des Grundkörpers.

Zwischenschritt – Erstellung des Grundkörpers: Der Grundkörper wird gemäß Abschnitt 3.4.1 als *Profil* erzeugt. Aktivieren Sie also die Funktion *Profil* der Multifunktionsleiste. Erstellen Sie eine Skizze mit den in Bild 3.112 gezeigten Abmessungen auf der TOP-Ebene. Da erst einmal nur ein Halbmodell konstruiert wird, ist es wichtig, dass die Skizze so platziert wird, dass die FRONT-Ebene als Symmetrieebene für den gesamten Körper fungieren kann. Extrudieren Sie die Kontur 50 mm in y-Richtung. Das entstehende Volumenmodell stellt zunächst den halben Grundkörper dar.

Speichern Sie das Modell, um es für die Beispiele der folgenden Abschnitte weiternutzen zu können.

Körper_V1.prt: Grundkörper als Profil

 Profil

 Speichern

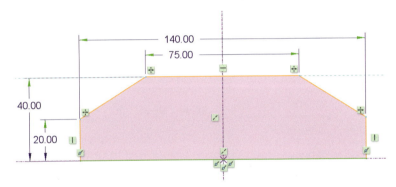

Bild 3.112 Abmessungen Grundkörper

Kommen wir nun zu den einzelnen Werkzeugen des Konstruktionsbereichs der Multifunktionsleiste.

3.6.1 Schräge

Mit der Funktion *Schräge* lässt sich der Winkel zwischen zwei Flächen entlang ihrer Schnittlinie manipulieren. Dazu stehen grundsätzlich zwei unterschiedliche Varianten zur Verfügung.

- *Schräge*
- *Variable Öffnungsrichtungsschräge*
- Auf Letztere wird in diesem Buch nicht eingegangen.

 Schräge/ Variable Öffnungsrichtungsschräge

Durch das Anbringen von Schrägen soll der Luftwiderstand des Körpers der Drohne in Flugrichtung verringert werden. Grundsätzlich gilt, dass sowohl Körperflächen als auch Sammelflächen schräg angestellt werden können, aber nicht beides gleichzeitig in einem Feature. Die zuerst gewählte Fläche legt den Typ der folgenden Flächen fest.

Kurz vorab zu Bezeichnung der wichtigen Komponenten:

- *Schrägenflächen* bezeichnen die Fläche oder die Flächen, die schräg angestellt werden sollen.

- *Schrägenscharniere* definieren die Kurve oder die Linie, um die die Auswahl gedreht werden soll. Sie können entweder durch die direkte Auswahl der Kante(n) oder durch die Wahl einer Ebene oder Körperfläche definiert werden, die die Auswahl entsprechend schneidet.
- Die *Öffnungsrichtung* bestimmt die Richtung, von der aus der positive Winkel definiert wird. Dies kann anhand einer Ebene, Kante, Geraden oder Fläche geschehen.
- *Schrägungswinkel* müssen zwischen –89,9° und +89,9° liegen.

Körper_V1.prt:
Anbringen von Schrägen

Die Funktion wird am Beispiel des Bauteils KÖRPER_V1.PRT erläutert.

 Öffnen

Falls Sie Ihre Arbeiten zwischenzeitlich unterbrochen haben, *Öffnen* Sie jetzt das Modell mit dem in Abschnitt 3.6 erstellten Grundkörper.

 Schräge

Schritt 1 – Funktion aktivieren: Zunächst richten Sie das bereits erzeugte Bauteil KÖRPER_V1.PRT gemäß Bild 3.113 aus und aktivieren anschließend die Funktion *Schräge*. Am übersichtlichsten ist es, wenn Sie die Registerkarte *Referenzen* öffnen, ehe Sie die verschiedenen Flächen und oder Kanten auswählen.

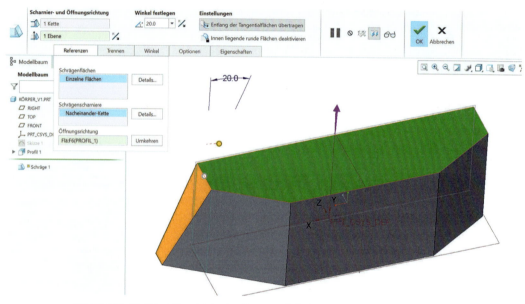

Bild 3.113 Multifunktionsleiste des Features *Schräge*

Schrägenflächen

Schritt 2 – Schrägenflächen festlegen: Im Bereich *Schrägenflächen* können Sie die Fläche bzw., wenn Sie die <STRG>-Taste gedrückt halten, auch mehrere Flächen wählen, deren Winkel verändert werden soll. Wählen Sie nun die in Bild 3.113 orangefarben eingefärbte Fläche aus.

Schrägenscharniere

Schritt 3 – Schrägenscharniere festlegen: Als Nächstes müssen Sie das Schrägenscharnier bzw. die *Schrägenscharniere* wählen. Bezogen auf diese Kanten oder Flächen wird der Winkel der vorher getroffenen Auswahl verändert. Konkret wählen Sie hier die in Bild 3.114 grün eingefärbte Fläche als Scharnier. Alternativ können Sie auch die Kante zwischen beiden Flächen als Scharnier wählen, das Resultat bleibt gleich.

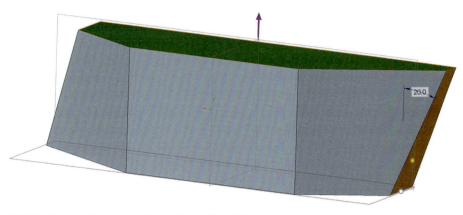

Bild 3.114 Schräge auf der Rückseite des Grundkörpers

Schritt 4 – Öffnungsrichtung festlegen: Als *Öffnungsrichtung* wählen Sie die gleiche Fläche wie als Schrägenscharnier aus.

Öffnungsrichtung

 Allgemein können Flächen, Kanten, Bezugsebenen oder -geraden als Scharniere und Öffnungsrichtung definiert werden.

Schritt 5 – Winkel festlegen: Nun lässt sich in der Multifunktionsleiste der Winkel zwischen beiden Ebenen verändern. Stellen Sie diesen auf 20°. Falls die Neigung der Fläche genau andersherum ist, als in Bild 3.114 dargestellt, lässt sich das entweder über die Eingabe eines Winkels von – 20° oder durch eine Umkehr der Richtung über einen Klick auf den violetten Pfeil umkehren.

Winkel

 HINWEIS: Sehen Sie sich nun Ihren Arbeitsbereich oder Bild 3.114 genauer an. Der weiße Punkt markiert die Kante, um die der Winkel der ausgewählten Fläche geändert wird. Wenn Sie auf den gelben Punkt klicken und die Maustaste gedrückt halten, können Sie den Neigungswinkel der Fläche mit dem Mauszeiger verändern.

Schritt 6 – Einstellungen bestätigen: An dieser Stelle sind Sie mit diesem Teilschritt der Konstruktion fertig und können die Schräge mit einem Klick auf den grünen Haken oder mit der mittleren Maustaste bestätigen.

Nachdem Sie die Schräge auf der Vorderseite erstellt haben, wiederholen Sie nun das Vorgehen für die Rückseite. Erzeugen Sie eine zweite Schräge gemäß Bild 3.114. Beachten Sie, dass nicht die obere, sondern die untere Kante als Scharnier gewählt wird.

Auf der Rückseite wiederholen

Der Grundkörper ist nun an zwei Seiten abgeschrägt, und Sie können das Bauteil Körper_V1.prt *Speichern*, um es für weitere Funktionen nutzen zu können.

 Speichern

Registerkarte Trennen Weiterführend soll nur noch kurz auf die Registerkarte *Trennen* eingegangen werden. Hier lässt sich eine ebene Fläche entlang einer Skizze, des Schrägenscharniers oder einer anderen Kante trennen. Es können verschiedene Trennoptionen und Seitenoptionen eingestellt werden. Exemplarisch sei an dieser Stelle nur der nachfolgende Fall genauer erläutert. Auf einer ebenen Körperfläche wurde ein Spline gezeichnet, der als Schrägenscharnier fungiert. Auf der Registerkarte *Trennen* wurde als Trennoption *An Schrägenscharnier trennen* und als Seitenoption *Seiten unabhängig abschrägen* gewählt. Mit den entsprechenden Winkeln von 10° und 30° lässt sich die in Bild 3.115 sichtbare Geometrie darstellen.

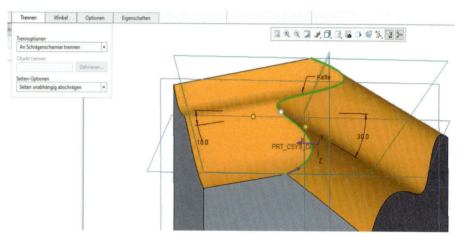

Bild 3.115 Funktion *Trennen* entlang eines Splines

3.6.2 Fase

Kantenfase/ Eckenfase

Fasen, also abgeschrägte Kanten oder Ecken, können über die Funktionen *Kantenfase* bzw. *Eckenfase* im Bereich *Konstruktion* erstellt werden. Grundsätzlich hat man zwei verschiedene Modi, zwischen denen man beim Erzeugen von Fasen wählen kann, den *Satzmodus* und den *Übergangsmodus* (siehe Bild 3.116 oben links). Mit Letzterem lassen sich die Standardübergänge zwischen Fasen anpassen. In den meisten Fällen sind jedoch diese Standardübergänge völlig ausreichend, weshalb an dieser Stelle nicht näher auf diese Thematik eingegangen wird. Standardmäßig ist der *Satzmodus* aktiv und wird im Folgenden beschrieben.

Möchte man bei einem Bauteil Fasen vorsehen, so sind in erster Linie Sätze zu definieren. Unter einem Satz werden bei Creo Kanten zusammengefasst, die auf die gleiche Art und Weise abgeschrägt werden sollen. Das ist wichtig, wenn Sie beispielsweise drei Kanten gleich bearbeiten möchten, so müssen Sie alle drei Kanten mit gedrückter <STRG>-Taste nacheinander anwählen. Auf der Registerkarte *Sätze* werden die Kanten dann unter *Referenzen* aufgelistet. Je nach Einstellung sind im darunterliegenden Bereich der Registerkarte die Abmessungen der Fase anzugeben. Halten Sie die <STRG>-Taste beim Auswählen der Kanten nicht gedrückt, wird für jede Kante ein neuer Satz angelegt. In diesem Fall kann jeder Kante eine andere Abmessung oder sogar Definition zugewiesen werden.

Wenden Sie die Funktion gleich an, und versehen Sie Teile der unteren Kante unseres Drohnenkörpers KÖRPER_V1.PRT mit einer Fase.

Körper_V1.prt: Fasen am Körper der Drohne

 Kantenfase

Schritt 1 – Funktion aktivieren: Wählen Sie zunächst die Funktion *Kantenfase* in der Multifunktionsleiste aus. Alternativ können Sie auch zuerst die zu fasenden Kanten mit gedrückter <STRG>-Taste wählen und anschließend im Kontextmenü die Funktion *Fasen* aktivieren. (Bleiben wir aber erst einmal bei der Variante ohne vorherige Kantenwahl.)

Schritt 2 – zu fasende Kanten auswählen: Wählen Sie gemäß Bild 3.116 die unteren drei Kanten aus. Die ausgewählten Kanten erscheinen auf der Registerkarte *Sätze* unter *Referenzen* und werden als *Satz 1* zusammengefasst.

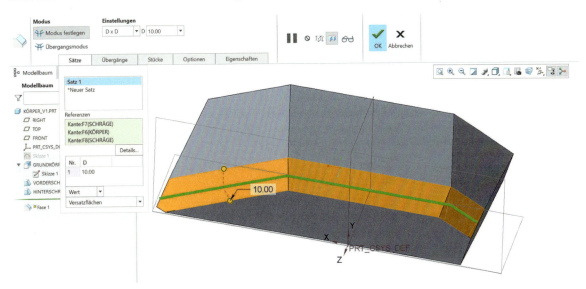

Bild 3.116 Fasen an der Unterseite des Grundkörpers

Schritt 3 – Einstellungen treffen: Wenn Sie das Dropdown-Menü der Einstellungen in der Multifunktionsleiste öffnen, sehen Sie die unterschiedlichen Typen, die Creo anbietet, um Fasen zu erstellen. Sie können die unterschiedlichen Typen auch im Arbeitsbereich auswählen, wenn Sie auf das angezeigte Maß klicken, wie es in Bild 3.117 dargestellt ist. Anhand der schematischen Darstellung lässt sich gut erkennen, wie die einzelnen Typen definiert werden. Je nachdem, welcher Typ verwendet wird, ändern sich auch die von Ihnen vorzugebenden Abmessungen bzw. Referenzen. Geben Sie eine Fase des Typs D × D mit D = 10 mm vor.

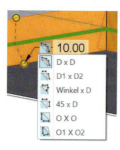

Bild 3.117 Kontextmenü beim Feature *Fasen*

Schritt 4 – Fase erzeugen: Erzeugen Sie die Fasen, indem Sie die getroffenen Einstellungen mit *OK* bestätigen.

> **HINWEIS:** Es müssen auch nicht zwingend Kanten vorgegeben werden, die dann anschließend mit einer Flanke versehen werden. Genauso ist es möglich, eine Kante und eine Fläche oder auch zwei Flächen zu wählen.

 Speichern

 Eckenfase

Der Grundkörper besitzt nun eine Fase, und Sie können das Bauteil KÖRPER_V1.PRT *Speichern*, um es für weitere Funktionen nutzen zu können.

An dieser Stelle soll noch kurz auf das andere Fasen-Werkzeug eingegangen werden, auch wenn es beim Grundkörper keine Verwendung findet. Denn weiter bietet Creo die Möglichkeit, über die gleichnamige Funktion eine *Eckenfase* zu generieren. Dazu öffnen Sie das Fasen-Dropdown-Menü in der Multifunktionsleiste durch einen Klick auf die nach unten gerichtete Pfeilspitze. Als Erstes müssen Sie nun einen Eckpunkt wählen und anschließend über die Abmessungen D1, D2 und D3 die jeweiligen Eckpunkte Ihrer neuen Fläche auf den Kanten Ihrer bestehenden Geometrie definieren (siehe Bild 3.118).

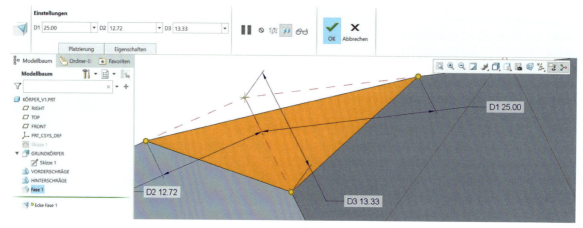

Bild 3.118 Multifunktionsleiste des Werkzeugs *Eckenfase*

3.6.3 Rundung

Das Vorgehen beim Erzeugen von Rundungen ist analog zu dem bei Fasen in Abschnitt 3.6.2. Die Funktion wird über *Rundung* im Bereich *Konstruktion* der Multifunktionsleiste aktiviert.

 Rundung

Wie Bild 3.119 zeigt, können grundsätzlich konstante (gelb), variable (blau), kurvengesteuerte (grün) und volle (rot) Rundungen erzeugt werden. Die am häufigsten verwendete Variante ist die Konstante, die im Folgenden auch erst einmal näher beschrieben wird.

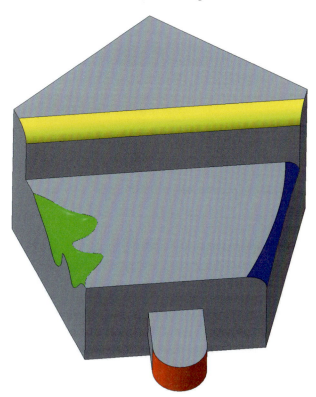

Bild 3.119 Verschiedene Rundungstypen

Die Auswahl der in einem Satz zusammenzufassenden Kanten wird wieder mit gedrückter <STRG>-Taste vorgenommen, ansonsten erzeugt man mehrere Sätze. Auch hier können verschiedene Typen gewählt werden. Standardmäßig ist der kreisförmige Typ aktiv, den man über die Vorgabe eines Radius definiert. Dies erfolgt entweder über den Eingabebereich in der Multifunktionsleiste unterhalb von *Einstellungen* oder direkt im Arbeitsbereich durch ein Klicken auf den angezeigten Zahlenwert.

Einige Kanten des Drohnenkörpers KOERPER_V1.PRT sollen nun mit Rundungen versehen werden.

Koerper_V1.prt: Rundungen am Körper der Drohne

Rundung

Schritt 1 – Funktion aktivieren: Wählen Sie zunächst die Funktion *Rundung* im Bereich *Konstruktion* der Multifunktionsleiste.

Schritt 2 – zu rundende Kanten auswählen: Wählen Sie die in Bild 3.120 angezeigten Kanten aus. Bei mehreren über die <STRG>-Taste ausgewählten Kanten werden diese analog zur Funktion *Fase* auf der Registerkarte *Sätze* zu einem Satz zusammengefasst.

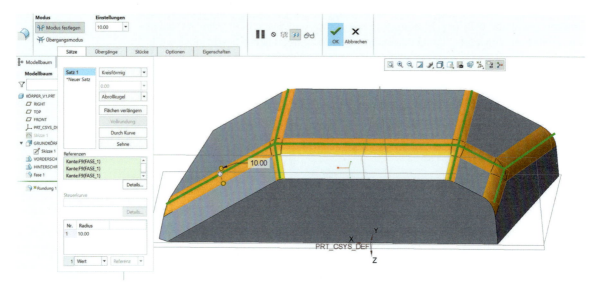

Bild 3.120 Multifunktionsleiste beim Werkzeug *Runden*

Schritt 3 – Einstellungen treffen: Verwenden Sie zunächst die Standardeinstellungen, und stellen Sie einen *Radius* von 10 mm ein.

Schritt 4 – Rundung erzeugen: Erzeugen Sie die Rundungen, indem Sie die getroffenen Einstellungen mit *OK* bestätigen.

 Speichern

Der Grundkörper besitzt nun eine Rundung. Sie können das Bauteil KÖRPER_V1.PRT nun *Speichern*.

Im Folgenden finden Sie weiterführende Informationen zum Thema Rundungen.

Registerkarte Sätze

Über die Registerkarte *Sätze* lassen sich weiter auch die verschiedenen Querschnittsformen einstellen. Zur Auswahl stehen die in Tabelle 3.15 aufgeführten Querschnittsformen.

Tabelle 3.15 Verschiedene Querschnittsformen beim Runden

Bezeichnung	Verwendung/Funktion
Kreisförmig	Standard, definiert die Rundung über einen Radius oder eine Sehne
Kegel	Hierüber lässt sich die Spitzheit der Kegelform über den sogenannten Konikparameter definieren, der zwischen 0,05 und 0,95 liegen muss. Der Wert 0,5 entspricht einem Radius. Je größer der Konikparameter ist, desto spitzer fällt der Kegel aus. Wird er kleiner, flacht der Kegel ab.

Bezeichnung	Verwendung/Funktion
D1 × D2 konisch	Hier lassen sich über die Faktoren D1 und D2 die Schenkellängen des Kegels verändern. Auch zwei unterschiedliche Schenkellängen sind möglich.
C2-kontinuierlich	Hierbei wird eine Spline-Form festgelegt und die kegelige Länge über den sogenannten C2-Formfaktor zwischen 0 und 0,95 beschrieben. Der Effekt des C2-Formfaktors auf die Spline-Form entspricht dem Effekt des Rho-Faktors auf einen konischen Bogen. Diese Option ist nur für konstante Rundungssätze verfügbar.
D1 × D2 C2	Kombiniert die letzten beiden Varianten

Wie eingangs erwähnt, gibt es neben den Querschnittsformen auch unterschiedliche Varianten bei der Erzeugung von Rundungen.

Um Rundungen mit variablen Radien zu erzeugen, müssen Sie lediglich nach der Auswahl der Kanten in der Registerkarte *Sätze* ganz unten im Bereich *Radien* neue Radien hinzufügen. Dies lässt sich mit einem Klick ins Feld mit der rechten Maustaste und dann über einen Klick mit der rechten Maustaste auf die erscheinende Schaltfläche realisieren. Der erste und der zweite Eintrag definieren den Radius an den Enden der Kante. Die Position aller weiteren Radien kann über eine prozentuale Angabe der Kantenlänge mit Werten zwischen 0 und 1 vorgegeben werden. Alternativ kann auch eine Positionierung über eine Referenz vorgenommen werden. Gleiches gilt auch für sämtliche Radien (siehe Bild 3.121).

Rundungen mit variablen Radien

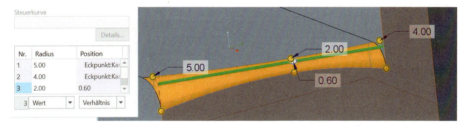

Bild 3.121 Variable Rundung

Für kurvengesteuerte Rundungen muss in einem ersten Schritt eine entsprechende Verfahrkurve definiert werden. Dafür skizzieren Sie eine entsprechende Kontur auf der Körperoberfläche oder einer Referenzebene. Wenn Sie mit der Skizze den Körper verlassen, wird in diesen Bereichen kein Radius erzeugt. Falls Sie beim Skizzieren der Kurve Hinterschneidungen erzeugen, kann das Feature auch keine Geometrie generieren. Sobald Sie die Skizze erstellt haben, aktivieren Sie anschließend das Feature *Rundung* und wählen unter der Registerkarte *Sätze* die Schaltfläche *Durch Kurve*. Nun müssen Sie lediglich noch die eben gezeichnete Kontur wählen, und es wird Ihnen die kurvengesteuerte Rundung im Arbeitsfenster angezeigt (siehe Bild 3.122).

Kurvengesteuerte Rundung

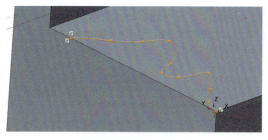 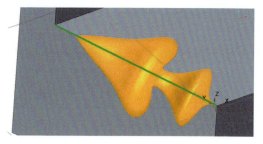

Bild 3.122 Rundung auf Basis einer Kurve

Die letzte Möglichkeit, Rundungen zu erzeugen, ist die Vollrundung. Dazu aktivieren Sie das Werkzeug *Rundung* und wählen zwei gegenüberliegende Flächen aus (in Bild 3.123 grün dargestellt). Anschließend müssen Sie eine zwischen diesen liegende Verfahrfläche anklicken. Im nachfolgenden Beispiel ist dies die Vorderfläche des Quaders, die in der Vorschau nur noch als roter Rahmen zu sehen ist. Weitere spezifische Einstellungen sind an dieser Stelle nicht mehr vorzunehmen.

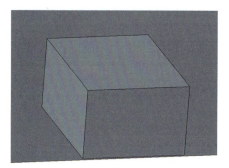 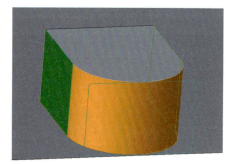

Bild 3.123 Rundung mit der Funktion *Automatische Rundung*

Automatische Rundung

Creo bietet weiter die Option, Körper auch automatisch mit Rundungen zu versehen. Diese Funktion erreichen Sie über das Dropdown-Menü *Rundung* in der Multifunktionsleiste. Hier kann ausgewählt werden, ob sowohl konvexe als auch konkave Rundungen generiert werden und ob diese den gleichen Radius haben sollen. Unter der Registerkarte *Umfang* kann man außerdem einstellen, ob der ganze bisher erstellte Körper abgerundet oder ob sich auf bestimmte Kanten beschränkt werden soll. Wenn Sie nur bestimmte Kanten oder Teile Ihrer Geometrie abrunden möchten, so können Sie dies auch über das Aufziehen eines Rahmens bewerkstelligen, der die entsprechende Teilgeometrie umschließt. Auch können einzelne Kanten über die gleichnamige Registerkarte ausgeschlossen werden.

3.6.4 Schale

Mithilfe der Funktion *Schale* höhlen Sie Ihr Volumenmodell aus und erzeugen somit unter der Vorgabe einer Wandstärke eine Schale. Die Funktion *Schale* findet sich im Bereich *Konstruktion* der Multifunktionsleiste.

 Schale

In unserem Drohnenkörper soll später ausreichend Platz für das Innenleben sein, deswegen wird ausgehöhlt. Bevor wir damit beginnen, müssen wir jedoch zunächst unser Halbmodell zum Gesamtkörper erweitern.

Koerper_V1.prt: Schalen des Drohnenkörpers

Zwischenschritt – Halbmodell spiegeln: Hierzu verwenden Sie die Funktion *Spiegeln* aus Abschnitt 3.5.2. Wählen Sie das gesamte bisher erstellte Modell aus. Klicken Sie dazu auf den KOERPER_V1.PRT im Modellbaum. Sobald Sie den gesamten Körper ausgewählt haben, wird das Feature *Spiegeln* im Bereich *Editieren* auswählbar. Spiegeln Sie den Körper an der FRONT-Ebene. Der Vorteil dieser Vorgehensweise ist, dass alle bisher erstellten Fasen, Rundungen und Schrägen mit gespiegelt werden und nicht separat erstellt werden müssen. Der Aufwand einer Modellerstellung lässt sich also durch eine durchdachte Vorgehensweise erheblich reduzieren. Nun ist das Modell bereit, geschalt zu werden.

 Spiegeln

Schritt 1 – Funktion aktivieren: Es wird die Funktion *Schale* aus dem Bereich *Konstruktion* der Multifunktionsleiste verwendet.

 Schale

 HINWEIS: Die Funktion Schale bezieht sich auch ohne Auswahl immer auf das gesamte bisher erstellte Bauteil. Achten Sie also besonders bei der Anwendung dieses Werkzeugs auf die Reihenfolge. Im Beispiel aus Bild 3.124 sehen Sie zum einen ein Bauteil, das zuerst geschalt und dann gefast wurde (links), zum anderen ein Bauteil, bei dem zuerst die Fase angebracht und dann geschalt wurde (rechts).

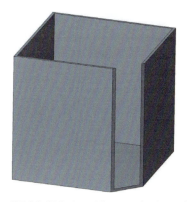 

Bild 3.124 Auswirkungen der Auswahlreihenfolge auf das Schalungsergebnis

Schritt 2 – Wandstärke einstellen: In der Multifunktionsleiste kann die Wanddicke der Schale vorgegeben werden. In unseren Fall beträgt diese 5 mm. Wenn Sie auf den Doppelpfeil neben der Dickenangabe klicken, der bei anderen Tools die Bemaßung umkehrt, wird die Schale in die andere Richtung aufgedickt. Achten Sie in diesem Beispiel darauf, dass die Außenkontur des ursprünglichen Modells erhalten bleibt.

Weiter können Sie verschiedenen Flächen Ihrer Geometrie unterschiedliche Wandstärken zuweisen. Dafür nutzen Sie das Fenster *Nicht standardmäßige Dicke* auf der Registerkarte *Referenzen* (siehe Bild 3.125). In unserem Fall soll die Vorderseite der Drohne nur 3 mm statt 5 mm stark sein. Dafür klicken Sie auf die entsprechende Fläche und ändern anschließend im Fenster die Dicke.

Schritt 3 – Flächen entfernen: Der Körper ist jetzt bereits geschalt. Als Nächstes entfernen Sie die Deckfläche des Körpers, um einen offenen Hohlraum zu schaffen. Dafür klicken Sie in das Fenster *Entfernte Flächen* auf der Registerkarte *Referenzen* (siehe Bild 3.125). Wenn Sie die Deckfläche unseres Körpers anklicken, wird sie in der Voranzeige sofort entfernt. Es ist nicht zwingend erforderlich, eine offene Schale zu erzeugen. Wenn Sie keine Fläche wählen, dann höhlen Sie Ihren Körper lediglich aus.

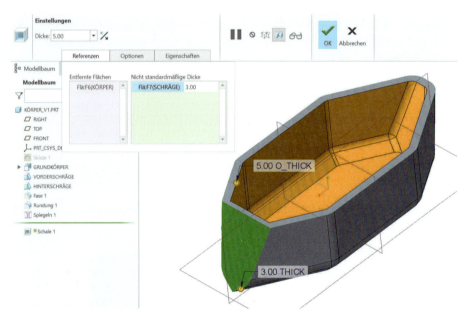

Bild 3.125 Multifunktionsleiste des Werkzeugs *Schale*

Weiter ist es möglich, unter der Registerkarte *Optionen* verschiedene Fläche auszuschließen. Die ausgeschlossenen Flächen werden dann beim Beenden des Features aus der Geometrie gelöscht.

Schritt 4 – Schale erzeugen: Bestätigen Sie Ihre getroffenen Einstellungen mit *OK*, und erzeugen Sie so die Schale.

Nun hat der Körper der Drohne seine komplette Ausdehnung erhalten und ist geschalt. *Speichern* Sie das Bauteil Koerper_V1.prt.

 Speichern

3.6.5 Rippe

Rippen sind schmale Konstruktionselemente, die der Versteifung von Strukturen dienen. Creo bietet zwei verschiedene Formen von Rippen an:

- *Rippenleitkurve*
- *Profilrippe*

 Profilrippe / Rippenleitkurve

Unser dünnwandiger Drohnenkörper soll ebenfalls durch das Einbringen von Rippen verstärkt werden.

Koerper_V1.prt: Rippen am Körper der Drohne

Schritt 1 – Funktion wählen: Aktivieren Sie zur Erstellung der Versteifung die Funktion *Profilrippe* innerhalb des Bereichs *Konstruktion* der Multifunktionsleiste. Es kann sein, dass in der Multifunktionsleiste nur das Werkzeug *Rippenleitkurve* als Schnellzugriff zur Verfügung steht und die Funktion *Profilrippe* erst im Dropdown-Menü zu finden ist.

 Profilrippe

Schritt 2 – Ebene festlegen und Profil vorgeben: Zur Definition einer Rippe benötigt Creo zwei Informationen, zum einen die Ebene, die die Lage der Rippe definiert, und zum anderen die Profilskizze, die in Verbindung mit den Oberflächen des Körpers die Form der Rippe festlegt.

Wählen Sie nun als Referenzebene die RIGHT-Ebene aus. Sobald Sie diese gewählt haben, gelangen Sie automatisch in den Skizzierer. Grundsätzlich können Sie auch Ebenen innerhalb der Funktion erzeugen, indem Sie auf die Registerkarte *Modell* wechseln oder innerhalb der Registerkarte *Profilrippe* die Funktion zur Erstellung von Bezügen nutzen.

Auf der ausgewählten Ebene wird nun das Profil der Rippe skizziert. Hierfür ist lediglich eine Linie nötig. Allerdings ist zu beachten, dass die Skizze mit dem Profil abschließen muss. Am besten gelingt dies, indem man die Kanten des Körpers als Referenz nutzt.

 TIPP: Nutzen Sie die Funktion *Modell clippen* der Grafikleiste, um das Modell bis zur Skizzierebene auszublenden.

Die Rippe wird nun normal zur skizzierten Linie erzeugt. Falls bei Ihnen keine Rippe angezeigt wird, drehen Sie die Orientierung mit einem Klick auf den violetten Pfeil um. Die Dicke kann in der Multifunktionsleiste oder ebenfalls im Arbeitsbereich festgelegt werden. Wählen Sie als Dicke 2 mm. Die Position der Rippe, bezogen auf die Referenzebene, hier die RIGHT-Ebene, lässt sich mithilfe des Doppelpfeils im Bereich *Einstellungen* festlegen (siehe Bild 3.126). Grundsätzlich gibt es drei verschiedene Platzierungsvarianten, links von der Ebene, rechts davon oder mittig. Mit jeweiligem Klick auf den Doppelpfeil werden die Varianten nacheinander dargestellt.

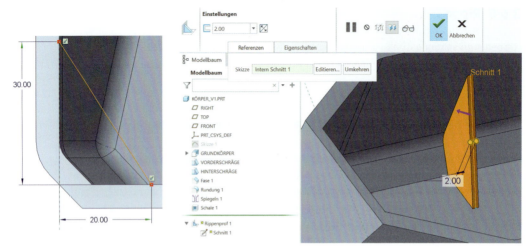

Bild 3.126 Abmessungen und Multifunktionsleiste der Rippe

Schritt 3 – Rippe erzeugen: Bestätigen Sie Ihre getroffenen Einstellungen mit *OK*, und erzeugen Sie die Rippe.

Weitere Rippe auf gegenüberliegender Seite

Nachdem die erste Rippe erstellt wurde, erstellen Sie nun auf der gegenüberliegenden Seite eine zweite Rippe mit den gleichen Abmessungen. Grundsätzlich ließe sich die Rippe auch spiegeln, zu Übungszwecken wäre es allerdings sinnvoll, das Prozedere zu wiederholen.

 Speichern

Unser Drohnenkörper ist nun zusätzlich durch Rippen versteift. *Speichern* Sie wie üblich das Modell Koerper_V1.prt.

 Rippenleitkurve

Möchten Sie Verstärkungen in Schalen oder anderen Hohlräume zwischen Taschenflächen einfügen, können Sie die Funktion *Rippenleitkurve* nutzen. Bei dieser Variante wird der Verlauf der Rippenstruktur auf einer Ebene skizziert und bis zur Taschenfläche extrudiert. In Bild 3.127 ist eine Kappe dargestellt, die durch Rippen versteift werden soll. Dazu wurde in einem ersten Schritt eine Ebene erzeugt, die parallel zum Boden liegt und einen gewissen Abstand hat. Auf diese neue Ebene wurde das Linienkreuz gezeichnet, wobei die Eckpunkte auf der Kappenwand liegen. Sobald Sie den Skizzierer verlassen, wird automatisch die Vorschau der Rippe angezeigt. In der Multifunktionsleiste finden Sie weitere Einstellungsmöglichkeiten, so können beispielsweise die Rippenflanken abgeflacht oder die Stöße zwischen Rippe und Kappenwand abgerundet werden. Dies ist rechts in Bild 3.127 dargestellt.

Bild 3.127 Definition einer Rippe durch Rippenleitkurven

3.6.6 Bohrung

Bei unserem Drohnenkörper KOERPER_V1.PRT benötigen wir noch Anschlussstellen für die Arme und Befestigungsbohrungen für die Kameraaufnahme. Mit dem Tool *Bohrung* können Sie Ihren Modellen einfache und benutzerdefinierte Bohrungen sowie Standardbohrungen hinzufügen. Grundsätzlich wird bei einer Bohrung rotationssymmetrisch Material aus einem Volumenkörper entfernt, was auch mit anderen Funktionen wie *Profil* oder *Drehen* möglich ist. Allerdings bietet dieses Werkzeug folgende Vorteile:

 Bohrung

- Es wird ein vordefiniertes Platzierungsschema verwendet, mit dessen Hilfe die Lage schneller festgelegt werden kann.
- Es ist keine eigene Skizze für die Durchmesserdefinition notwendig.
- Gewinde, Senkungen usw. werden schnell generiert.
- Bohrungen sind in späteren Zeichnungen auch als solche erkennbar.

Beginnen wir mit den Bohrungen, die später der Befestigung der KAMERAAUFNAHME_V1. PRT dienen.

Koerper_V1.prt: Bohrungen für die Kameraaufnahme am Körper der Drohne

Schritt 1 – Funktion wählen: Zur Erstellung von Bohrungen wird die Funktion *Bohrung* im Bereich *Konstruktion* der Multifunktionsleiste verwendet.

 Bohrung

Schritt 2 – Platzierung wählen: Auf der Registerkarte *Platzierung* finden Sie die verschiedenen Möglichkeiten der Positionierung. Bohrungen werden immer auf Ebenen oder Flächen platziert. Zur exakten Positionierung der Bohrung können Sie verschiedene Referenzen oder auch Platzierungs-Handles nutzen. Letztere sind, wie in Bild 3.128 zu sehen, nachdem die Ebene gewählt wurde, durch rote Enden erkennbar. Sobald man diese auf eine Referenz zieht, wie beim entsprechenden Bild die FRONT- und RIGHT-Ebene, färben sich die Enden gelb.

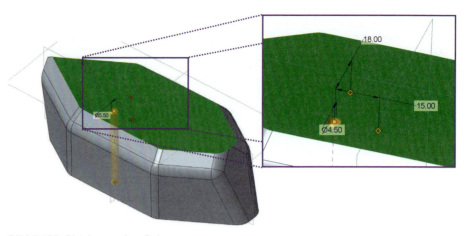

Bild 3.128 Platzierung einer Bohrung

Grundsätzlich werden bei Creo fünf unterschiedliche Platzierungsmöglichkeiten für Bohrungen angeboten:

- *Linear:* Die Positionierung erfolgt über zwei in der Ebene zu definierende Abstände, wie es auch in Bild 3.128 zu sehen ist. Diese Variante ist standardmäßig ausgewählt, wenn Sie eine Oberfläche oder eine Bezugsebene als primäre Platzierungsreferenz ausgewählt haben.
- *Radial:* Die Definition erfolgt über eine lineare und eine Winkelbemaßung.
- *Durchmesser:* Hier zu müssen Sie mindestens zwei Referenzen angeben, einen Durchmesser bezogen auf eine Rotationsachse und eine Winkel- oder Linearbemaßung.
- *Koaxial:* Über diese Funktion wird eine Bohrung am Schnittpunkt einer Achse mit einer Fläche platziert. Dabei muss die Achse nicht senkrecht zur Fläche stehen.
- *Auf Punkt* richtet die Bohrung auf Basis einer gewählten Fläche und eines Referenzpunktes aus. Die Fläche muss dabei nicht eben sein und der Punkt nicht zwingend auf der Fläche liegen.

Schritt 3 – Typ, Profil und Einstellungen festlegen und Bohrung erzeugen: Richten Sie als Nächstes Ihren Fokus auf die Multifunktionsleiste. Beim Feature *Bohren* hat man eine Vielzahl an Einstellungsmöglichkeiten. Abhängig vom gewählten Typ oder Profil ändern sich diese auch noch. Grundsätzlich stehen zwei verschiedene Typen zur Auswahl:

- *Einfache Bohrung:* Hierbei wird Material je nach Profiltyp entweder durch Extrusion oder Rotation aus dem Volumenkörper entfernt. Die jeweilige Form ist nicht zwingend bzw. exakt einer Industrienorm zugeordnet. Grundsätzlich stehen Ihnen folgende einfache Bohrungsvarianten zur Verfügung:
    - vordefiniertes Reckeckprofil
    - Standardbohrungsprofil
    - skizziertes Profil

- *Standardbohrung*: Hierbei wird Material mithilfe einer Rotation entfernt, wobei die Abmessungen der Kontur durch Tabellen einer Industrienorm vorgegeben sind. Zur Auswahl stehen Ihnen ausgewählte Standardbohrungsdiagramme und Standardgewinde- bzw. -abstandsdurchmesser. Weiter steht es Ihnen aber auch frei, eigene Vorgaben zu generieren. Die Ihnen bei diesem Typ zur Verfügung stehenden Varianten sind folgende:
  - Gewindebohrung
  - konische Bohrung
  - Bohrloch
  - Abstandsbohrung

 Standardbohrung

Die verschiedenen verfügbaren Funktionen und Einstellungsmöglichkeiten werden in Tabelle 3.16 aufgelistet und erläutert.

Tabelle 3.16 Mögliche Funktionen bei der Erstellung von Bohrungen

Symbol	Bezeichnung	Funktion
	Vordefiniert (nur wählbar bei Typ *Einfach*)	Typ *Einfach*: Hier wird ein vordefiniertes Rechteck als Bohrlochprofil verwendet. Das Resultat ist ein Sackloch, bei dem der Anwender Tiefe und Durchmesser auf der Registerkarte *Form* vorgeben kann.
	Standard (nur wählbar bei Typ *Einfach*)	Bei dieser Variante wird ein Profil verwendet, das am Bohrungsende kegelförmig verläuft. Profile dieser Art erhält man, wenn man Löcher mit Spiralbohren bohrt, wie es in meisten Fällen der Fall ist. Neben Durchmesser und Bohrungstiefe lässt sich hier auch noch der Winkel des Bohrers ändern. Ein typischer Wert für einen HSS-Bohrer sind 118°, für einen Hartmetallbohrer 142°.
	Skizze (nur wählbar bei Typ *Einfach*)	Verwendet eine Skizze zum Definieren des Bohrlochprofils
	Gewindebohren hinzufügen (nur wählbar bei Typ *Standard*)	Wenn Sie eine Gewindebohrung hinzufügen möchten, dann klicken Sie auf dieses Symbol. Im Bereich *Einstellungen* können Sie dann die Norm und die entsprechenden Abmessungen eintragen.
	Konisch (nur wählbar bei Typ *Standard*)	Erzeugt eine konische Bohrung
	Bohrloch (nur wählbar bei Typ *Standard*)	Erzeugt ein Bohrloch
	Abstandsbohrung (nur wählbar bei Typ *Standard*)	Erzeugt eine Abstandsbohrung (bei Creo ist damit eine Gewindebohrung durch das gesamte Bauteil gemeint)

Tabelle 3.16 *(Fortsetzung)*

Symbol	Bezeichnung	Funktion
	Durchmesser	Legt den Bohrungsdurchmesser fest
	Tiefenoption	Legt die Tiefe der Bohrung durch die bereits bekannten Symbole fest
	Einfache Geometrie umschalten	Schaltet die Geometriedarstellung geometrieloser Bohrungen ein oder aus
	Bohrungsmessmethode	Ermöglicht die Auswahl der Messmethode: bis zum Ende der Flanke oder bis zum Ende der Spitze
	Kegelsenker	Fügt eine kegelgesenkte Bohrung hinzu
	Stirnsenker	Fügt eine Senkbohrung hinzu
	Vorhandene Skizze öffnen	Öffnet ein vorhandenes skizziertes Profil
	Skizzierer	Öffnet den Skizzierer zum Erzeugen eines Profils
	Gewindetyp	Legt den Gewindetyp fest
	Schraubengröße	Legt die Schraubengröße fest

Verschiedene Einstellungsmöglichkeiten finden sich nicht nur in der Multifunktionsleiste, sondern auch visualisiert auf der Registerkarte *Form*.

Für unser Beispiel verwenden Sie eine einfache Bohrung mit vordefiniertem Profil. Stellen Sie einen Durchmesser von 5,5 mm ein, und wählen Sie als Tiefe *Durch alle*.

Schritt 4 – Bohrung erstellen: Die getroffenen Einstellungen können Sie nun wie gewohnt mit *OK* bestätigen und so die Bohrung erzeugen.

 Muster

Zwischenschritt – Bohrung mustern: Die erzeugte Bohrung wird nun vervielfältigt. Dies kann wieder durch verschiedene Editieren-Funktionen erfolgen (siehe Abschnitt 3.5). Da die Bohrungen zur Befestigung der Kameraaufnahme stets in einem gleichen Abstand vorliegen sollen, eignet sich die Funktion *Muster*. Wählen Sie den Typ *Richtung* aus. Erstellen Sie in Richtung der FRONT-Ebene eine weitere Bohrung im Abstand von 30 mm, in Richtung der RIGHT-Ebene in einem Abstand von 36 mm (siehe Bild 3.129).

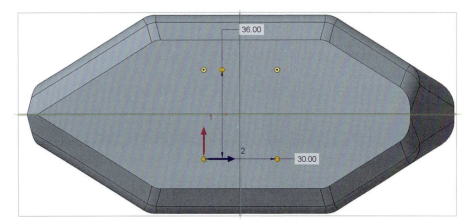

Bild 3.129 Bohrungsmuster für die Befestigung der Kameraaufnahme

Um die Durchgangsbohrung zur Befestigung der Unterbaugruppe BEIN_V1.ASM zu erzeugen, gehen Sie wie folgt vor:

Koerper_V1.prt: Bohrungen für die Beine am Körper der Drohne

- Erzeugen Sie einen Referenzpunkt auf der Bodenfläche des Körpers. Dazu wählen Sie diese als Referenz und sowohl die FRONT- als auch die RIGHT-Ebene als Versatzreferenzen. Als Versatz geben Sie jeweils einen Wert von 0,00 mm vor.
- Markieren Sie den Punkt, und klicken Sie anschließend auf das Bohrungswerkzeug. Stellen Sie sicher, dass als Typ *Auf Punkt* und als Bohrungsorientierung die untere Körperfläche und *Lotrecht* ausgewählt sind. Der Durchmesser der Bohrung beträgt, wie in Bild 3.130 zu sehen, 6,60 mm. Als Tiefe wurde der innere Boden des Körpers gewählt.
- Erzeugen Sie die Bohrung wie gehabt.

 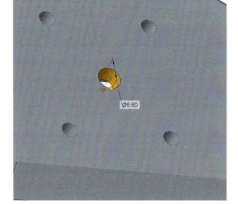

Bild 3.130 Befestigungsbohrung für die Beinbaugruppe

Koerper_V1.prt:
Bohrungen für die Arme am Körper der Drohne

Um das Einfügen von Bohrungen gleich noch einmal zu üben, fahren Sie mit den Befestigungen der Drohnenarme fort.

Schritt 1 – Aussparung: Bevor die Bohrungen platziert werden können, wird noch eine Aussparung benötigt, mit deren Hilfe die Arme zentriert werden können. Dazu setzen Sie eine Skizze auf die Seitenfläche des Körpers gemäß Bild 3.131. Es wird die Senkung mit 1 mm Tiefe konstruiert. Wichtig: Platzieren Sie anschließend eine Referenzachse, die konzentrisch zur Senkung steht. Als Nächstes wird die Bohrung in der Mitte dieser Aussparung platziert.

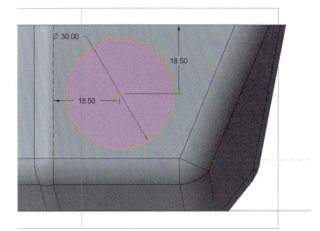 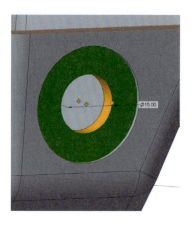

Bild 3.131 Anschluss Drohnenarme: Senkung und Durchgang

Schritt 2 – Bohrung einfügen: Verwenden Sie erneut die Funktion *Bohrung*. Nutzen Sie zur Positionierung die bereits erstellte Aussparung. Wählen Sie mithilfe der <STRG>-Taste die vertiefte Fläche, ändern Sie auf der Registerkarte *Platzierung* den Typ auf *Koaxial* und anschließend die eben erzeugte Achse als Referenz. Weiter wird an dieser Stelle eine einfache Bohrung mit vordefiniertem Rechteckprofil benötigt, mit einem Durchmesser von 15 mm. Als Tiefenoption legen Sie *Bis Auswahl* fest und klicken anschließend auf die Innenseite des Körpers. So wird die zur Aussparung parallele Fläche als Referenz gewählt, und die Bohrung bleibt auch bei Änderungen am Grundkörper immer durchgängig. Bestätigen Sie die Einstellungen, und erzeugen Sie die Bohrung.

Nun fehlen noch die Bohrungen zum Verschrauben der Arme.

Schritt 3 – Bohrung einfügen: Verwenden Sie erneut die Funktion *Bohrung*. Wählen Sie erneut die Vertiefung als Platzierungsfläche aus. Stellen Sie nun auf der Registerkarte *Platzierung* den Typ *Radial* ein, und wählen Sie als Versatzreferenzen die Achse der Vertiefung und die TOP-Ebene. So ist es Ihnen möglich, einen radialen Abstand und einen Winkelversatz anzugeben. Der radiale Abstand soll 11 mm und der Winkelversatz in unserem Beispiel 45° betragen. Diesmal verwenden Sie eine *Standardbohrung* und fügen *Gewindebohren* hinzu. Es wird die ISO-Schraubengröße *M5x.5* ausgewählt und die Tiefe wieder anhand der Wandinnenfläche begrenzt. Bestätigen Sie die Einstellungen, und erzeugen Sie die Bohrung.

Lassen Sie sich nicht von dem Durchmessermaß im Arbeitsfenster irritieren. Creo gibt an dieser Stelle den Flankendurchmesser an, allerdings gerundet.

Schritt 4 – Mustern: Da insgesamt vier Befestigungsschrauben pro Arm benötigt werden, wird die eben erstellte Bohrung vervielfältigt. Mustern Sie die Bohrung um die Referenzachse der Vertiefung mit einem Abstandswinkel von 90°, so wie in Bild 3.132 rechts zu sehen ist.

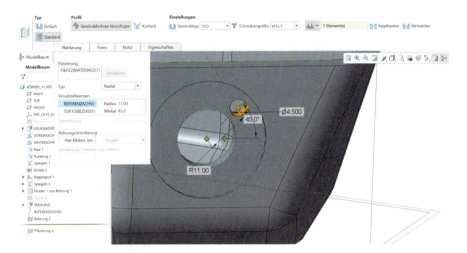

Bild 3.132 Anschluss Drohnenarme: Befestigungsbohrung

Schritt 5 – Vervielfältigen der Aufnahmen: Nun ist die erste Anschlussstelle fertig – fehlen noch drei. Bevor Sie allerdings alle einzeln erstellen, vereinfachen Sie sich die Arbeit, indem Sie erneut ein Tool aus dem Bereich *Editieren* nutzen. Da die Flächen, auf denen die Anschlussstellen liegen, symmetrisch zu den Ebenen RIGHT und FRONT sind, können alle eben erstellten Elemente gemeinsam gespiegelt werden. Markieren Sie zunächst das Profil der Vertiefung, dann die Zentrierbohrung, die Referenzachse sowie das Muster der Befestigungen mit der <STRG>-Taste, und fassen Sie diese zu einer lokalen Gruppe mit dem Namen BEFESTIGUNG_DROHNENARME zusammen. Die Funktion finden Sie unter anderem im Kontextmenü. Spiegeln Sie die Gruppe an der RIGHT-Ebene. Das macht schon einmal zwei Anschlüsse. Benennen Sie die Spiegelung um in Anschluss_2.

Wählen Sie die Gruppe BEFESTIGUNG_DROHNENARME und ANSCHLUSS_2 wieder mit der <STRG>-Taste aus, und spiegeln Sie diese an der FRONT-Ebene. So erhalten Sie die beiden noch fehlenden Anschlüsse (siehe Bild 3.133).

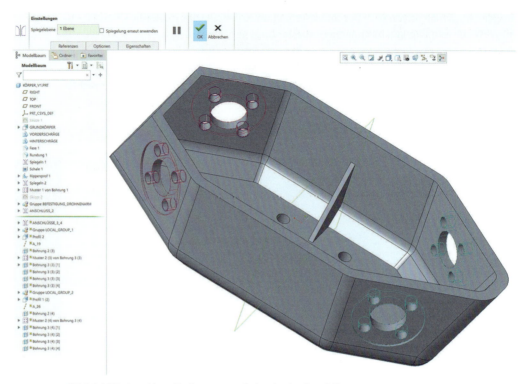

Bild 3.133 Anschluss Drohnenarme: Spiegeln der Anschlüsse

 TIPP: Sie können eine Bohrung auch nachträglich mit einem Gewinde versehen. Nutzen Sie hierfür die Funktion *Kosmetisches Gewinde*. Mit Dieser Funktion können Sie auch das Gegenstück zu Ihren Bohrungen, also ein Außengewinde, erstellen.

Kosmetisches Gewinde

Nachträgliches Hinzufügen eines Gewindes

Ein *Kosmetisches Gewinde* stellt den Durchmesser eines Gewindes dar. Mithilfe von Zylindern, Kegeln, Splines und Ebenen als Referenzen können sowohl Innen- als auch Außengewinde erstellt werden.

Bild 3.134 Kosmetisches Außen- und Innengewinde

Schritt 1 – Funktion wählen: Aktivieren Sie die Funktion *Kosmetisches Gewinde* im Bereich *Konstruktion* der Registerkarte *Modell*.

Schritt 2 – Gewinde platzieren: Wählen Sie die Fläche aus, auf der das Gewinde liegen soll. Die Fläche, auf der Sie ein Gewinde erzeugen, bestimmt, ob die Platzierung standardmäßig innen oder außen erfolgt. Die Platzierung erfolgt standardmäßig außen, wenn die Fläche eine Welle ist, und innen, wenn die Fläche eine Bohrung ist.

Schritt 3 – Tiefe einstellen: Auf der Registerkarte *Tiefe* können Sie eine Startreferenz des Gewindes festlegen und Tiefeneinstellungen treffen.

Schritt 4 – weitere Einstellungen treffen und Gewinde erzeugen: In der Multifunktionsleiste können Sie verschiedene Einstellungen treffen. Diese sind analog zur Gewindeerstellung innerhalb der Funktion *Bohrung* in Abschnitt 3.6.6. Bestätigen Sie Ihre Einstellungen mit *OK*, und erstellen Sie so das Gewinde.

Gewinde werden nicht realitätsnah, sondern schematisch gezeigt, sind also im Bauteil nicht direkt sichtbar. Allerdings ist das Vorhandensein von Gewinden für spätere Schritte wie Fertigung oder Zeichnungserstellung relevant.

Deckelaufnahme

Der Körper der Drohne ist nun fast fertig, es fehlt nur noch eine Aussparung, um den Deckel zu platzieren. Den Deckel haben Sie ja eventuell bereits konstruiert, denn dies zählt zu den Übungen aus dem Bereich der Profilerstellung.

Koerper_V1.prt: Vervollständigung des Drohnenkörpers

Zwischenschritt: Damit der Deckel richtig sitzt, muss noch eine umlaufende Senkung gemäß der Skizze aus Bild 3.135 mit einer Tiefe von 2 mm vorgesehen werden. Nutzen Sie dafür die Funktion im Skizzierer.

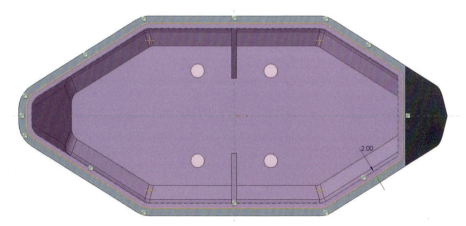

Bild 3.135 Vertiefung Deckel

Unser Drohnenkörper ist nun komplett, und Sie haben alle in diesem Buch enthaltenen Funktionen zur Erstellung von Bauteilgeometrien kennengelernt. Herzlichen Glückwunsch!

Speichern

Vergessen Sie vor lauter Freude jedoch nicht das Speichern.

■ 3.7 Individualisierung

Wenn Sie möchten, können Sie Ihrer Drohne jetzt noch ein individuelleres Aussehen geben. In diesem Abschnitt werden in aller Kürze verschiedene Möglichkeiten zur Verschönerung aufgezeigt.

Kosmetische Skizze

Eine *Kosmetische Skizze* ist ein Element, das auf der Fläche eines Teils „gezeichnet" wird, also z. B. Firmenlogos und Seriennummern, die normalerweise auf ein Objekt gedruckt werden. Sie finden diese Funktion innerhalb des Bereichs *Konstruktion* auf der Registerkarte *Modell*. Kosmetische Skizzen sind wie Skizzen zu erstellen, können allerdings für viele Funktionalitäten nicht als Referenz genutzt werden. Dafür können Sie sich durch verschiedene Linienstile, Farben oder Schraffuren kreativ ausleben.

Kosmetische Gravur

Eine weitere Möglichkeit, Schriftzüge, Logos usw. kosmetisch auf das Bauteil aufzubringen, ist die *Kosmetische Gravur*. Sie wird durch Projektion kosmetischer KE auf eine Ebene erzeugt. In einem Fertigungsprozess kann die angelegte Gravur anschließend als Referenz für das Werkzeug genutzt werden.

Gehen Sie zur Erstellung einer kosmetischen Gravur wie folgt vor:

Schritt 1 – Funktion wählen: Sie finden die Funktion *Kosmetische Gravur* im Bereich *Konstruktion* der Registerkarte *Modell*.

Schritt 2 – Projektionsebene, Skizzierebene und Referenzen festlegen: Im sich öffnenden Dialog *KE-REFER* wählen Sie zunächst die Fläche aus, auf die das KE projiziert werden soll. Anschließend können Sie die Skizzierebenen und die Referenzen einstellen.

Schritt 3 – Kosmetische Gravur skizzieren und erzeugen: Die Erstellung der Skizze funktioniert wie gewohnt. Über *OK* erzeugen Sie die Gravur. Das Gravur-KE wird auf die ausgewählte Fläche projiziert und besitzt keine Tiefe.

Farbeffekte

Eine weitere Möglichkeit zur Individualisierung Ihres Modells sind Farben. Farben lassen das Modell realistischer wirken, geben Ihrem Modell einfach eine persönliche Note oder dienen der visuellen Unterscheidung. Dies geschieht über die Funktion *Farbeffekte* auf der Registerkarte *Modell*. Alternativ können Farben auch innerhalb des *Render Studios*, das über die Registerkarte *Anwendungen* erreicht wird, zugewiesen werden (siehe auch Kapitel 6.3).

Eine detaillierte Beschreibung der farbigen Gestaltung von Bauteilen finden Sie in Kapitel 6.

Bild 3.136 Eingefärbte und standardfarbene Drohne

■ 3.8 Übungen

In Bild 3.137 bis Bild 3.149 sind alle Übungen zusammengefasst. Zu Beginn finden Sie die Zeichnungen der einfacheren Bauteile, die Sie mit nur wenigen Werkzeugen generieren können. Die Zeichnungen der komplexen Bauteile stehen am Ende. Außerdem stehen Ihnen auf *www.creobuch.de* alle Zeichnungen als einzelne Dokumente zur Verfügung.

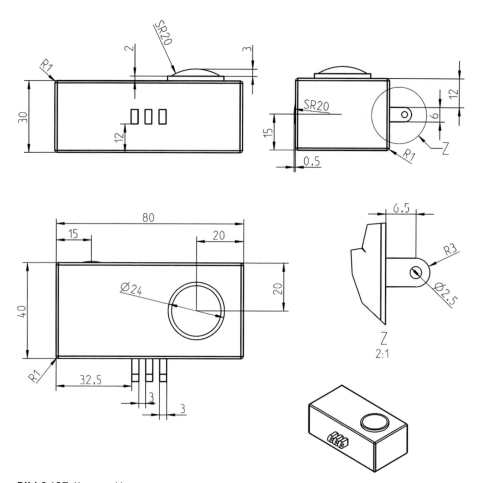

Bild 3.137 Kamera_V1

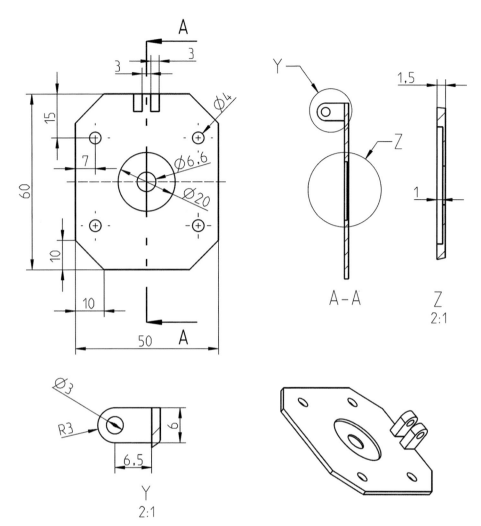

Bild 3.138 Kameraaufnahme_V1

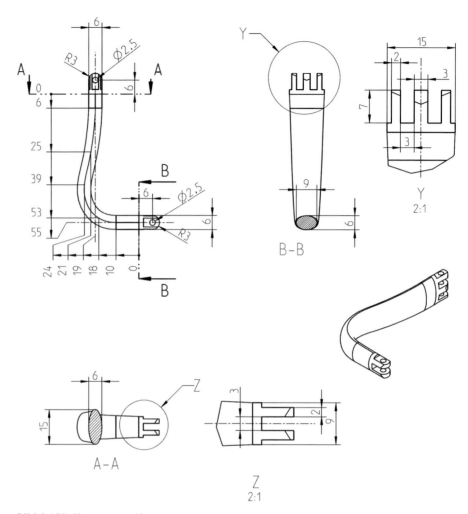

Bild 3.139 Kameraarm_V1

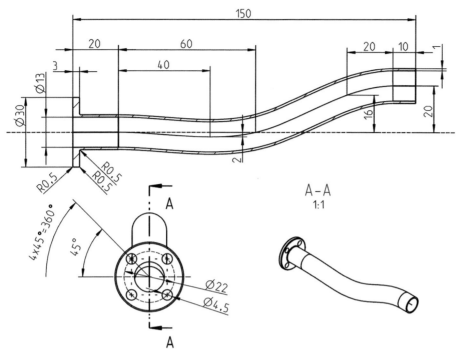

Bild 3.140 Arm_V1

3 Erstellen von Bauteilen

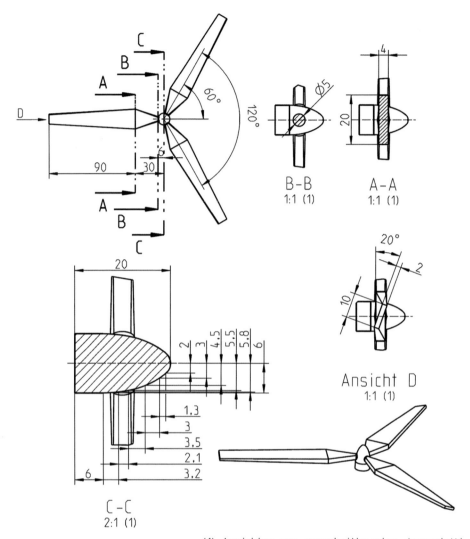

Bild 3.141 Propeller_V1

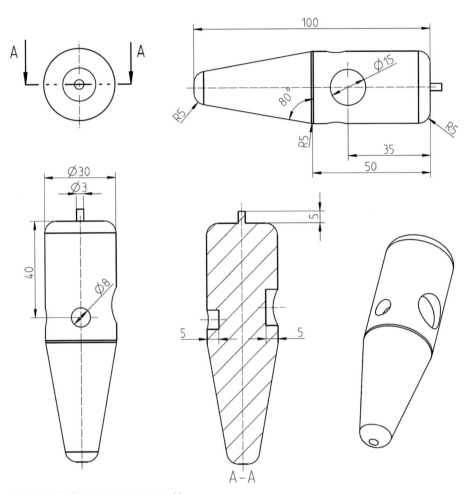

Bild 3.142 Propelleraufnahme_V1

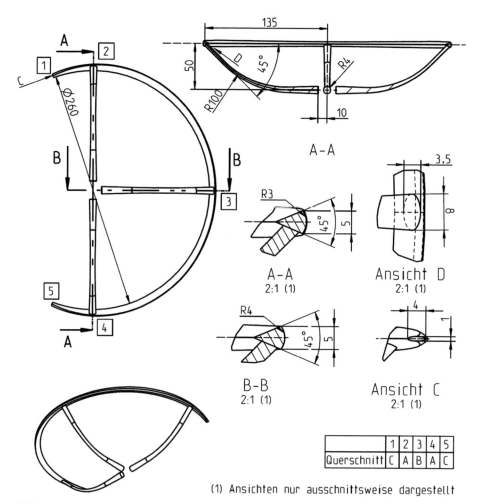

Bild 3.143 Rotorschutz_V1

(1) Ansichten nur ausschnittsweise dargestellt

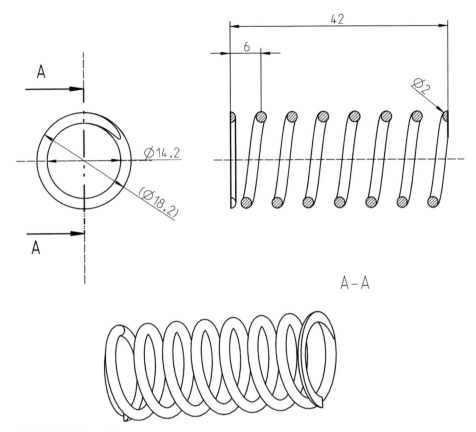

Bild 3.144 Feder_V1

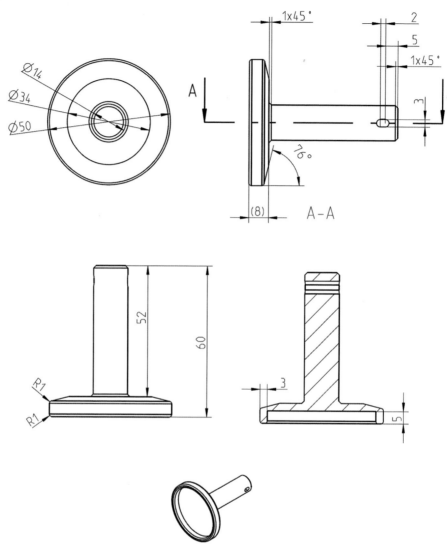

Bild 3.145 Fuss_V1

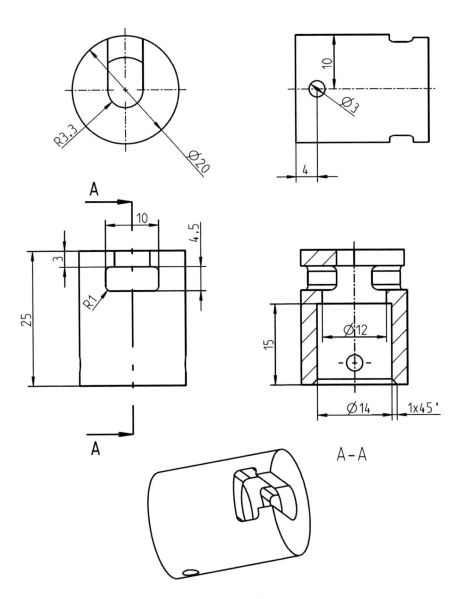

Bild 3.146 Aufnahme_Fuss_V1

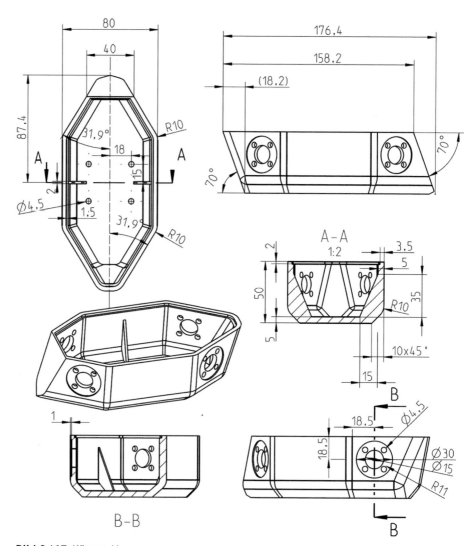

Bild 3.147 Körper_V1

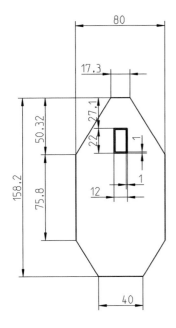
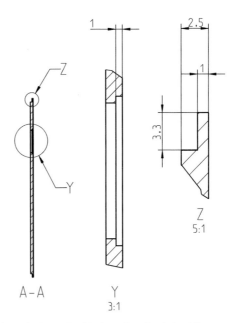

Es ist einfacher die Kontur des Deckels_V1 aus dem Bauteil Körper_V1 zu übernehmen. Dafür erzeugen Sie beim Körper eine neue Skizze auf der Auflagefläche des Deckels und übernehem die Außenkontur des Körpers, die der des Deckels entspricht. Diese markieren Sie anschließend komplett, kopieren diese mir <STRG> + <C>, öffnen ein neues Teil. Erzeugen eine Skizze auf eine der Ebenen und fügen die Skizze über <STRG> + <V> ein. Voricht bei der Skalierung, diese muss 1 sein.

Bild 3.148 Deckel_V1

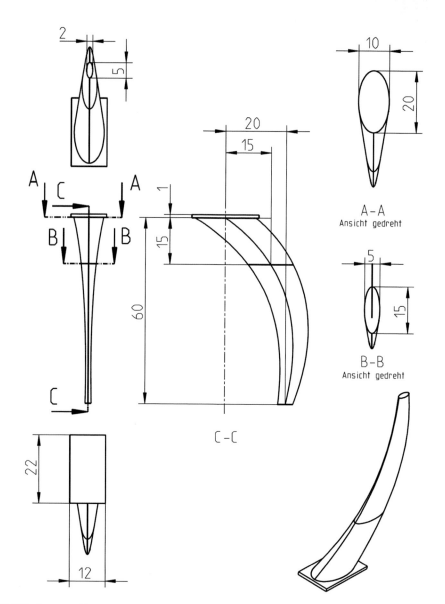

Bild 3.149 Antenne_V1

4 Erstellen von Baugruppen

In Kapitel 3 haben Sie gelernt, wie einzelne KE erstellt und zu Bauteilen zusammengefügt werden können. Nun kommt der nächste Schritt, bei dem mehrere Komponenten zu Baugruppen kombiniert werden. In diesem Kapitel lernen Sie, wie Sie durch verschiedene Baugruppenfunktionalitäten Ihre Baugruppen aufbauen, ändern und analysieren. Auch hierbei wird Sie das bereits bekannte Beispiel der Drohne begleiten. Am Ende dieses Kapitels werden Sie die in Bild 4.1 dargestellte Drohne zusammengebaut haben.

Bild 4.1 Drohne_V1.asm

 HINWEIS: Um eine Baugruppe später wieder aufrufen zu können, müssen sich alle verbauten Teile im gleichen Ordner befinden wie die Baugruppendatei selbst. Dies gilt auch für Unterbaugruppen.

Ordner vorbereiten

Bereiten Sie die folgenden Arbeiten vor: Legen Sie als Erstes Ihr Arbeitsverzeichnis fest. Alle bisher konstruierten Bauteile sollten in einem Ordner liegen. Falls dies nicht der Fall ist, dann schließen Sie Creo erst einmal und erstellen einen neuen Ordner mit dem Namen *Drohne_V1*, in den Sie dann alle Bauteile verschieben. Legen Sie den eben erstellten Ordner als Arbeitsverzeichnis fest (siehe Abschnitt 2.1.1).

 Arbeitsverzeichnis wählen

 HINWEIS: Bei Baugruppen ist die Wahl des korrekten Arbeitsverzeichnisses besonders wichtig, da sonst benötigte Bezüge verloren gehen können.

4.1 Erstellen einer neuen Baugruppe

 Neue Baugruppe

Wie neue Bauteile auch, können Baugruppen über *Datei > Neu*, durch das entsprechende Icon oder mit der Tastenkombination <STRG> + <N> erstellt werden.

Im sich öffnenden Dialog werden nun der Typ *Baugruppe* und der Untertyp *Konstruktion* ausgewählt. Als Nächstes kann der Name DROHNE_V1 festgelegt werden. Zudem sollte *Standardschablone verwenden* aktiviert sein.

 TIPP: Es empfiehlt sich, auch hier mit Standardschablonen zu arbeiten, da hier von vornherein wichtige Folien, Bezugs-KE oder Darstellungen in das Modell integriert werden.

Bestätigen Sie Ihre Auswahl mit *OK*.

Wie in Creo üblich, verändert sich die Multifunktionsleiste, abhängig vom gewählten Modul.

4.2 Einbauen von Komponenten

Baugruppen können nicht nur einzelne Komponenten, sondern auch Unterbaugruppen enthalten und so modular und strukturiert aufgebaut werden. Weiterhin können neben nativen Modellen auch externe Komponenten integriert werden, um eine Multi-CAD-Baugruppe zu erzeugen.

Einbau vorhandener Komponenten

In der Regel werden vorhandene Komponenten in einer Baugruppe zusammengefügt. Im Gegensatz zu den bisherigen Erläuterungen bei der Bauteilerstellung wird im Folgenden erst einmal ein grundsätzlicher Überblick über den Einbau von Komponenten gegeben, ehe die erste Baugruppe der Drohne erstellt wird. Grundsätzlich sind für den Einbau einer Komponente folgende Schritte notwendig:

Einbauen

Schritt 1 – Funktion wählen: Vorhandene Komponenten werden über die Funktion *Einbauen* des Bereichs *Komponente* innerhalb der Registerkarte *Modell* der Multifunktionsleiste eingefügt.

Schritt 2 – Komponente auswählen: Über den sich öffnenden Dialog kann die Komponente ausgewählt werden. Die Komponente erscheint nun im Arbeitsbereich der Benutzeroberfläche.

Schritt 3 – Komponentenplatzierung: Sämtliche Einstellungen zur Positionierung der Komponente werden auf der Registerkarte *Komponentenplatzierung* getroffen. Komponenten werden immer in Beziehung zu bereits in der Baugruppe enthaltenen Elementen definiert. Eine durchdachte Wahl der Referenzen ist für die spätere Stabilität und Funktionsweise der Baugruppe entscheidend.

Komponentenplatzierung

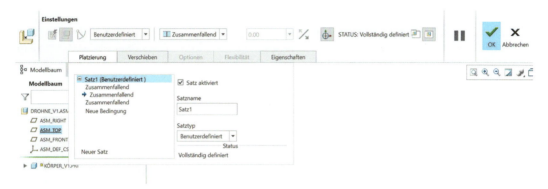

Bild 4.2 Multifunktionsleiste der *Komponentenplatzierung*

Schritt 3.1 – Platzierungsdefinitionssatz festlegen: Unter *Einstellungen* finden Sie ein Dropdown-Menü, bei dem in Bild 4.2 *Benutzerdefiniert* ausgewählt ist. Hier kann der gewünschte Verbindungstyp festgelegt werden, also welche Bewegungen zugelassen und welche beim Einbau gesperrt werden sollen. Es stehen die in Tabelle 4.1 aufgeführten Randbedingungssätze zur Auswahl.

Tabelle 4.1 Randbedingungssätze beim Platzieren von Komponenten

Symbol	Bezeichnung	Funktion
Kein Symbol	Benutzerdefiniert	Ist standardmäßig aktiv, solange keine Referenzen gewählt wurden
	Starr	Sperrt die Bewegung in der Baugruppe
	Drehgelenk	Erlaubt die Drehung um eine Achse
	Schubgelenk	Erlaubt eine Verschiebungsbewegung
	Zylinder	Enthält eine 360°-Drehbewegungsachse und translatorische Bewegung
	Planar	Enthält eine Ebenenrandbedingung, die Rotation und Verschiebung entlang der Referenzebenen zulässt
	Kugel	Enthält eine Punktausrichtungsbedingung für Bewegungen um 360°

Tabelle 4.1 *(Fortsetzung)*

Symbol	Bezeichnung	Funktion
	Schweißnaht	Enthält ein Koordinatensystem und einen Versatzwert, um die Komponente in einer festen Position mit der Baugruppe zu „verschweißen"
	Lager	Enthält eine Punktausrichtungsbedingung, um die Rotation entlang einer Leitkurve zu ermöglichen
	Allgemein	Erzeugt einen benutzerdefinierten Satz mit zwei Randbedingungen
	6 FG	Enthält ein Koordinatensystem und einen Versatzwert, um Bewegungen in alle Richtungen zu ermöglichen
	Gimbal	Enthält ein Koordinatensystem für das Bauteil und ein Koordinatensystem in der Baugruppe, um die Rotation in alle Richtungen um eine Neutralachse zu ermöglichen
	Führung	Enthält eine Punktausrichtung, um die Rotation entlang einer nicht geraden Leitkurve zu ermöglichen

In den meisten Fällen ist es ausreichend, erst einmal die Einstellung *Benutzerdefiniert* zu belassen.

Schritt 3.2 – Randbedingungen und Bedingungstyp festlegen: Wird ein Verbindungstyp gewählt, wird auf der Registerkarte *Platzierung* ein neuer Satz angelegt, der die verschiedenen benötigten Randbedingungen anzeigt:

- Rot markierte Bedingungen sind zwingend erforderlich.
- Gelb markierte Bedingungen sind optional.

> **HINWEIS:** Alle neu eingefügten Bedingungen erscheinen auf der Registerkarte *Platzierung*. Sollten Sie die getroffenen Einstellungen editieren wollen, können Sie dort einzelne Referenzen, Bedingungen oder ganze Sätze editieren oder auch löschen. Dafür klicken Sie mit der rechten Maustaste auf die entsprechende Einstellung.

Zur Platzierung der Komponente werden je eine Referenz der Baugruppe und eine Referenz der Komponente miteinander über Bedingungen verknüpft. Die Auswahl der jeweiligen Referenz erfolgt über Anwählen im Arbeitsfenster.

Die wählbaren Bedingungen sind abhängig vom gewählten Satz. Es werden nur die Randbedingungen angezeigt, die für den ausgewählten Satz zutreffen. Insgesamt stehen die in Tabelle 4.2 aufgeführten Bedingungen zur Auswahl.

Tabelle 4.2 Bedingungstypen beim Platzieren von Komponenten

Symbol	Bezeichnung	Funktion
	Automatisch	Zeigt nach der Auswahl einer Referenz verfügbare Randbedingungen in der Liste
	Abstand	Zwischen Punkten, Linien oder Ebenen kann ein bestimmter relativer Abstand festgelegt werden.
	Winkelversatz	Der Winkel zwischen Linien oder Ebenen wird selbst definiert.
	Parallel	Linien und Ebenen können parallel zueinander ausgerichtet werden.
	Zusammenfallend	Dieser wichtigste Bedingungstyp richtet zwei ausgewählte Elemente (Ebenen, Punkte, Linien, Zylinder, …) so aus, dass sie aufeinanderliegen.
	Normal	Linien und Ebenen können senkrecht zueinander ausgerichtet werden.
	Koplanar	Achsen, Kanten oder Flächen können koplanar zu einer ähnlichen Referenz (nur Linie-Linie) positioniert werden.
	Zentriert	Die Mitte des Komponentenkoordinatensystems kann auf den Mittelpunkt des Baugruppenkoordinatensystems ausgerichtet werden.
	Tangential	Legt den tangentialen Kontakt zweier Flächen fest
	Fest	Fixiert die aktuelle Position einer Komponente, die bewegt oder eingesetzt wurde
	Standard	Richtet das Koordinatensystem der Komponente am Standardkoordinatensystem der Baugruppe aus

TIPP: Es empfiehlt sich, die erste Komponente einer Baugruppe vollkommen zu fixieren. Beachten Sie dabei die Lage des globalen und des Komponentenkoordinatensystems. Grundsätzlich sollten Sie Ihre Bauteile bewusst platzieren. Zumeist ist es sinnvoll, Ihren Hauptkörper so zu positionieren, dass globales und komponentenspezifisches Koordinatensystem kongruent sind.

Weiter finden Sie in der Multifunktionsleiste das bereits bekannte Doppelpfeil-Icon, mit dessen Hilfe Sie die Richtung des Platzierungssatzes oder der Bedingung umkehren können.

Die Multifunktionsleiste beinhaltet zudem verschiedene kontextsensitive Befehle, die vom definierten Typ und der ausgewählten Randbedingung abhängen (siehe Tabelle 4.3).

Tabelle 4.3 Kontextsensitive Befehle beim Platzieren von Komponenten

Symbol	Bezeichnung/Funktion
	Mittels Schnittstelle platzieren (vgl. Abschnitt 4.2.4)
	Manuell platzieren
	Bedingungen in Mechanismusverbindung konvertieren oder umgekehrt

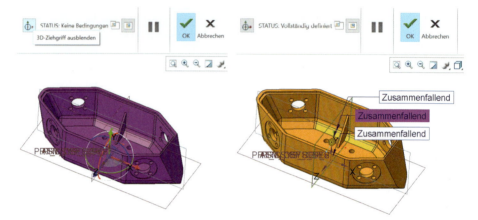

Bild 4.3 Freie Komponente (links) und vollständig definierte Position (rechts)

 3D-Ziehgriff

In der Mitte der zu platzierenden Komponente wird ein sogenannter *3D-Ziehgriff* eingeblendet. Vergleichen Sie dazu das bunte Koordinatensystem in Bild 4.3 links. Dieser erlaubt ein Bewegen der Komponente entlang der noch nicht gesperrten Freiheitsgrade, zu Beginn der Platzierung also frei im Raum. So können auch zunächst vom Bauteil verdeckte Referenzen auswählbar gemacht werden. Der Ziehgriff kann über das entsprechende Symbol in der Multifunktionsleiste ein- und ausgeblendet werden.

 TIPP: Die Bewegungsmöglichkeiten des *3D-Ziehgriffs* sind abhängig von den bereits gesperrten Freiheitsgraden. So kann schnell ermittelt werden, welche Referenz noch fehlt.

Bewegungsoperationen können auch auf der Registerkarte *Verschieben* definiert werden.

Über die Werkzeugschaltflächen kann die einzubauende Komponente im Baugruppenfenster oder in einem separaten Fenster angezeigt werden. Dies erleichtert vor allem bei komplizierten Baugruppen den Einbau.

HINWEIS: Achtung: Alle Bauteile sollten stets den Status *Vollständig definiert* haben. Dies sehen Sie entweder in der Multifunktionsleiste, wie Bild 4.3 zeigt, oder an der Farbe der Komponente. Nach dem Einfügen ist diese violett und frei im Raum beweglich. Wenn Sie diese vollständig fixiert haben, dann ändert sich deren Farbe zu Orange.

Schritt 4 – Einbau abschließen: Mit *OK* wird der Einbau des neuen Bauteils abgeschlossen.

Nun wenden wir dieses Vorgehen für den Zusammenbau unserer Drohne an.

Falls Sie noch keine Baugruppe DROHNE_V1.ASM erstellt haben, dann tun Sie dies an dieser Stelle. Achten Sie darauf, dass bei der Erstellung als Untertyp *Konstruktion* ausgewählt ist.

Beispiel: Drohne_V1.asm

 Neu oder Öffnen

Zu Beginn des Zusammenbaus steht immer das Basisbauteil, das zur Referenzierung aller weiteren Komponenten genutzt wird. Wir bauen als Erstes das in Kapitel 3 erstellte Bauteil KOERPER_V1.PRT ein.

Schritt 1 – Funktion wählen: Klicken Sie auf die Funktion *Einbau* im Bereich *Komponente* der Registerkarte *Modell*.

Schritt 2 – Komponente auswählen: Wählen Sie den bereits in Kapitel 3 erzeugten KÖRPER_V1.PRT aus. Nachdem Sie die Komponente ausgewählt haben, erscheint sie in violetter Farbe, wie in Bild 4.3 dargestellt, im Arbeitsfenster.

Drohne_V1.asm: Einbau von Koerper_V1.prt als erstes Bauteil

 Einbauen

Schritt 3 – Komponentenplatzierung: Nun gilt es, das Bauteil richtig im Raum zu positionieren. In diesem Beispiel soll das globale Koordinatensystem der Baugruppe kongruent zu dem des Bauteils KÖRPERS_V1. sein. Dazu gibt es, wie bereits beschrieben, verschiedene Möglichkeiten, um ans Ziel zu kommen. Sie können wie folgt verfahren:

Überprüfen Sie, dass bei den Randbedingungssätzen *Benutzerdefiniert* und beim Bedingungstyp *Automatisch* aktiv ist. Letzteres bedeutet, dass Creo je nach gewählten Referenzen einen Bedingungstyp vorschlägt. Dieser kann vom Konstrukteur allerdings noch manuell geändert werden.

Nun klicken Sie nacheinander auf die Ebenen, die aufeinanderliegen sollen. Also als Erstes auf die RIGHT-Ebene der Komponente und anschließend auf die RIGHT-Ebene des globalen Koordinatensystems. Dies kann im Arbeitsbereich oder im Modellbaum erfolgen. Da der Bedingungstyp auf *Automatisch* stand, sollte Creo, wenn zwei Ebenen gewählt wurden, automatisch den Bedingungstyp auf *Zusammenfallend* ändern. Sollte dies bei Ihnen nicht der Fall sein, dann ändern Sie das in der Registerkarte *Platzierung* im Dropdown-Menü. Weiter sollen jeweils die TOP- und die FRONT-Ebenen aufeinanderliegen. Sie müssen dazu nicht zwingend nach jeder Bedingung in der Registerkarte *Platzierung* eine neue einfügen, sondern es reicht aus, nacheinander die Ebenen anzuklicken.

Sobald Sie alle Ebenen aufeinandergelegt haben, ändert sich die Farbe des KÖRPER_V1.PRT von Violett zu Orange.

Basisbauteil mit Bedingungstyp Standard einbauen

> **TIPP:** Es geht auch viel einfacher: Wählen Sie als Bedingungstyp *Standard*, dann werden die Standardkoordinatensysteme von Baugruppe und Bauteil übereinandergelegt.

Schritt 4 – Einbau abschließen: Schließen Sie die Positionierung ab, indem Sie auf *OK* klicken oder die mittlere Maustaste drücken.

Damit wurde die erste Komponente in unsere Baugruppe eingefügt und fixiert. Sie erscheint nun auch im Modellbaum. Möchten Sie die Platzierung editieren, gelangen Sie wie gewohnt über die Funktion *Definition editieren* des Kontextmenüs zurück in die Komponentenplatzierung.

4.2.1 Komponenten fest einbauen

In diesem Abschnitt werden Sie an drei Baugruppen arbeiten. Zu Beginn führen Sie in der Hauptbaugruppe DROHNE_V1-ASM Drohnenkörper, Deckel und Antenne zusammen. Danach folgen die Komponenten der Unterbaugruppe PROPELLERAUSLEGER_V1.ASM. Abschließend wird die Unterbaugruppe BEIN_V1.ASM zusammengesetzt.

Hauptbaugruppe Drohne_V1.asm: Körper und Deckel

Drohne_V1.asm: Einbau von Deckel_V1.prt

Nachdem die erste Komponente im Raum platziert wurde, statten Sie nun den Körper der Drohne mit dem dazugehörigen Deckel (siehe Abschnitt 3.8) aus. Hierzu wird in die eben erstellte Baugruppe mit dem Namen DROHNE_V1.ASM das Bauteil DECKEL_V1.PRT eingefügt.

Fügen Sie jetzt den Deckel hinzu:

Schritt 1 – Funktion wählen: Wählen Sie die Funktion *Einbauen*.

Schritt 2 – Komponente auswählen: Wählen Sie im Dialog das Bauteil DECKEL_V1.PRT.

Schritt 3 – Komponentenplatzierung: Die Baugruppe beinhaltet bereits das Bauteil KOERPER_V1.PRT. Der Deckel wird nun auf die Geometrie dieser Komponente referenziert.

Schritt 3.1 – Platzierungsdefinitionssatz festlegen: Der Deckel soll auf dem Unterteil fest platziert werden. Wählen Sie also als Platzierungsdefinitionssatz *Starr*. Sie können auch *Benutzerorientiert* auswählen. Wichtig ist bei dieser Fixierung nur, dass Sie sämtliche Freiheitsgrade sperren.

Schritt 3.2 – Randbedingungen und Bedingungstyp festlegen: Der Deckel liegt zunächst quer im Raum, wie Sie oben in Bild 4.4 erkennen. Um die Bewegung der Komponente in alle Raumrichtungen zu sperren, benötigen Sie mehrere Bedingungen:

- Für die erste Bedingung wählen Sie als Komponentenelement die Unterseite des Deckels und als Baugruppenelement die obere Fläche des Körpers, so wie bei Nummer 2 in Bild 4.4 dargestellt. Als Bedingungstyp verwenden Sie *Zusammenfallend*. Die Flächen befinden sich jetzt auf der gleichen Höhe. Allerdings muss die Orientierung des Deckels über die Schaltfläche *Umkehren* auf der Registerkarte *Platzieren* umgedreht werden (Nummer 3). Durch diese erste Bedingung wurden die Translation in y-Richtung sowie die Rotationen um die x- und z-Achse gesperrt. Dies kann auch anhand des Ziehgriffs nachvollzogen werden.

- Die zweite Bedingung soll eine Bewegung in x-Richtung und eine Rotation um die y-Achse verhindern. Dazu wählen Sie am besten die vordere Kante der Körperschrägen und lassen diese mit der Stirnfläche des Deckels zusammenfallen.
- Über die dritte Bedingung können Sie die z-Richtung fixieren. Dazu lassen Sie die FRONT-Ebenen ebenfalls zusammenfallen.

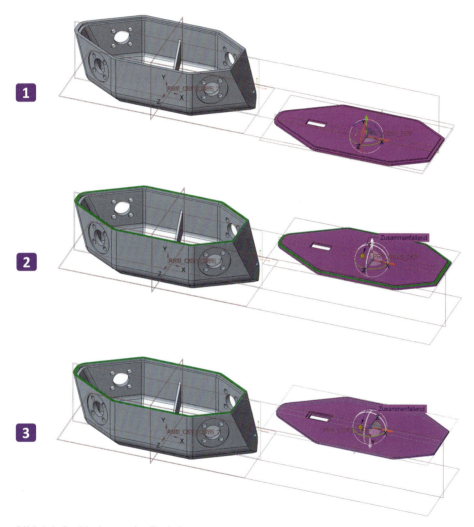

Bild 4.4 Positionierung des Deckels

Anzeige-
einstellungen

 TIPP: Häufig ist es gar nicht so leicht, das gewünschte Element auszuwählen. Nutzen Sie hierfür die von Creo angebotenen Hilfestellungen:

- Mithilfe des 3D-Ziehgriffs können Sie die Bauteile bewegen, sodass die gewünschten Elemente zugänglich werden.
- Nicht zur Referenzierung benötigte Komponenten können ausgeblendet werden.
- Über die Werkzeugschaltfläche *Anzeigeeinstellungen* kann die einzubauende Komponente in einem separaten Fenster angezeigt werden, um die Auswahl zu erleichtern.
- In der Grafiksymbolleiste können störende Referenzen wie Ebenen, Koordinatensysteme etc. ausgeblendet werden.
- Verschiedene Elemente können auch im Modellbaum ausgewählt werden.
- Nutzen Sie den Auswahlfilterbereich, um Ihre Auswahlmöglichkeiten zu präzisieren.

 HINWEIS: Zur Fixierung der einzelnen Freiheitsgrade können auch andere Referenzen genutzt werden. Es sind Ebenen, Flächen, Kanten, Achsen, Punkte etc. nutzbar.

 TIPP: Beachten Sie bei der Platzierung die Beziehungen der Komponenten untereinander. Meist ist es sinnvoller, neue Komponenten an bereits eingefügten Objekten zu orientieren, anstatt Baugruppenreferenzen zu nutzen.

Der Deckel ist jetzt vollständig definiert und komplett auf das Bauteil KOERPER_V1.PRT referenziert. So wird gewährleistet, dass auch bei Änderungen des Körpers oder dessen Platzierung der Deckel den Körper abdeckt (siehe Bild 4.5).

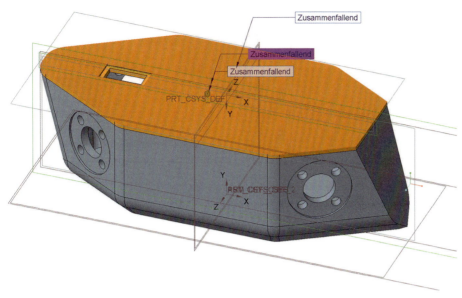

Bild 4.5 Platzierter Deckel

Schritt 4 – Einbau abschließen: Nun kann der Einbau über *OK* bestätigt werden.

Nachdem der Deckel montiert wurde, fügen Sie der Hauptbaugruppe noch die Antenne hinzu. Diese soll in der dafür vorgesehenen Aussparung im Deckel platziert werden. Dafür gehen Sie wie folgt vor:

Drohne_V1.asm: Einbau von Antenne_V1.prt

Schritt 1 – Funktion wählen: *Einbauen*

Schritt 2 – Komponente wählen: Antenne_V1.prt

Schritt 3 – Komponentenplatzierung:

- Platzierungsdefinitionssatz *Benutzerdefiniert*
- *Zusammenfallend:* Unterseite der Antenne und rechteckiger Absatz des Deckels, wie in Bild 4.6 links dargestellt
- *Zusammenfallend:* Platzieren Sie die beiden Symmetrieebenen der beiden Bauteile (Antenne: RIGHT, Körper: FRONT) aufeinander.
- *Zusammenfallend:* Um ein axiales Verschieben der Antenne zu verhindern, muss die Vorderseite des rechteckigen Anschlussstücks mit der entsprechenden Fläche im Deckel zusammenfallen.

Schritt 4 – Komponente platzieren

An dieser Stelle können Sie die Hauptbaugruppe speichern. Ehe Sie diese vervollständigen können, müssen erst noch ein paar weitere Unterbaugruppen zusammengebaut werden.

 Speichern

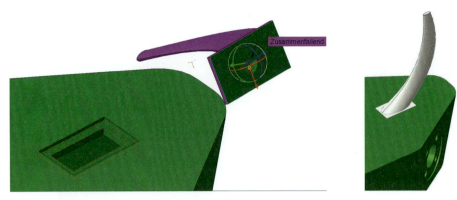

Bild 4.6 Platzierung des Einzelteils ANTENNE_V1

Unterbaugruppe Propellerausleger_V1.asm (Teil 1)

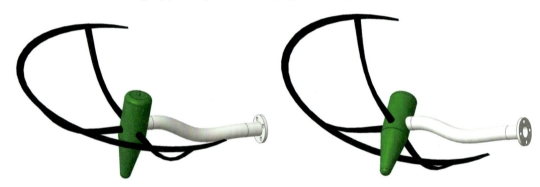

Bild 4.7 Baugruppe Propellerausleger ohne Propeller

Beispiel: Propellerausleger_V1.asm

Propellerausleger_V1.asm: feste Komponenten

Widmen Sie sich nun der Unterbaugruppe PROPELLERAUSLEGER_V1.ASM (siehe Bild 4.7). Für den Zusammenbau benötigen Sie folgende Einzelteile:

- ARM_V1.PRT
- PROPELLERAUFNAHME_V1.PRT
- ROTORSCHUTZ_V1.PRT

Wie immer gibt es verschiedene Möglichkeiten, Baugruppen zu erstellen. Ein mögliches Vorgehen ist nachfolgend beschrieben:

- Erstellen Sie eine neue Baugruppe mit dem Namen AUSLEGERBAUGRUPPE_V1.ASM.
- Einbau von ARM_V1.PRT:
  - Aktivieren Sie die Funktion *Einbauen*, und wählen Sie das Bauteil aus.
  - Bauen Sie den Arm als Basiskomponente über *Standard* ein.
- Einbau von PROPELLERAUFNAHME_V1.PRT:
  - Aktivieren Sie die Funktion *Einbauen*, und wählen Sie das Bauteil aus.

- Bauen Sie die Propelleraufnahme *Starr* über folgende Bedingungen ein:
  - Achse der passenden Bohrung – Achse des Arms
  - Stirnfläche der Bohrung – Stirnfläche des Arms
  - TOP-Ebene der Aufnahme – FRONT-Ebene des Arms
- Einbau von ROTORSCHUTZ_V1.PRT:
  - Aktivieren Sie die Funktion *Einbauen*, und wählen Sie das Bauteil aus.
  - Bauen Sie den Rotorschutz *Starr* über folgende Bedingungen ein:
    - *Zusammenfallend:* Rotationsachse Rotorschutz – Rotationsachse Propelleraufnahme
    - *Zusammenfallend:* RIGHT-Ebene Rotorschutz – TOP-Ebene Propelleraufnahme
    - *Zusammenfallend:* Einbauebene Rotorschutz – Einbauebene Propelleraufnahme
- Speichern Sie die Baugruppe ab.

An dieser Stelle sind Sie vorerst mit der Erstellung dieser Baugruppe fertig. Vervollständigt wird sie in Abschnitt 4.2.2 mit dem Hinzufügen des Propellers.

Unterbaugruppe Bein_V1.asm

 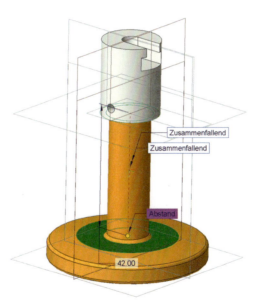

Bild 4.8 Unterbaugruppe BEIN_V1   Beispiel: Bein_V1.asm

Erstellen Sie nun noch die Unterbaugruppe BEIN_V1.ASM. Dazu sind folgende Bauteile notwendig:

- AUFNAHME_FUSS_V1.PRT
- FUSS_V1.PRT
- FEDER_FUSS_V1.PRT

Auch hier gibt es verschiedene Möglichkeiten, wie Sie die Baugruppen aufbauen können. Eine mögliche Variante ist nachfolgend beschrieben:

- Erstellen Sie eine neue Baugruppe mit dem Namen BEIN_V1.ASM.
- Einbau von AUFNAHME_FUSS_V1.PRT:
  - Aktivieren Sie die Funktion *Einbauen*, und wählen Sie das Bauteil aus.
  - Bauen Sie den Arm als Basiskomponente über *Standard* ein.
- Einbau von FUSS_V1.PRT:
  - Aktivieren Sie die Funktion *Einbauen*, und wählen Sie das Bauteil aus.
  - Bauen Sie die Propelleraufnahme *Benutzerdefiniert* über folgende Bedingungen ein:
    - *Zusammenfallend:* TOP-EBENE Fuß – TOP-Ebene Aufnahme
    - *Zusammenfallend:* RIGHT-EBENE Fuß – RIGHT-Ebene Aufnahme
    - Abstand 42 mm zwischen Oberseite Fuß und Unterseite Aufnahme gemäß Bild 4.8
- Einbau von FEDER_FUSS_V1.PRT:
  - Aktivieren Sie die Funktion *Einbauen*, und wählen Sie das Bauteil aus.
  - Bauen Sie den Rotorschutz *Starr* über folgende Bedingungen ein:
    - *Zusammenfallend:* TOP-EBENE Feder – TOP-Ebene Aufnahme
    - *Zusammenfallend:* RIGHT-EBENE Feder – RIGHT-Ebene Aufnahme
    - *Zusammenfallend:* Oberseite der Feder und Unterseite der Aufnahme
- Speichern Sie die Baugruppe ab.

4.2.2 Komponenten mit verbleibenden Freiheitsgraden einbauen

Auch in diesem Abschnitt werden wieder zwei unterschiedliche Baugruppen erstellt bzw. weiterbearbeitet. Zuerst lernen Sie das Platzieren von Bauteilen, die sich anschließend noch in einem gewissen Grad bewegen lassen, anhand der KAMERABAUGRUPPE_V1.ASM kennen. Darüber hinaus besteht durch das Hinzufügen des Propellers zur Baugruppe PROPELLERAUSLEGER_V1.ASM die Möglichkeit, das Erlernte zu wiederholen.

Unterbaugruppe Kamerabaugruppe_V1.asm

Bei den bisherigen Komponenten wurden alle Freiheitsgrade gesperrt und das Bauteil dadurch fest eingebaut. Was aber, wenn sich Komponenten in einer Baugruppe bewegen sollen, z. B. für spätere Animationen etc.? In diesem Fall müssen die benötigten Bewegungen zugelassen werden. Betrachten wir den Einbau beweglicher Komponenten am Beispiel der Kamera, die unten an der Baugruppe angebracht werden soll. Wir benötigen die Bauteile KAMERAAUFNAHME_V1.PRT, KAMERAARM_V1.PRT und KAMERA_V1.PRT.

Lassen Sie sich nicht von der Farbgebung in Bild 4.9 irritieren. Standardmäßig sind bei Creo alle Bauteile grau, bis man ihnen entweder ein Material zuweist oder sie nach den eigenen Wünschen einfärbt. Mehr dazu finden Sie in Kapitel 2 und Kapitel 6.

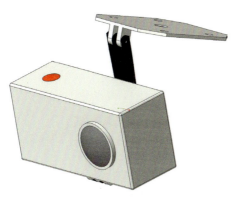 

Bild 4.9 Unterbaugruppe KAMERBAUGRUPPE_V1.ASM

Beispiel: Kamerabaugruppe_V1.asm

Zwischenschritt: Zunächst erstellen Sie eine neue Baugruppe mit dem Namen KAMERABAUGRUPPE_V1.ASM.

Zwischenschritt: Als fest eingebauten Basiskörper nutzen Sie das Bauteil KAMERAAUFNAHME_V1.PRT und fixieren es als erstes Teil über *Standard*.

Nun folgen die beweglichen Teile. Da es sich um den Zusammenbau vorhandener Komponenten handelt, gehen Sie wie in Abschnitt 4.2.1 vor:

Schritt 1 – Funktion wählen: Wählen Sie die Funktion *Einbauen*.

Schritt 2 – Komponente wählen: Wählen Sie im Dialog das Bauteil KAMERAARM_V1.PRT.

Schritt 3 – Komponentenplatzierung: Der Arm wird auf die bereits vorhandene Aufnahme referenziert. Diesmal wird die Komponente allerdings nicht fest eingebaut, sondern soll sich drehen können.

Schritt 3.1 – Platzierungsdefinitionssatz festlegen: Der Kameraarm wird mittels des Platzierungsdefinitionssatzes *Drehgelenk* an der Aufnahme befestigt. Auf der Registerkarte *Platzierung* wird ein neuer Satz angelegt, und die benötigten Randbedingungen werden angezeigt.

Schritt 3.2 – Randbedingungen und Bedingungstyp festlegen: Es werden die Randbedingung *Achsausrichtung* zur Definition der Drehachse und eine *Translation* zur Fixierung auf der Achse benötigt.

- **Bedingung 1 – *Achsausrichtung:*** Wählen Sie jeweils die durch die Bohrungen führenden Achsen, und verknüpfen Sie diese über den Bedingungstyp *Zusammenfallend*.
- **Bedingung 2 – *Translation:*** Die Bewegung entlang der Achse können Sie über die Referenzierung paralleler Ebenen oder Flächen umsetzen. Aufgrund des symmetrischen Aufbaus beider Bauteile können die TOP-Ebene des Kameraarms und die RIGHT-Ebene der Aufnahme *Zusammenfallend* aufeinandergesetzt werden.

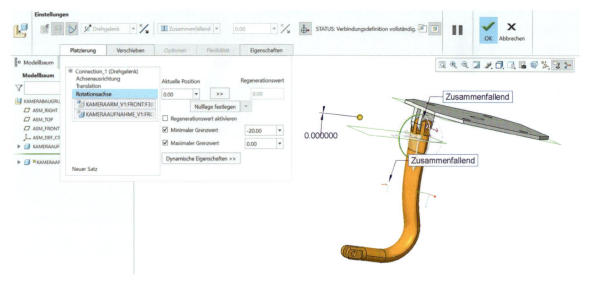

Bild 4.10 Multifunktionsleiste beim Platzieren einer Komponente mittels Drehachse

> **HINWEIS:** Referenzieren Sie auch hier wieder auf die Basiskomponente und nicht auf die Baugruppe.

Die Komponente lässt sich nun mittels des Ziehgriffs nur noch um die angegebene Achse drehen, und der Status lautet *Verbindungsdefinition vollständig*.

Im Platzierungssatz erscheint nun die optionale Bedingung *Rotationsachse*. Mittels dieser Randbedingung können Sie die Nulllage sowie Grenzwerte der Bewegung angeben. Zur vollständigen Platzierungsdefinition ist dies zwar nicht nötig, kann aber bei späteren Bewegungsabläufen sinnvoll sein. Aus Gründen der Vollständigkeit definieren wir diese optionale Bedingung (siehe Bild 4.10).

- Optionale Bedingung *Rotationsachse:* Wählen Sie hierzu jeweils die FRONT-Ebenen des Arms und der Aufnahme. Diese Ebenen liegen parallel zueinander und dienen somit der Definition des Rotationswinkels des Arms relativ zur Aufnahme. Wählen Sie als Winkel 0°. Wenn Sie nun auf die Schaltfläche *Nulllage festlegen* klicken, dann wird die entsprechende Position als Ausgangslage verwendet. Der Wert im Arbeitsfenster ändert sich auf 0°. Dies ist nun die vordefinierte Nulllage. Um die mögliche Bewegung des Arms so zu begrenzen, dass er nicht mit der Aufnahme kollidieren kann, setzen wir den minimalen und maximalen Grenzwert bezogen auf den Regenerationswert von 0° auf die Werte – 20° und 0°.

Schritt 4 – Einbau abschließen: Der Einbau kann nun über *OK* bestätigt werden.

Die Komponente erscheint nun im Modellbaum. Das nebenstehende Symbol vor dem Komponentennamen im Strukturbaum weist darauf hin, dass Mechanismusgelenke zur Definition verwendet wurden (siehe Tabelle 2.5).

Versuchen Sie jetzt, ob das Drehgelenk wie gewünscht funktioniert. Hierzu nutzen Sie die Funktion *Komponenten ziehen*.

 Komponenten ziehen

Schritt 1 – Funktion aktivieren: Die Funktion *Komponenten ziehen* finden Sie in der Multifunktionsleiste auf der Registerkarte *Modell* im Bereich *Komponente*.

Schritt 2 – Referenz wählen: Klicken Sie auf ein Element des Arms, das sich bewegen wird, wie z. B. die RIGHT- oder FRONT-Ebene, die untere Halterung für die Kamera oder einen Teil des Zug-Verbundkörpers.

Schritt 3 – Bewegen: Bewegen Sie die Maus. Wenn alle Einstellungen korrekt getroffen wurden, lässt sich der Arm innerhalb der vorgegebenen Grenzwerte um die Halterung der Aufnahme schwenken.

Schritt 4 – Ablegen: Mit einem Linksklick positionieren Sie das Bauteil an der aktuellen Position.

Wiederholen Sie selbstständig den Einbau einer beweglichen Komponente anhand der Kamera KAMERA_V1.PRT. Diese soll am unteren Ende des Arms analog zu diesem als Drehgelenk fixiert werden. Gehen Sie wie beim Kameraarm vor:

Schritt 1: Wählen Sie die Funktion *Einbauen*.

Schritt 2: Wählen Sie die Komponente KAMERA_V1.PRT.

Schritt 3: Platzieren Sie die Komponenten:

- Wählen Sie als Platzierungsdefinitionssatz *Drehgelenk*.
- Achsausrichtung: Die Achsen der Aufnahmebohrung *Kamera* und der Befestigungsbohrung *Kameraarm* werden aufeinander ausgerichtet.
- Translation: Wählen Sie hier die Symmetrieebenen von Kamera und Kameraarm.
- Rotationsachse: Wählen Sie jeweils die FRONT-Ebenen von Kamera und Kameraarm. Definieren Sie die Nulllage, wenn beide Ebenen parallel zueinander sind (maximaler Grenzwert 5°, minimaler 60°)

Schritt 4: Platzieren Sie die Komponenten.

Kontrolle: Testen Sie die Bewegungsmöglichkeiten mithilfe der Funktion *Komponente ziehen*.

 HINWEIS: Achten Sie bei der Wahl der Bedingungen darauf, ausschließlich Referenzen zwischen Kamera und Arm zu nutzen. Ansonsten besteht die Gefahr, dass Sie Freiheitsgrade durch Beziehungen zu fest eingebauten Teilen sperren.

An dieser Stelle sind Sie mit der Unterbaugruppe KAMERABAUGRUPPE_V1.PRT fertig. Speichern Sie ab, und fahren Sie mit der nachfolgenden Unterbaugruppe fort.

Unterbaugruppe Propellerausleger_V1.asm (Teil 2)

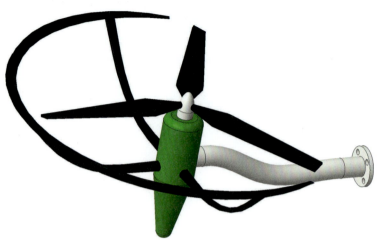

Bild 4.11 Baugruppe AUSLEGERBAUGRUPPE_V1.ASM

Propellerausleger_V1.asm: bewegliche Komponenten

Als Nächstes soll der Propellerausleger vervollständigt werden. Hierfür wird der Propeller der bereits in Abschnitt 4.2.1 erstellten Baugruppe hinzugefügt. Dieser soll sich nach dem Einbau noch drehen können.

Für den Zusammenbau des Auslegers benötigen Sie das Propellerbauteil sowie die Baugruppe:

- PROPELLER_V1.PRT
- AUSLEGERBAUGRUPPE_V1.ASM

Für den Einbau gehen Sie wie folgt vor:

- Öffnen Sie die Baugruppe AUSLEGERBAUGRUPPE_V1.ASM.
- Einbau von PROPELLER_V1.PRT:
    - Aktivieren Sie die Funktion *Einbauen*, und wählen Sie das Bauteil aus.
    - Bauen Sie den Propeller als *Drehgelenk* mit folgenden Bedingungen ein:
        - Achsausrichtung: Rotationsachse des Propellers – Rotationsachse der Aufnahme
        - Translation: Unterseite des Propellers – obere Fläche der Aufnahme
        - Rotationsachse: keine festlegen
- Speichern Sie die Baugruppe ab.

4.2.3 Unterbaugruppen verwenden

Statt Unmengen an Einzelteilen Stück für Stück in eine Baugruppe einzubauen, sollten Sie eine Strukturierung durch Unterbaugruppen bevorzugen. Dies vereinfacht die Arbeit, hält die Baugruppe übersichtlich, hilft beim Einpflegen von Bedingungen und führt zu einer größeren Nachvollziehbarkeit des Aufbaus. Außerdem kann man sich bereits in einer frühen Phase der Konstruktion Gedanken über eine sinnvolle Montage machen. Unterbaugruppen werden auf die gleiche Weise wie Bauteile in eine Baugruppe eingebaut. Sie können ebenfalls über Mechanismusverbindungen platziert und beliebig verschachtelt werden.

Unterbaugruppe Unterbau_V1.asm

Bild 4.12 Baugruppe UNTERBAU_V1.ASM

Beispiel:
Unterbau_V1.asm

Kombinieren wir also einmal die zwei bereits erstellten Baugruppen KAMERABAUGRUPPE_V1.ASM und BEIN_V1.ASM in einer gemeinsamen Baugruppe. Erstellen Sie hierzu in dem Ordner, in dem sich alle Baugruppen inklusive der enthaltenen Teile befinden, eine neue Baugruppe namens UNTERBAU_V1.ASM.

Bauen Sie zunächst die Baugruppe BEIN_V1.ASM als Basis ein. Gehen Sie nach den gewohnten Schritten vor:

Schritt 1 – Funktion wählen: *Einbauen*

Schritt 2 – Komponente wählen: BEIN_V1.ASM

Schritt 3 – Komponentenplatzierung: Bedingungstyp *Standard*

Schritt 4 – Komponenten platzieren

Dies wiederholen Sie für die Baugruppe KAMERABAUGRUPPE_V1.ASM.

 HINWEIS: Achten Sie darauf, dass Sie keine beweglichen Elemente fest in der Baugruppe fixieren.

Fixieren Sie z. B. Elemente der Kameraaufnahme über eine starre Verbindung mit der Basiskomponente über folgende Bedingungen:

- Bedingung 1: Legen Sie die Achsen der Bohrung in die Mitte der Kameraaufnahme und die Rotationsachse des Bauteils AUFNAHME_FUSS_V1.PRT übereinander.
- Bedingung 2: Sperren Sie die Rotation um die globale z-Achse, indem Sie die TOP-Ebenen der Baugruppe BEIN_V1.ASM und des Bauteils KAMERAAUFNAHME.PRT parallel ausrichten.
- Bedingung 3: Platzieren Sie die Anschlussfläche des Bauteils AUFNAHME_FUSS_V1.PRT in der dafür vorgesehenen Aussparung auf der Unterseite des Bauteils KAMERAAUFNAHME_V1.PRT.

Die Baugruppe UNTERBAU_V1.ASM enthält zwei Baugruppen inklusive der enthaltenen Bauteile und Verbindungen. Wurden die Bedingungen richtig verknüpft, lassen sich auch die Kamera und der Kameraarm noch bewegen. Testen Sie dies mit der Funktion *Komponente ziehen*.

Hauptbaugruppe Drohne_V1.asm: Körper und Unterbau

Bauen Sie nun diese Unterbaugruppe einmal in die Hauptbaugruppe ein. Öffnen Sie hierzu die DROHNE_V1.ASM. Dort müssten bereits der Körper, Deckel und die Antenne eingebaut worden sein. Der Unterbau soll gemäß Bild 4.13 als starre Verbindung eingebaut werden. Dafür werden folgende Baugruppen benötigt:

- DROHNE_V1.ASM
- UNTERBAU_V1.ASM

Für den Einbau gehen Sie wie folgt vor:

- Öffnen Sie die Baugruppe DROHNE_V1.ASM.
- Einbau von UNTERBAU_V1.ASM:
    - Aktivieren Sie die Funktion *Einbauen*, und wählen Sie das Bauteil aus.
    - Bauen Sie die Baugruppe über die folgenden Bedingungen fest ein:
        - *Zusammenfallend:* RIGHT-Ebene Körper – TOP-Ebene Unterbau
        - *Zusammenfallend:* FRONT-Ebene Körper – RIGHT-Ebene Unterbau
        - *Parallel:* obere Fläche der Kameraaufnahme – Bodenfläche des Körpers
- Speichern Sie die Baugruppe ab.

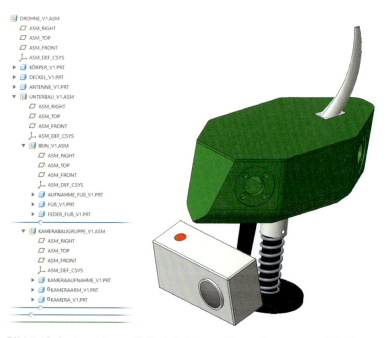

Bild 4.13 Drohnenkörper mit Deckel, Antenne, Kamerabaugruppe und Fußbaugruppe

Die Baugruppe DROHNE_V1.ASM enthält nun die Bauteile KOERPER_V1.PRT, DECKEL_V1.PRT und ANTENNE_V1 sowie die Baugruppe UNTERBAU_V1.ASM, die wiederum aus der Baugruppe BEIN_V1.ASM mit den Bauteilen AUFNAHME_FUSS_V1.PRT, FUSS_V1.PRT und FEDER_FUSS_V1.PRT sowie der Baugruppe KAMERABAUGRUPPE_V1.ASM mit den zum Teil beweglichen Bauteilen KAMERAAUFNAHME_V1.PRT, KAMERAARM_V1.PRT und KAMERA_V1.PRT besteht.

Hauptbaugruppe Drohne_V1.asm: Körper und Auslegerbaugruppe

Zur Übung wird als weitere Unterbaugruppe die Auslegerbaugruppe in das Gesamtmodell integriert.

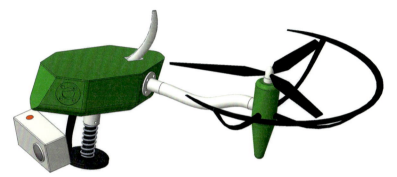

Bild 4.14 Hauptbaugruppe mit einer Auslegerbaugruppe

Zum Zusammenbau benötigen Sie die Baugruppen:
- DROHNE_V1.ASM
- AUSLEGERBAUGRUPPE_V1.ASM

Für den Einbau gehen Sie wie folgt vor:
- Öffnen Sie die Baugruppe DROHNE_V1. ASM.
- Einbau von AUSLEGERBAUGRUPPE_V1.ASM:
  - Aktivieren Sie die Funktion *Einbauen*, und wählen Sie das Bauteil aus.
  - Bauen Sie die Baugruppe über die folgenden Bedingungen fest ein:
    - *Zusammenfallend:* Achse der Senkung (Körper) – Achse des Flansches (Arm)
    - *Zusammenfallend:* Stirnfläche Senkung (Körper) – Stirnfläche des Flansches (Arm)
    - *Parallel:* TOP-Ebene Körper – TOP-Ebene Auslegerbaugruppe
- Speichern Sie die Baugruppe ab.

4.2.4 Katalog- und Standardbauteile verwenden

Wenn Sie Schrauben, Passstifte oder Ähnliches in Ihre Baugruppe einbauen möchten, müssen Sie diese nicht selbst erstellen. Creo bietet verschiedene Möglichkeiten, Katalog- und Standardteile zu nutzen, was im Folgenden erläutert wird.

Integration von Creo-internen Katalogteilen (1): Befestigung der Unterbaubaugruppe

Standardschraub- oder -passstiftverbindungen können direkt in Baugruppen eingebaut werden. Versuchen Sie doch einmal, die Kameraaufnahme über Standardschrauben mit dem Körper zu verbinden. Gehen Sie hierzu wie folgt vor:

Schritt 1 – Funktion wählen: Die Funktion zum Einbau von Standardverbindungen befindet sich in der Multifunktionsleiste auf der Registerkarte *Werkzeuge* im Bereich *Intelligent Fastener*. Die Gruppe *Intelligent Fastener* bietet Ihnen unter anderem die Möglichkeit, Schraub- und Passverbindungen einzubauen, diese erneut einzubauen, zu editieren oder zu löschen. In diesem Beispiel sollen Schrauben auf die bereits existierenden Bohrungen der Kameraaufnahme referenzieren. Wählen Sie also die Funktion *Schraube auf Referenz einbauen*.

Schraube: Auf Referenz einbauen

Schritt 2 – Referenzen auswählen: Es öffnet sich der Dialog *Referenzen auswählen*. Nutzen Sie als *Positionierungsreferenz* die Achse der vorhandenen Bohrung, als *Platzierungsflächen* des Schraubenkopfes die Unterseite der Kameraaufnahme und für *Mutter oder Gewinde* die Innenfläche des Körpers, wie in Bild 4.15 links dargestellt ist. Über Bestätigung mit *OK* gelangen Sie in den nächsten Dialog.

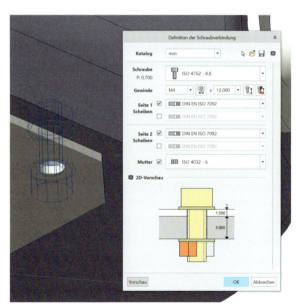

Bild 4.15 Einbau von Schrauben mithilfe von Referenzen

Schritt 3 – Schraubenverbindung definieren: Innerhalb des Fensters *Definition der Schraubverbindung* können Sie die Verbindung näher spezifizieren.

Sie können verschiedene Kataloge nutzen und vorhandene Verbindungsdefinitionen kopieren, wiederverwenden oder die aktuellen Einstellungen speichern. Im Bereich *Schraube* können Sie zwischen verschiedenen ISO- und DIN-Schraubentypen wählen. Weiterhin können Sie Einstellungen zum Gewinde treffen:

Das Gewinde kann ausgewählt werden, oder Sie klicken auf *Durchmesser ausmessen*, um eine Bohrungsfläche zum Messen auszuwählen. Der Durchmesser der nächstkleineren Schraube wird automatisch ausgewählt.

 Durchmesser ausmessen

Auch die Schraubenlänge kann vorgegeben oder automatisch gesetzt werden.

Über das Icon *Länge automatisch dauerhaft festlegen* kann die permanente Einstellung der Länge automatisch deaktiviert oder aktiviert werden.

 Länge automatisch festlegen

Über die Kontrollkästchen *Seite 1 Scheiben* und *Seite 2 Scheiben* können zusätzliche Scheiben eingefügt werden. Die Anwahl des Kontrollkästchens *Mutter* fügt diese hinzu.

Länge automatisch dauerhaft festlegen

Die 2D-Vorschau zeigt Ihnen die aktuell eingestellten Werte.

Für unser Beispiel wählen wir im Katalog *mm* den Schraubentyp *ISO 4762 – 8.8*. Die Abmessungen von Schraube, Scheiben und Muttern wählen Sie gemäß Bild 4.15.

Schließen Sie den Dialog über *OK* ab.

Schritt 4 – Verbindungen vervielfachen: Die Schraubenverbindung soll insgesamt viermal eingefügt werden. Hierfür gibt es erneut verschiedene Möglichkeiten. Bei der Kameraaufnahme werden die vier Bohrungen erkannt, und nach Abschluss des letzten Dialogs wird ein Muster der Verbindungen unter *Zusätzliche Optionen* angeboten. Gemäß der Vorschau werden die Verbindungen nun auf allen Instanzen eingebaut (siehe Bild 4.16).

Ist dies nicht gewünscht, kann auch nur eine einzelne Instanz eingebaut werden. Diese kann im Anschluss gemustert oder über die Funktion *Erneut einbauen* vervielfacht werden.

Bild 4.16 Automatisches Schraubenmuster generieren

 Passstift: Auf Referenz einbauen

Der Einbau von Passstiftverbindungen erfolgt analog.

Alternativ können sowohl Schrauben als auch Passstifte per Mausklick eingebaut werden. Dies erfolgt über das entsprechende Icon.

 Einbauen mit Mausklick

Integration von Creo-internen Katalogteilen (2): Befestigung der Auslegerbaugruppe

Nun wiederholen Sie das Platzieren einer Schraube für die Befestigung der AUSLEGERBAUGRUPPE_V1.ASM. Wichtig: Bauen Sie die Schraubenverbindung in die Unterbaugruppe des Auslegers ein. Hintergrund ist folgender: In einer Baugruppe können auch Bauteile und Baugruppen gespiegelt werden, ähnlich wie KE beim Erstellen eines Bauteils. Genaueres dazu finden Sie in Abschnitt 4.3. Das Problem an der Sache ist, dass nur einzelne Bauteile oder Baugruppen gespiegelt werden können. Das heißt, dass Sie jede einzelne Schraube, Mutter und Scheibe einzeln spiegeln oder gleich einzeln einbauen müssten. Das ist relativ aufwendig, doch lässt es sich vermeiden, indem man die Schraube bereits in die Unterbaugruppe des Auslegers einbaut. Das Vorgehen ist dabei das Gleiche wie bisher auch, nur eben jetzt in einer anderen Baugruppe.

Öffnen Sie zunächst die Baugruppe AUSLEGERBAUGRUPPE_V1.ASM.

Schritt 1 – Funktion wählen: Wählen Sie die Funktion *Schraube auf Referenz einbauen*.

Schritt 2 – Referenzen auswählen: Als Positionsreferenz wählen Sie die Bohrung des Flansches aus. Der Schraubenkopf soll auf der Seite des Flansches aufliegen, die zum Propeller zeigt. Bei der Auflagefläche für die Mutter gibt es jetzt natürlich ein Problem: Eigentlich sollte diese auf der Innenfläche des Körpers aufliegen, der in der Auslegerbaugruppe leider nicht vorhanden ist. Da das Referenzieren auf eine Ebene an dieser Stelle nicht möglich ist, müssen Sie sich mit einem kleinen Kniff behelfen. Wählen Sie erst einmal die Rückseite des Flansches aus. In einem späteren Schritt ändern Sie die Einbaubedingungen, sodass zwischen Rückseite des Flansches und Scheibe ein Abstand entsteht, der dem des Gehäuses entspricht (siehe Bild 4.16).

Schritt 3 – Art, Abmessungen und weitere Normteile wählen: Als Schraube wählen Sie die gleiche wie bei der Befestigung der Unterbaugruppe, nämlich eine Zylinderschraube mit Innensechskant ISO 4762 M4x12. Grundsätzlich ist es immer sinnvoll, bei einer Konstruktion stets die gleichen Schrauben zu verwenden. Ferner ergänzen Sie zwei Scheiben, je eine auf jeder Seite, und eine Mutter.

Schritt 4 – Erzeugen: Bestätigen Sie Ihre Auswahl. Wichtig ist im Folgenden, dass Sie die Schraubenverbindung nicht mustern, sondern nur eine einzelne einfügen, also im Dialog *Zusätzliche Optionen* die Variante *Einzelne Instanz einbauen* wählen. Diese Schraubenverbindung soll später auf andere Weise gemustert werden.

Schritt 5 – Position ändern: Nun gilt es noch, wie bereits angekündigt, den Abstand zwischen Scheibe und Mutter zur Flanschfläche zu vergrößern, sodass später die Wand des Körpers noch dazwischenpasst. Dazu klicken Sie zuerst auf die Mutter und im sich öffnenden Kontextmenü dann auf *Definitionen editieren*. Wenn Sie die Registerkarte *Platzierung* öffnen, sehen Sie, dass mithilfe des Schraubeneinbautools verschiedene Bedingungen gesetzt wurden. Klicken Sie auf die Bedingung *Abstand*, und ändern Sie den Wert von 0,55 mm auf 4,55 mm. Dies entspricht der Scheibendicke zusammen mit der Wandstärke des Drohnenkörpers. Die Mutter verschiebt sich um den entsprechenden Wert. Anschließend kann die Komponentenplatzierung beendet werden. Wiederholen Sie dieses Vorgehen für die Scheibe. Der Abstand muss auf 4 mm geändert werden. Das Endresultat ist in Bild 4.17 rechts unten zu sehen.

4.2 Einbauen von Komponenten   199

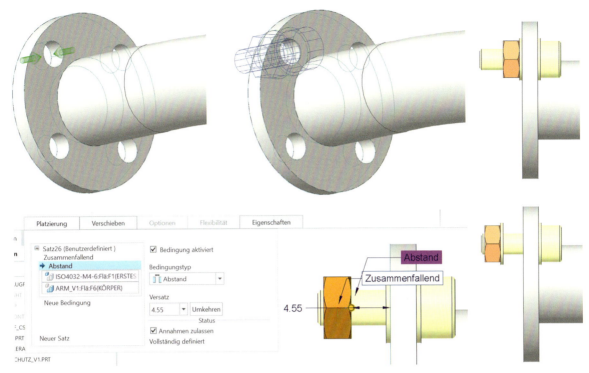

Bild 4.17 Schraubenverbindung zur Befestigung der Auslegerbaugruppe

Nachdem Sie die Schraubenverbindung eingefügt haben, wechseln Sie wieder in die Hauptbaugruppe. Nun gilt es, die Aufnahme des Beins am Gehäuse zu befestigen.

Integration von externen Standardteilen: Befestigung der Aufnahme für das Bein

Bild 4.18 Eingabemaske zur Platzierung der Komponente

Viele Firmen bieten CAD-Modelle zusätzlich zu ihren Produkten an, die direkt in Baugruppen integriert werden können. Häufig sind in Standardbauteilen sogenannte *Komponentenschnittstellen* integriert. Diese enthalten gespeicherte Randbedingungen oder Verbindungen, die zum schnellen Platzieren einer Komponente verwendet werden.

Der Einbau von Bauteilen mit integrierter Komponentenschnittstelle wird ebenfalls über die Funktion *Einbauen* gestartet. Nachdem das Bauteil ausgewählt wurde, erkennt Creo automatisch die Komponentenschnittstelle und passt die Multifunktionsleiste der Komponentenplatzierung an. In diesem Fall ist die Funktion *Mittels Schnittstelle platzieren* aktiviert. Über die Option *Manuell platzieren* können Sie in den gewohnten Modus wechseln.

 Komponentenschnittstelle

Für die Platzierung über Schnittstellen stehen Ihnen nun folgende Möglichkeiten zur Verfügung:

- *Schnittstelle zu Schnittstelle:* Die Komponente wird mit einer in der Baugruppe vorhandenen Schnittstelle abgeglichen.
- *Schnittstelle zu Geom:* Die Komponente wird über Referenzen der Baugruppengeometrie platziert.

Auf der Registerkarte *Optionen* finden Sie verschiedene weitere Einstellungsmöglichkeiten zur Verwendung der Schnittstelle:

- *Temporäre Schnittstellen einschließen*
- *Untermodell-Schnittstellen einschließen*
- *Schnittstellenkriterien überprüfen*
- *Fundstellen auf Durchdringung prüfen*

Website zum Buch

Wir möchten in unserem Beispiel exemplarisch eine vorhandene Standardschraube zur Fixierung des Beins nutzen. Die Schraube DIN_7984_M6X160.PRT steht auf *www.creobuch.de* zur Verfügung. Legen Sie das Bauteil in den Ordner, in dem sich auch die Baugruppe DROHNE_V1.ASM befindet, und öffnen Sie diese.

Gehen Sie analog zum Einbau von Komponenten ohne Schnittstelle vor:

Schritt 1 – Baugruppe öffnen und Funktion wählen: Stellen Sie sicher, dass Sie sich in der Hauptbaugruppe DROHNE_V1.ASM befinden. Bauteile mit integrierter Komponentenschnittstelle werden ebenfalls über die Funktion *Einbauen* integriert.

Schritt 2 – Komponente wählen: Wählen Sie das Bauteil DIN_7984_M6X160.PRT.

Schritt 3 – Komponentenplatzierung: Wir möchten die Komponentenschnittstelle zum Einbau nutzen. Über die aktivierte Funktion *Mittels Schnittstelle platzieren* können wir die hinterlegten Schnittstellenkonfigurationen nutzen.

Da wir keine Schnittstelle in der Baugruppe angelegt haben, nutzen wir die vorhandene Geometrie zur Positionierung. Wählen Sie hierzu *Schnittstelle zu Geom* (siehe Bild 4.18).

In diesem Standardbauteil sind zwei Beziehungen zur Definition der Position vorgesehen. Sie erscheinen wie gewohnt auf der Registerkarte *Platzierung*. Positionieren Sie die Zylinderfläche der Schraube in der Bohrung und den Schraubenkopf auf der entsprechenden Fläche der Aufnahme. Bild 4.19 verdeutlicht die Lage der Schraube.

Schritt 4 – Einbau abschließen: Der Status ist gemäß der Komponentenschnittstelle *Vollständig definiert*, und Sie können den Einbau über *OK* bestätigen.

 Es ist auch möglich, direkt aus Creo heraus auf Komponentenkataloge zuzugreifen. Onlinekataloge können Sie über den Navigationsbereich direkt aufrufen. Gehen Sie hierzu im Bereich *Favoriten* in den Unterordner *Online-Ressourcen*, und wählen Sie den *3DModellraum*. Im integrierten Browser öffnet sich der *3DModelSpace*, in dem verschiedene Kataloge nach Standardteilen durchsucht werden können.

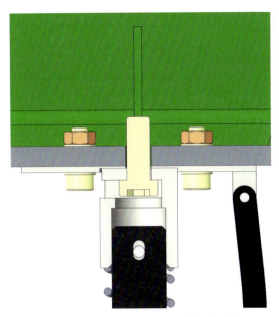

Bild 4.19 Befestigung der Aufnahme für das Bein

▪ 4.3 Muster und Spiegeln von Komponenten

Auch beim Zusammenbau von Baugruppen kann die Arbeit durch den Einsatz verschiedener Tools vereinfacht, beschleunigt und effektiver gestaltet werden. Wie bei der Bauteilerstellung werden an dieser Stelle erneut die Möglichkeiten des Spiegelns und Musterns betrachtet.

Muster

Komponenten in Baugruppen können wie KE in Bauteilen über die Funktion *Muster* schnell vervielfältigt werden. Die Funktion *Muster* ist analog zum Muster-Werkzeug der Bauteilerstellung zu bedienen. Öffnen Sie die AUSLEGERBAUGRUPPE_V1.ASM, und wenden Sie die Funktion exemplarisch auf die in Abschnitt 4.2.4 eingefügte Schraubenverbindung zur Befestigung der Auslegerbaugruppe an.

Schritt 1 – zu musternde Komponente auswählen: Wie im Einzelteil können auch in der Baugruppe mehrere Komponenten zusammen gemustert werden. Dazu müssen diese auch wieder in einer Gruppe zusammengefasst sein. Wie Sie wahrscheinlich bereits gemerkt haben, sind alle Normteile, die über die Funktion *Schraube auf Referenz einbauen* platziert werden, bereits in einer Gruppe. Markieren Sie die entsprechende Gruppe im Modellbaum (siehe Bild 4.20).

Bild 4.20 Gruppe der Schraubenverbindung im Modellbaum und im Arbeitsfenster

 Muster

Schritt 2 – Funktion aktivieren: Die Funktion *Muster* befindet sich im Bereich *Modifikatoren* der Multifunktionsleiste oder aber im Kontextmenü.

Schritt 3 – Einstellungen treffen: Es stehen die gleichen Einstellungsmöglichkeiten wie beim Muster-Werkzeug der Bauteilerstellung zur Verfügung. Wählen Sie für unser Beispiel den Mustertyp *Achse* und als Referenz die Achse der zentralen Bohrung. Platzieren Sie vier Elemente im Abstand von 90° um die Achse.

Schritt 4 – Muster erstellen: Bestätigen Sie die getroffenen Einstellungen mit *OK*, und erzeugen Sie das Muster.

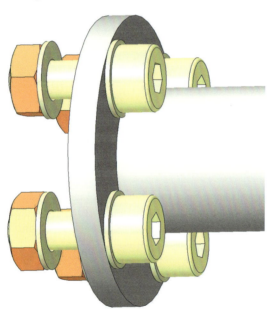

Bild 4.21 Vollständige Schraubenverbindung zwischen Körper und Auslegerbaugruppe

Spiegeln

Komponenten können über Spiegelung mehrfach in einer Baugruppe platziert werden. Dabei können Spiegelteile von Bauteilen, aber auch von Baugruppen erstellt werden. Bei der Baugruppe DROHNE_V1.ASM soll die Unterbaugruppe AUSLEGERBAUGRUPPE_V1.ASM mehrfach über Spiegelung eingebaut werden.

Schritt 1 – Funktion wählen: Um ganze Komponenten zu spiegeln, wählen Sie die Funktion *Spiegelkomponente* (in älteren Creo-Versionen auch einfach nur *Spiegeln* genannt) im Bereich *Komponente* der Multifunktionsleiste. Das Icon ist jedenfalls gleich geblieben und entspricht dem beim Spiegeln von KE im Bauteil.

 Spiegeln

> **HINWEIS:** Die Funktion *Spiegeln* im Bereich *Modifikatoren* kann lediglich auf Geometrien und KE angewendet werden und ist somit nicht zur Platzierung ganzer Komponenten geeignet.

Schritt 2 – Komponente und Spiegelebene wählen: Wählen Sie die zu spiegelnde Komponente im Modellbaum aus, in unserem Fall die gesamte Unterbaugruppe AUSLEGERBAUGRUPPE_V1.ASM. Als Spiegelebene soll die RIGHT-Ebene der übergeordneten Baugruppe gewählt werden (siehe dazu Bild 4.22). Somit wird der Ausleger stets symmetrisch in der Baugruppe platziert und der Baugruppenaufbau kann sich an etwaige Änderungen, z. B. des Körpers, anpassen.

Schritt 3 – Einstellungen treffen: Im Dialog *Spiegelkomponente* haben Sie weitere Einstellungsmöglichkeiten.

Sie können ein neues Modell erzeugen und unter einem neuen Namen separat abspeichern oder das ausgewählte Modell wiederverwenden. Bei Letzterem wird die Baugruppe erneut eingebaut, aber nicht als neue Baugruppe gespeichert. Das heißt, es handelt sich um eine abhängige Spiegelung, da dieselbe Baugruppe als Quelle dient. Des Weiteren gibt es folgende Einstellungsmöglichkeiten:

- *Nur Geometrie:* Es wird eine gespiegelte Kopie der Geometrie der ursprünglichen Komponente erzeugt.
- *Geometrie mit KE:* Es wird eine gespiegelte Kopie der Geometrie und der KE der ursprünglichen Komponente erzeugt.
- *Geometrieabhängig:* Die gespiegelte Teilegeometrie wird aktualisiert, wenn die ursprüngliche Teilegeometrie geändert wird.
- *Platzierungsabhängig:* Die gespiegelte Teileplatzierung wird aktualisiert, wenn die ursprüngliche Teileplatzierung geändert wird.
- *Symmetrieanalyse durchführen:* Die ausgewählte Komponente wird auf Symmetrie überprüft, und es wird nach antisymmetrischen Teilen in der Baugruppe gesucht.

Treffen Sie die Einstellungen gemäß Bild 4.22. Um bereits in diesem Schritt eine Voranzeige im Arbeitsfenster zu sehen, müssen Sie den entsprechenden Haken unten im Spiegelkomponentendialog setzen.

Je nachdem, wie Sie Ihr Bauteil bzw. Ihre Baugruppe aufgebaut und welche Randbedingungen Sie zum Verknüpfen des Ausgangsbauteils verwendet haben, kann es sein, dass das gespiegelte Objekt – wie in Bild 4.22 zu sehen – verdreht eingebaut wird. Jetzt können Sie entweder Ihren gesamten Aufbau ändern, oder aber Sie erzeugen erst einmal die gespiegelte Komponente, wählen diese anschließend an und ändern über *Definitionen editieren* in der Registerkarte *Platzierung* die Einbaubedingungen.

- **Schritt 4 – Spiegelkomponente erstellen:** Bestätigen Sie die getroffenen Einstellungen mit *OK*.

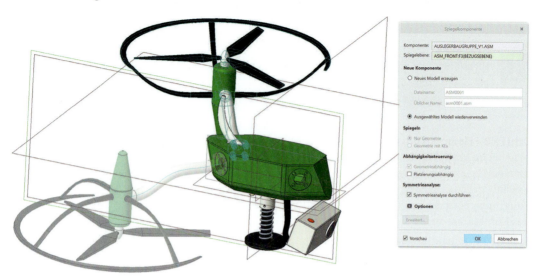

Bild 4.22 Unschöne Randerscheinung beim *Spiegeln* im Baugruppenmodus

Wiederholen Sie diesen Vorgang zweimal an der FRONT-Ebene der Baugruppe, um alle vier Ausleger zu platzieren. Dies ist leider notwendig, da es ist nicht möglich ist, mehrere Komponenten, Gruppen oder Muster zu spiegeln.

Bild 4.23 Schrittweises *Spiegeln* der Auslegerbaugruppe

Auch die nützlichsten Funktionen haben Einschränkungen. So wird der Anwender häufig vor die Herausforderung gestellt, die effizienteste Vorgehensweise innerhalb der durch das Programm vorgegebenen Grenzen zu finden. Hierzu ein kleines Beispiel: Die Ausleger der Drohne wurden über Spiegelung vervielfacht, die Standardschrauben zur Befestigung eines Arms über Muster. Welche Möglichkeit gibt es, diese Verschraubung schnell und einfach auf die restlichen drei Ausleger zu übertragen? Wie so oft, gibt es bei dieser Fragestellung verschiedenste Lösungswege, z. B.:

- Sehr aufwendig: die verbleibenden zwölf Schrauben einzeln einbauen
- Schon besser: pro Ausleger eine Schaube einbauen und dann mustern
- Noch besser: eine der bereits eingebauten Schrauben spiegeln und dann das Muster erzeugen

Alternativ könnten Sie auch die Funktionen der Komponentenschnittstelle für einen automatisierten Einbau nutzen oder, wie es hier in diesem Beispiel geschehen ist, die Schrauben von vornherein in die Auslegerbaugruppe integrieren. Welche Strategie die beste ist, entscheiden der Anwender und die an das Modell geknüpften Bedingungen.

4.4 Objekte direkt in der Baugruppe erzeugen

Anstatt bereits vorhandene Komponenten in eine Baugruppe einzufügen, können Sie auch aus der Baugruppe heraus neue Objekte anlegen. Dies können Bezüge oder einzelne KE, aber auch ganze Bauteile und Unterbaugruppen sein. Die so erzeugten Elemente weisen eine externe Abhängigkeit zur Baugruppe auf.

 TIPP: Es wird empfohlen, Komponenten nicht direkt in der Baugruppe zu erstellen, sondern bereits vorhandene Komponenten, wie in Abschnitt 4.2 beschrieben, einzubauen. Daher wird die Erzeugung von Komponenten an dieser Stelle nur kurz angerissen.

Bezüge und KE in der Baugruppe erzeugen

In einer bestehenden Baugruppe können Sie verschiedene Baugruppen-KE direkt erzeugen.

Die Funktionen hierzu finden Sie in der Multifunktionsleiste in den Bereichen:

- *Bezug*: Erstellen von Ebenen, Achsen, Koordinatensystemen, Skizzen etc.
- *Schnitt und Fläche*: verschiedene Module zum Erstellen, z. B. von Profilen oder Drehteilen, Bohrungen, kosmetischen KE etc.

Die Anwendung dieser Funktionen erfolgt analog zur Bedienung des jeweiligen Werkzeugs in der Bauteilerstellung. Auch verschiedene *Modifikatoren* aus dem gleichnamigen Bereich können wie gewohnt genutzt werden.

Komponenten der Baugruppe erzeugen

Komponente erzeugen

Über die Funktion *Komponente erzeugen* im Bereich *Komponente* der Multifunktionsleiste können Sie verschiedene Komponenten direkt aus der Baugruppe heraus erzeugen. Zur Auswahl stehen:

- *Teil*
- *Unterbaugruppe*
- *Skelettmodell*
- *Massenelement*
- *Arbeitsraum*

Für jeden dieser *Typen* kann zudem ein kontextbezogener *Untertyp* und ein Name festgelegt werden.

Möchten Sie beispielsweise ein neues Bauteil erzeugen, wählen Sie als Typ *Teil* und als Untertyp *Volumenkörper*. Im darauffolgenden Dialog können Sie zwischen verschiedenen Erzeugungsmethoden wählen:

- *Aus vorhandenen kopieren* erzeugt eine Kopie eines vorhandenen Teils und fügt sie in die Baugruppe ein. Das neue Teil wird in der Baugruppe platziert oder als unplatzierte Komponente in die Baugruppe eingeschlossen.
- *Standardbezüge positionieren* erzeugt eine Komponente und baut sie automatisch bezogen auf die gewählten Referenzen in der Baugruppe ein. Das Programm erzeugt Randbedingungen, mit denen die Standardbezugsebenen der neuen Komponente im Verhältnis zu den gewählten Baugruppenreferenzen positioniert werden. Ein neues Teil wird erzeugt, und Sie gelangen in den KE-Erstellungsmodus. Das neue Teil ist das aktive Modell in der Baugruppe, und es bleibt aktiv, bis Sie ein anderes Untermodell oder die Baugruppe der obersten Ebene aktivieren.
- *Leer* erzeugt ein leeres Teil. Das neue Teil wird in der Baugruppe platziert oder als unplatzierte Komponente in die Baugruppe eingeschlossen.
- *KE erzeugen* erzeugt das erste KE eines neuen Teils. Das ursprüngliche KE ist abhängig von der Baugruppe. Ein neues Teil wird erzeugt, und Sie gelangen in den KE-Erstellungsmodus. Das neue Teil ist das aktive Modell in der Baugruppe, und es bleibt aktiv, bis Sie ein anderes Untermodell oder die Baugruppe der obersten Ebene aktivieren.

Soll ein Volumenkörper inklusive seiner KE erstellt werden, wählen Sie *KE erzeugen*. Es wird das neu zu erstellende Bauteil aktiviert. Die Benutzeroberfläche sowie die Handhabung entsprechen denen der Bauteilerstellung. Das so erzeugte Bauteil nutzt Referenzen der Baugruppe. Deshalb können Sie Ihre Platzierung später nicht umdefinieren.

4.5 Regenerieren von Baugruppen

Wenn Sie in einer Komponente, die in einer Baugruppe verwendet wird, Änderungen durchgeführt haben, müssen diese in die Baugruppe übertragen werden. Dies geschieht zum Teil automatisch, kann aber über *Regenerieren* bzw. den *Regenerierungsmanager* im Bereich *Operationen* der Multifunktionsleiste gesteuert werden.

Regenerieren

Regenerierungsmanager

Standardmäßig identifiziert und regeneriert der *Regenerieren*-Befehl alle geänderten Teile, einschließlich der Baugruppe und Unterbaugruppen der obersten Ebene. Um die Regenerierungszeit zu verkürzen, können Sie die Komponenten für die Regenerierung im Modellbaum oder über das Such-Tool auswählen.

Sollte die Regenerierung einer Komponente einmal fehlschlagen, kann das verschiedene Gründe haben:

- Die Komponente wurde im Verzeichnisbaum an der falschen Stelle platziert.
- Die Komponente wurde umbenannt.
- Die Komponente wurde von der Festplatte gelöscht.
- Der Komponente fehlt ein referenziertes KE.
- Die Komponente enthält eine verletzte Platzierungsrandbedingung.
- Die Komponente weist eine fehlgeschlagene Elternkomponente oder ein fehlgeschlagenes referenziertes KE auf.

Die betroffenen Komponenten werden im Modellbaum markiert, und der Modellregenerierungs-Statusbereich gibt eine Fehlermeldung aus.

4.6 Explosionsansicht

In einer Baugruppen-Explosionsansicht werden die einzelnen Komponenten des Modells von den übrigen Komponenten gelöst dargestellt.

Auf die Funktion *Explosionsansicht* können Sie über die Registerkarte *Modell*, die Registerkarte *Ansicht* und das Dialogfenster *Ansichts-Manager* zugreifen. In der Standardexplosionsansicht sind die einzelnen Komponenten getrennt entsprechend den Platzierungsrandbedingungen in der Baugruppe dargestellt.

Explosionsansicht

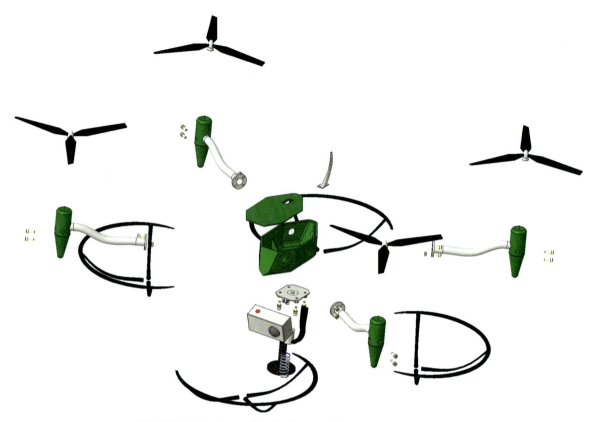

Bild 4.24 Explosionsansicht der DROHNE_V1.ASM

Möchten Sie die *Explosionsansicht* bearbeiten oder verschiedene Explosionsansichten anlegen, nutzen Sie dafür den über *Ansichten verwalten* erreichbaren *Ansichts-Manager*. Auf der Registerkarte *Explodieren* können neue Explosionsansichten erstellt und editiert werden.

Über *Editieren* oder innerhalb der *Eigenschaften* können Sie z. B. die Position editieren. Auf der sich öffnenden Registerkarte *Explodieren-Werkzeug* können Sie mithilfe verschiedener Bewegungstypen einzelne Komponenten oder auch Unterbaugruppen individuell positionieren.

Geänderte Zustände können über *Editieren* > *Speichern* in einer definierten Ansicht hinterlegt werden. Hierzu muss die zu speichernde Explosionsansicht aktiviert sein.

4.7 Übungen

Um das in diesem Kapitel erworbene Wissen zu verfestigen, können Sie sich nach Fertigstellung des Einsteigermodells (DROHNE_V1.ASM) an den Zusammenbau der erweiterten Drohne (DROHNE_V2.ASM) machen (siehe Bild 4.25). Zeichnungen der Einzelteile und kurze Bauanweisungen finden Sie auf *www.creobuch.de*.

Website zum Buch

Bild 4.25 DROHNE_V2.ASM

5 Zeichnungsableitung

In diesem Kapitel geht es um die Erstellung einer Technischen Zeichnung mit Creo. Mit dem Modul *Zeichnungserstellung* können Sie detaillierte Technische Zeichnungen erstellen und bearbeiten, die 3D-Modelle als Geometriequelle verwenden. Bemaßungen, Notizen und andere Designelemente können zwischen dem Modell und seinen Ansichten auf dem Zeichenblatt transferiert werden. Gleich zu Beginn ist darauf hinzuweisen, dass wir uns aufgrund des Programmumfangs auf die grundlegenden Werkzeuge beschränken werden, die notwendig sind, um eine Technische Zeichnung anzufertigen.

Trotz aller Entwicklungen der letzten Jahre im Bereich CAM (Computer Aided Manufacturing) und den technischen Möglichkeiten, die die Digitalisierung im Bereich Vernetzung von Fertigung und Konstruktion bietet, ist die Technische Zeichnung immer noch das Medium zur Kommunikation und Dokumentation von Konstruktionen und Entwicklungen in einer Vielzahl von Branchen und Betrieben. Das Erstellen einer eindeutigen und aussagekräftigen Technischen Zeichnung ist folglich immer noch essenzieller Bestandteil der konstruktiven Tätigkeit. Neben der eindeutigen Bemaßung und der Festlegung der Oberflächenbeschaffenheit sind vor allem bei Einzelteilen in komplexen Baugruppen die Tolerierung und die Toleranzanalyse sehr zeitaufwendig.

Hinsichtlich des Arbeitsaufwands gilt die Faustformel, dass es mindestens genauso lange dauert, eine korrekte Technische Zeichnung zu erstellen, wie das Entwerfen des dreidimensionalen Modells.

 Beachten Sie, dass in diesem Buch nur auf das Erstellen von Zeichnungen mit Creo eingegangen wird. Um sicherzugehen, dass Ihre Zeichnungen auch im technischen Sinne korrekt, eindeutig und aussagekräftig sind, ist es zwingend notwendig, die entsprechende Fachliteratur bzw. die einschlägigen Internetseiten zum Thema Technisches Zeichnen zu studieren. Folgende Auswahl hat sich beim Konstruieren und Zeichnen nach unserer Erfahrung im Alltag bewährt:

- *Hoischen, H.:* Technisches Zeichnen. Grundlagen, Normen, Beispiele, Darstellende Geometrie, Geometrische Produktspezifikation. 36. Auflage. Berlin: Cornelsen Verlag, 2018
- *Grollius, H.-W.:* Technisches Zeichnen für Maschinenbauer. 3. Auflage. München: Hanser Verlag, 2016

Literaturempfehlung

- *Fischer, U.:* Tabellenbuch Metall. 47. Auflage. Haan: Europa-Lehrmittel Verlag, 2017
- *www.technisches-zeichnen.net*

Grundsätzlich unterscheidet man verschiedene Arten von Zeichnungen, wobei in diesem Buch nur die Einzelteil- und Baugruppenzeichnungen in ihren Grundformen vorgestellt werden. Doch genug der Vorrede, beginnen wir mit der Zeichnungserstellung.

Website zum Buch

Die grundlegende Vorgehensweise und die verschiedenen Möglichkeiten werden, wie bisher in diesem Buch, anhand eines Einzelteils der DROHNE_V1.ASM vorgestellt. Weitere Übungsbeispiele finden Sie in Abschnitt 5.6 und auf *www.creobuch.de*. Dort stehen auch fertige CAD-Modelle zur Verfügung, damit Sie gleich die Erstellung von Zeichnungen üben können.

■ 5.1 Erstellen einer neuen Zeichnung

Neu

Analog zu den bisherigen Modelltypen können neue Zeichnungen über *Datei > Neu*, durch einen Klick auf das entsprechende Icon oder mit der Tastenkombination <STRG> + <N> erstellt werden.

Beispiel: Arm_V1.drw

Wählen Sie, wie in Bild 5.1 dargestellt, den Typ *Zeichnung* aus, und benennen Sie diesen mit ARM_V1.DRW. Grundsätzlich besteht auch die Möglichkeit, durch das Setzen des entsprechenden Hakens, als Dateinamen den des Zeichnungsmodells zu übernehmen.

Anschließend können Sie mit *OK* bestätigen.

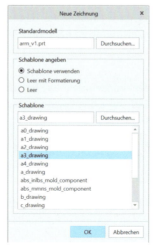

Bild 5.1 Dialog *Neu* und Fenster für eine *Neue Zeichnung*

Als Nächstes öffnet sich das Fenster *Neue Zeichnung* (siehe Bild 5.1). Im oberen Bereich können Sie das *Standardmodell* festlegen. Wenn Sie bereits das Volumenmodell Arm_V1.prt geöffnet haben, schlägt Ihnen Creo dieses Bauteil auch an dieser Stelle als Standardmodell vor. Wenn Sie kein Modell im Hintergrund geöffnet haben oder aber mehrere und es wird Ihnen an dieser Stelle nicht das gewünschte angezeigt, dann können Sie das entsprechende Teil über die Schaltfläche *Durchsuchen...* auswählen.

Standardmodell

Direkt unter dem Standardmodellbereich lässt sich festlegen, welche Voreinstellungen bei der neuen Zeichnung gelten sollen. Es können entweder konkrete Vorlagen ausgewählt werden, die Creo als Schablonen bezeichnet (siehe Kapitel 2), oder ein leeres Blatt mit bestimmten Voreinstellungen. An dieser Stelle kann auch die Auswahl firmen- oder institutsspezifischer Vorlagen erfolgen. Zudem bietet Creo auch in der Grundinstallation zu allen Formaten verschiedene, vorgefertigte Rahmen, Schriftfelder und Normen an. Um diese zu verwenden, wählen Sie, wie Bild 5.1 in der Mitte zeigt, *Schablone verwenden* aus, markieren die entsprechende Vorlage und bestätigen mit *OK*.

Standardschablonen

Im Zuge dieser Einführung soll jedoch eine leere Zeichnung ausgewählt werden, um Ihnen zu zeigen, wie Sie selbst verschiedene Einstellungen vornehmen können. Dafür wählen Sie die Variante *Leer*, wie in Bild 5.1 rechts dargestellt. Als Orientierung wird das *Querformat* und als Größe *A3* festgelegt. Anschließend bestätigen Sie mit *OK*. Es öffnet sich eine neue Zeichnung, bei der nicht mehr als die Umrisse des Blattes erkennbar sind.

Arm_V1.drw: Blatt einrichten

TIPP: Vor allem als Einsteiger ist es sinnvoll, sich an folgende Reihenfolge beim Erstellen von Zeichnungen zu halten:

1. Voreinstellungen vornehmen (Zeichnungsnorm, Schriftfeld, Zeichnungsrahmen, ...)
2. Ansichten einfügen
3. Mittellinien einzeichnen
4. zusätzliche Elemente (Stückliste, Texte, Tabellen, ...)
5. Anmerkungen einfügen (Maße, Toleranzen, Oberflächenvorgaben, Form und Lagetoleranzen, ...)

Empfohlene Reihenfolge

5.2 Einstellungen

Wie an verschiedenen anderen Stellen bietet Creo auch hier bei der Zeichnungserstellung bestimmte Standardvorlagen an, mit deren Hilfe das Erstellen von Zeichnungen erleichtert wird. Falls Sie in einem Unternehmen tätig sind oder werden, dann gibt es mit hoher Wahrscheinlichkeit spezielle Voreinstellungen und Zeichnungslayouts, die Sie verwenden sollen.

In diesem Gliederungspunkt wird unter anderem gezeigt, wie Sie selbst verschiedene Einstellungen vornehmen, wie Sie ein Schriftfeld samt Zeichnungsrahmen importieren und wie Sie nachträglich Blatt und Zeichnungsrahmen ändern können.

5.2.1 Zeichnungseigenschaften

DIN/ISO/ANSI

Das Aussehen einer Technischen Zeichnung ist genormt. Es ist beispielsweise festgelegt, welche Strichstärke sichtbare Bauteilkanten haben, wie Buchstaben auszusehen haben, auf welche Weise Ansichten erstellt werden, wie groß der Abstand zwischen Maßzahl und Maßlinie ist usw. Diese Normen unterscheiden sich je nach Land oder Organisation, manche Firmen haben sogar ihre eigenen Vorgaben. Gängig sind im deutschsprachigen Raum DIN- oder ISO-Normen und in Nordamerika, vor allem in den USA, die ANSI-Normen. Die jeweiligen Vorgaben und Einstellungen können sich dabei stark unterscheiden.

Projektionsmethode

Exemplarisch sei an dieser Stelle nur kurz auf das Thema Erstellen von Ansichten verwiesen. Im europäischen Raum (ISO-Normen) wird in der Regel die Projektionsmethode 1 verwendet, kurz mit FR bezeichnet. Dabei werden, ausgehend von der jeweiligen Vorderansicht, die Seitenansichten dadurch erzeugt, dass man das Bauteil „gedanklich auf die Seite klappt". Das heißt, dass die Ansicht links neben der Vorderansicht die rechte Seite des Bauteils zeigt. Bei der Projektionsmethode 3, die vor allem in den USA verwendet wird, ist es so, dass nicht das Bauteil geklappt wird, sondern sich der Betrachter „um das Bauteil bewegt", was wiederum bedeutet, dass in diesem Fall die Ansicht links neben der Vorderansicht die linke Bauteilseite zeigt. Am besten können Sie sich dies mit einem Sechsaugenwürfel vergegenwärtigen.

Je nach Projektionsmethode wird also eine andere Seite des Bauteils gezeigt. Aus diesem Grund ist es essenziell, auf jeder Zeichnung mit dem entsprechenden Symbol oder Kurzzeichen die Projektionsmethode festzulegen.

 TIPP: In der heutigen, international vernetzten Geschäftswelt ist beim Austausch und der Verwendung von Technischen Zeichnungen äußerste Vorsicht und Sorgfalt geboten. Es lohnt sich immer, den Normenstand einer Zeichnung zu überprüfen. Falsch gefertigte Teile sind ärgerlich und meist nicht mehr zu gebrauchen.

Standards für die Toleranzen festlegen

Für Ihre erste Zeichnung soll der ISO-Standard gelten. Öffnen Sie den Dialog *Zeichnungseigenschaften* über *Datei > Vorbereiten > Zeichnungseigenschaften* (siehe Bild 5.2).

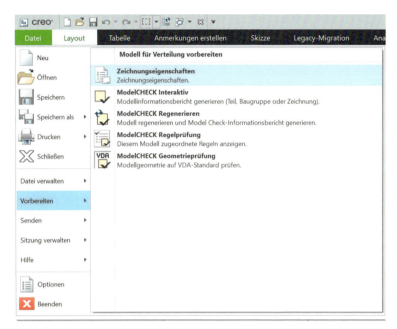

Bild 5.2 Pfad zu den Zeichnungseigenschaften

Es öffnet sich das Fenster der *Zeichnungseigenschaften*. In der hier verwendeten Creo-Version 6.0.0.0 gelten, wie Sie in Bild 5.3 sehen, für KE und die Geometrie Toleranzen nach ANSI. Es kann aber auch sein, dass bei Ihnen bereits DIN/ISO an dieser Stelle steht. In diesem Fall haben Sie Glück.

 Zeichnungs-
eigenschaften

Bild 5.3 Zeichnungseigenschaftendialog (links) und Menü-Manager Toleranzen (rechts)

Um auf den DIN/ISO-Standard umzustellen, drücken Sie in der Zeile *Toleranzen* ganz rechts auf *Ändern*, und das in Bild 5.3 abgebildete Menü erscheint auf Ihrem Bildschirm. Wenn Sie auf *Standard* klicken, dann öffnet sich ein zweiter Bereich darunter und Sie können *ISO/DIN* per Doppelklick auswählen. Anschließend öffnet sich ein Hinweis, dass die Zeichnung regeneriert werden muss. Diesen können Sie bestätigen.

Überdies kann man Modellklassen und Toleranztabellen festlegen. Hier lassen sich die allgemeinen Fertigungstoleranzen, die Vorgaben für Bruchkanten bzw. Bohrungen usw. anzeigen und verändern, doch das geht an dieser Stelle zu weit. Näheres dazu wird in Abschnitt 5.4.3 erläutert.

Bestätigen Sie die Änderung mit einem Klick auf *Fertig/Zurück*.

Regenerieren

Detailoptionen anpassen

Lassen Sie sich nicht irritieren, falls immer noch *ANSI* in dem entsprechenden Feld stehen sollte. Schließen Sie die *Zeichnungseigenschaften*, und drücken Sie auf *Regenerieren*. Wenn Sie erneut die Eigenschaften öffnen, wurde der Eintrag aktualisiert.

Anschließend passen Sie die *Detailoptionen* an. Über einen Klick auf die Schaltfläche *Ändern* in der entsprechenden Zeile (siehe Bild 5.3) gelangen Sie in den in Bild 5.4 dargestellten Dialog *Optionen*. Darin können sämtliche Detaileinstellungen vorgenommen werden. Diese müssen Sie jetzt nicht per Hand an die jeweilige Norm anpassen, sondern es existieren bereits Voreinstellungen, die übernommen werden können. Diese sind allerdings nicht ganz einfach zu finden.

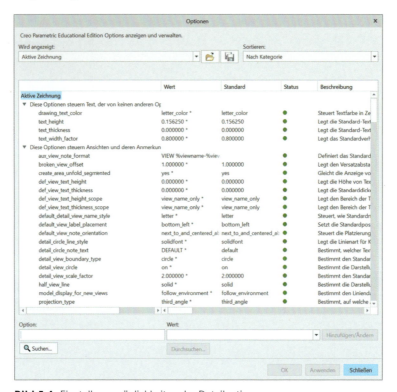

Bild 5.4 Einstellungsmöglichkeiten der Detailoptionen

Konfigurationsdatei öffnen

Klicken Sie dazu auf die Schaltfläche *Konfigurationsdatei öffnen* im oberen Bereich des Fensters. Wählen Sie das Laufwerk aus, unter dem Sie Creo installiert haben. Standardmäßig ist dies C. Folgen Sie dann folgendem Pfad: `C:\Program Files\PTC\Creo 6.0.0.0\Common Files\creo_standards\draw_standards\`

An dieser Stelle wählen Sie die ISO_MM.DTL für die Detailoptionen aus und übernehmen diese entweder mit einem Doppelklick auf die entsprechende Datei oder aber über die Schaltfläche *Öffnen* (siehe Bild 5.5).

Bild 5.5 Verschiedene in Creo implementierte Standards

Sie gelangen zurück in das Fenster *Optionen* und sehen jetzt an den hellgrünen Punkten in der Statusspalte, in welchen Zeilen Änderungen zu den bisherigen Einstellungen vorgenommen wurden. Wichtig: Klicken Sie erst auf *Anwenden* und anschließend auf *OK*, in manchen älteren Creo-Versionen werden sonst die Änderungen nicht übernommen.

 TIPP: Ändern Sie die Zeichnungseigenschaften möglichst immer vor dem Erstellen einer Zeichnung. Bei nachträglichen Änderungen verlieren eventuell Maße ihren Bezug oder ganze Ansichten verschwinden.

5.2.2 Blatt einrichten

Mit den vorangegangenen Arbeitsschritten haben wir die Zeichnungseigenschaften angepasst. Nun fügen wir einen Zeichnungsrahmen und ein Schriftfeld hinzu.

Dafür klicken Sie als Erstes in der Multifunktionsleiste auf der Registerkarte *Layout* im Bereich *Dokument* auf die Schaltfläche *Blatt einrichten* (siehe Bild 5.6).  Blatt einrichten

Bild 5.6 Einrichtung eines Zeichenblatts

Format

Grafische Elemente wie Berandungslinien, Referenzmarkierungen oder Tabellen, die auf jedem Blatt angezeigt werden sollen und hinzugefügt werden, bevor Zeichnungselemente hinzugefügt werden, werden in Creo in Form von *Formaten* (.FRM) hinterlegt. Creo wird mit verschiedenen Standardzeichnungsformaten für unterschiedliche Blattgrößen ausgeliefert. Sie können im Feld *Format* ausgewählt werden (siehe Bild 5.6) und befinden sich üblicherweise unter folgendem Pfad: `C:\Program Files\PTC\Creo 6.0.0.0\Common Files\formats`

Sie können auch Ihr eigenes Format designen. Hierzu gehen Sie zunächst auf *Neu* und wählen als Typ *Format* aus. Nachdem Sie Schablone, Orientierung und Größe angegeben haben, öffnet sich ein neues Fenster, in dem Sie Ihr Format editieren können.

 Beachten Sie bei der Erstellung, dass ein Schriftfeld einer Technischen Zeichnung in der Regel folgende Angaben beinhaltet:

- Name des Bauteils und eventuell der Baugruppe
- Zeichnungsnummer
- Revisionsstand
- Autor, Prüfer und Freigebender (Tabelle mit Name, Datum, Unterschrift)
- Projektionsmethode
- Allgemeintoleranzen
- Brechen der Kanten und Ausführen von Rundungen
- Oberflächengüte
- geltende Norm und Lagetoleranzen
- Blattmaßstab
- Masse
- Material

Die Erläuterung der Formaterstellung würde an dieser Stelle etwas zu weit führen. Daher nutzen Sie einfach eines der verfügbaren Standardformate.

■ 5.3 Ansichten

Bild 5.7 Auswahl der Modellansichten

Nachdem alle Voreinstellungen getroffen wurden, werden in einem nächsten Schritt die verschiedenen *Ansichten* des Bauteils eingefügt. Es bietet sich an, erst alle verschiedenen Ansichten, Ausbrüche, Detailansichten und Bruchkanten einzufügen, ehe erste Maße oder Ähnliches platziert werden. Hintergrund ist der, dass nachträgliche Änderungen der Ansichten meist dazu führen, dass Maße ihren Bezug verlieren und neu eingefügt werden müssen. Auch erkennt man schnell, ob die gewählte Blattgröße ausreichend ist, wenn man gleich alle Ansichten platziert. Wichtig ist, an dieser Stelle ausreichend Platz für die Stückliste bei Baugruppenzeichnungen oder – falls notwendig – die Angabe von Halbzeugen auf Einzelteilzeichnungen vorzusehen.

Im Gegensatz zu den Werkzeugerläuterungen bei der Erstellung von Bauteilen und Baugruppen sind diese bei der Erstellung von Zeichnungen wesentlich umfangreicher. Aus diesem Grund unterscheidet sich auch der Aufbau dieses Kapitels von dem der vorangegangenen Kapitel. Innerhalb eines Abschnitts werden als Erstes die Funktionen erläutert, und anschließend folgt eine Klickanleitung für das Beispiel.

5.3.1 Ansichten einfügen und bearbeiten

Auf der Registerkarte *Layout* im Bereich *Modellansichten* finden Sie alle Werkzeuge, die für das Erzeugen einer Technischen Zeichnung in Creo notwendig sind. Das grundsätzliche Vorgehen bei einer Zeichnung ist im Folgenden beschrieben.

Zeichnungsmodell festlegen: Es muss definiert werden, von welchem Bauteil verschiedene Ansichten erstellt werden sollen. Über die Schaltfläche *Zeichnungsmodelle* im Bereich *Modellansichten* der Multifunktionsleiste können Sie ein oder mehrere Bauteile oder auch Baugruppen auswählen, von denen Sie dann Ansichten erstellen können. Automatisch hinterlegt ist das Bauteil, das Sie beim Neuerstellen der Zeichnung als Referenz ausgewählt haben. Auch hier können über den entsprechenden Menü-Manager weitere Einstellungen vorgenommen werden, wobei es für diese Einführung völlig ausreichend ist, wenn Sie das Bauteil ARM_V1.PRT ausgewählt haben. Sie können diese Schaltfläche also erst einmal beiseitelassen.

Zeichnungsmodelle

Basisansicht festlegen: Über die entsprechende Schaltfläche und einen Klick auf die Stelle des Blattes, an dem sich später die *Basisansicht* befinden soll, gelangen Sie in den Dialog *Zeichnungsansicht*. Dieser ist bei Creo sehr umfangreich. Sie können in den entsprechenden Bereichen die Darstellungsform, den Maßstab, die eigentliche Basisansicht usw. festlegen.

Basisansicht

Projektionsansichten erzeugen: Über die entsprechende Schaltfläche erzeugen Sie weitere Ansichten, abhängig von Ihrer Basisansicht. Dabei wird je nach gewählter Projektionsmethode (hier Methode 1, da der ISO-Standard gilt) neben, über oder unter der Basisansicht die entsprechende Ansicht des Bauteils erzeugt. Über einen Klick auf die entsprechende Ansicht und einen auf *Eigenschaften* im sich öffnenden Kontextmenü gelangen Sie in den Zeichnungsdialog der ausgewählten Ansicht und können Änderungen vornehmen.

 Projektionsansicht

Detailansicht

Detailansichten erzeugen: In bestimmten Fällen, z. B. bei Nuten in Wellen, sind Teilgeometrien des Bauteils so klein gegenüber den gesamten Abmessungen, dass Ausschnitte vergrößert werden müssen. Dies erfolgt über die Schaltfläche *Detailansichten*.

Es gibt noch verschiedene weitere Möglichkeiten, Ansichten zu erzeugen, wobei wir uns im Zuge dieser Einführung nur auf die wichtigsten, eben genannten Funktionen beschränken.

 Grundsätzlich geht man bei der Erstellung von Zeichnungen hinsichtlich der Ansichten wie folgt vor:
- Sie definieren die Basis- bzw. Hauptansicht über die Funktion *Basisansicht*.
- Optional erzeugen Sie weitere Ansichten über die Schaltfläche *Projektionsansicht*.
- Optional werden, falls nötig, feine Geometrien mithilfe der Funktion *Detailansicht* vergrößert.
- Optional fügen Sie eine isometrische Ansicht ein. Dafür wird eine zweite Basisansicht platziert.

Im Folgenden werden ausgehend von der Basisansicht des Drohnenarms ARM_V1.PRT alle wichtigen Einstellungsmöglichkeiten des Dialogs *Zeichnungsansicht* vorgestellt. Sie können diese gerne parallel zu den Erläuterungen nachvollziehen. Die eigentliche Übung zum Thema Ansichten erfolgt dann in Abschnitt 5.3.4.

Um eine *Basisansicht* auf Ihrem Blatt zu platzieren, klicken Sie auf die entsprechende Schaltfläche in der Multifunktionsleiste oder drücken mit der rechten Maustaste auf das Blatt im Arbeitsfenster und halten diese etwas gedrückt. Im erscheinenden Auswahlfenster können Sie ebenso das Icon *Basisansicht* auswählen. Es erscheint das in Bild 5.8 dargestellte Fenster.

Bild 5.8
Fenster, um den kombinierten Zustand festzulegen

An dieser Stelle muss kurz ausgeholt werden: Wenn Sie ein Bauteil öffnen und in der Multifunktionsleiste die Registerkarte *Ansicht* öffnen, dann gibt es im Bereich *Modelldarstellung* die Funktion *Ansichten verwalten*. An dieser Stelle können verschiedene Ansichten mit vereinfachten Darstellungen, verschiedene Orientierungen, Schnitte usw. vorgenommen werden. Die an dieser Stelle gespeicherten Ansichten bezeichnet Creo als kombinierte Zustände. In dem hier bei der Zeichnungserstellung auftauchenden Fenster können Sie nun wählen, ob diese aktiviert werden sollen. Um auf der sicheren Seite zu sein, wählen Sie *STANDARD ALLE* und bestätigen mit *OK*.

Ansichten verwalten

Jetzt müssen Sie die Position der Ansicht auf dem leeren Blatt festlegen. Klicken Sie dazu einfach mit der linken Maustaste auf die entsprechende Stelle. Beim ersten Mal ist es vielleicht etwas irritierend, dass nach dem Fenster *Kombinierten Zustand auswählen* nichts passiert, aber auch an dieser Stelle hilft ein Blick auf die Statusleiste. Hier wird, wie in Bild 5.9 gezeigt, darauf hingewiesen, dass der Mittelpunkt der Ansicht auf dem Blatt festgelegt werden soll.

Bild 5.9 Hinweis der Statussymbolleiste beim Erstellen der Basisansicht

Sobald Sie in den Arbeitsbereich klicken, wird an entsprechender Stelle die Ansicht eingefügt, und der Dialog *Zeichnungsansicht* öffnet sich (siehe Bild 5.10).

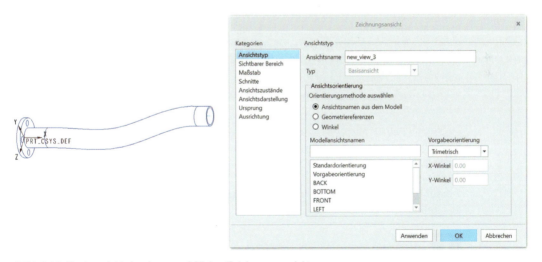

Bild 5.10 Basisansicht des Arms und Dialog *Zeichnungsansicht*

Ehe wir auf die einzelnen Kategorien näher eingehen, vorab ein paar wichtige Informationen:

- Wenn Sie auf *Anwenden* klicken, dann werden die aktuellen Einstellungen übernommen und im Arbeitsfenster angezeigt. Mit einem Klick auf *OK* schließt das Zeichnungsansichtsfenster und erzeugt die Ansicht. Klicken Sie unbedingt erst auf *Anwenden* und anschließend auf *OK*, wenn Sie Änderungen übernehmen und die Ansicht erzeugen wollen. Bei älteren Creo-Versionen kann es ansonsten passieren, dass die Änderungen nicht übernommen werden.

- Falls Sie den Zeichnungsansichtsdialog aus Versehen geschlossen haben, können Sie diesen einfach, beispielsweise durch einen Doppelklick auf die Ansicht, wieder öffnen.

 Ansichtsbewegung sperren

- Wenn Sie eine Ansicht angesetzt haben und nachträglich verschieben möchten, müssen Sie sichergehen, dass die Schaltfläche *Ansichtsbewegung sperren* inaktiv ist, ansonsten ist dies nicht möglich. Diese Funktion ist dann sinnvoll, wenn Sie Ihre Ansichten platziert haben und mit der Bemaßung fortfahren. Es kommt beim Verschieben von Maßen immer wieder vor, dass man aus Versehen die Ansicht auswählt und bewegt. Dies lässt sich mit dieser Funktion verhindern. Beachten Sie aber, dass nur Basisansichten und Detailansichten frei verschoben werden können. Projizierte Ansichten sind, sofern Sie das nicht ändern, immer abhängig von der Elternansicht.

Kategorie Ansichtstyp

Zeichnungsansicht: Ansichtstyp

In der Kategorie *Ansichtstyp* können der *Ansichtsname* und die *Ansichtsorientierung* festgelegt werden. Ersterer lässt sich durch eine Eingabe in das entsprechende Feld ändern (siehe Bild 5.10). Bei der *Ansichtsorientierung* stehen dem Zeichner drei unterschiedliche Methoden zur Auswahl. Standardmäßig und für die meisten Fälle ausreichend ist die Orientierung nach dem *Ansichtsnamen aus dem Modell*. Wie bereits vorangehend beschrieben, gibt Creo jedem Bauteil verschiedene Standardansichten vor. Diese können Sie im Bauteilmodus unter der Registerkarte *Ansicht*, im Bereich *Orientierung* durch das Klicken auf die Schaltfläche *Gespeicherte Orientierungen* einsehen. Wie ebenfalls bereits beschrieben, kann man an dieser Stelle auch neue Orientierungen einfügen. Kommen wir nun zurück zur Zeichnungserstellung und der Kategorie *Ansichtstyp*: Hier können Sie die verschiedenen voreingestellten oder selbst erzeugten Orientierungen Ihres Bauteils als *Basisansicht* wählen.

Zudem können Sie über das Dropdown-Menü die *Vorgabeorientierung* einstellen. Zur Auswahl stehen *Trimetrisch*, *Isometrisch* und *Benutzerdefiniert*. Damit können Sie Ihre Bauteile als dreidimensionale Ansicht mit unterschiedlicher Perspektive abbilden. Alternativ dazu können Ansichten anhand von Geometriereferenzen oder Winkeln erstellt werden, worauf in diesem Buch nicht näher eingegangen werden soll, doch Sie können es gerne ausprobieren.

> **HINWEIS:** Beachten Sie, dass Sie auch nachträglich die Hauptansicht ändern können, sich das aber auf alle davon abhängigen Ansichten auswirkt.

Kategorie Sichtbarer Bereich

Standardmäßig ist an dieser Stelle *Volle Ansicht* als *Ansichtssichtbarkeit* voreingestellt (siehe Bild 5.11). Dies können Sie in den meisten Fällen auch so lassen. Alternativ können Sie auch eine *Halbe Ansicht* oder eine *Teilansicht* wählen. Bei einer halben Ansicht wird das Bauteil entlang einer Referenzebene geschnitten. Bei einer Teilansicht skizziert man eine Spline-Kurve, und es wird nur der Teil abgebildet, der innerhalb der gezeichneten Kontur liegt. Für Technische Zeichnungen sind beide Darstellungsformen weniger geeignet, denn grundsätzlich gilt, dass sich Ausschnitte und Bauteilschnitte auf eine Ansicht beziehen müssen. Es muss also erkenntlich sein, wie der Schnitt verläuft oder wo der Ausbruch liegt. Dies ist bei Schnitten und Ausschnitten, die an dieser Stelle erzeugt werden können, nicht der Fall. Es ist daher sinnvoller, Detailansichten und Schnitte anders zu erzeugen, doch dazu später mehr. Für Präsentationszwecke oder um schnell einen Einblick zu vermitteln, sind diese Optionen hingegen gute Alternativen. Doch wie gesagt ist es an dieser Stelle für die meisten Zeichnungen sinnvoll, die volle Ansicht darzustellen.

Zeichnungsansicht: Sichtbarer Bereich

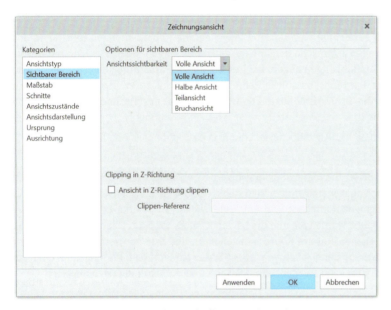

Bild 5.11 Zeichnungsansicht – Kategorie *Sichtbarer Bereich*

Mit dem ebenfalls in dieser Kategorie einstellbaren *Clipping in Z-Richtung* kann man festlegen, bis in welche Tiefe man bei einem Schnitt schauen möchte. Die Tiefenzuweisung erfolgt über ein von Ihnen zu wählendes Element, also beispielsweise eine Körperkante, wie in Bild 5.12 zu sehen. Links ist eine normale isometrische Ansicht eines Bauteils dargestellt und rechts eine, die in z-Richtung entlang der grün hervorgehobenen Bauteilkante geclippt wurde. Diese Einstellung ist beispielsweise sinnvoll, wenn Sie eine komplexe Baugruppe schneiden und bestimmte Komponenten hervorheben wollen, die bei einer vollständigen Darstellung im Gewirr der Teile nicht gut zu erkennen wären.

Bild 5.12 Clippen von Ansichten

Die Bruchansicht hingegen kann sehr nützlich sein und wird daher näher ausgeführt.

Bruchansicht

Wenn Sie ein sehr langes Bauteil haben, das nicht auf Ihr Blatt passt, dann können Sie eine Bruchkantenansicht *(Bruchansicht)* erzeugen. Bei dieser Ansichtsform wird ein Stück aus dem Bauteil herausgeschnitten. Klassische Beispiele für Bauteile, die mit Bruchkantendarstellungen gezeichnet werden, sind lange, gerade Rohe, bei denen nur die an den Enden angeschweißten Flansche bemaßt werden, oder lange I- oder U-Träger, die nur an bestimmten Stellen Bohrungen haben. Wichtig bei dieser Darstellungsform ist, dass durch das Herausschneiden eines Teilstücks keine Informationen verloren gehen dürfen. Nur beispielhaft soll die Bruchkantendarstellung am Beispiel des Drohnenarms dargestellt werden, wobei Sie hier an dieser Stelle nicht zwingend Sinn macht.

Schritt 1: Wählen Sie im Ansichtsbereich die *Bruchansicht* aus (siehe Bild 5.13).

Schritt 2: Klicken Sie auf das Plus, und fügen Sie so eine neue Ansicht hinzu.

Schritt 3: Nun gilt es, die Unterbrechungslinien zu wählen. Unser Drohnenarm besteht neben dem Flansch aus einem geraden Rohrstück, das gleich an diesen anschließt, dann aus einem geschwungenen Rohrstück und am Ende wieder aus einem geraden. Als *1.* und *2. Unterbrechungslinie* wählen Sie nun die beiden Kanten, die beim Übergang vom geraden auf den geschwungenen Teil des Rohres entstehen (in Bild 5.13 zur besseren Orientierung mit a und b bezeichnet). Beim Zeichnen wird als Erstes ein Punkt auf der Linie und dann zur Festlegung der Richtung ein zweiter senkrecht unter oder über dem ersten abgelegt.

Schritt 4: Abschließend muss noch der *Unterbrechungslinienstil* festgelegt werden. Dieser befindet sich im gleichen Fenster wie die Unterbrechungslinien. In Bild 5.13 ist der Zeichnungsansichtsdialog von der Fenstergröße her entsprechend angepasst, Sie müssen bei der Standardfenstergröße lediglich den Anzeigebalken ganz nach rechts schieben. Grundsätzlich gilt, dass gerade Linien als Unterbrechungslinien zu Irritationen führen können, deswegen wählen Sie besser entweder die Zickzack- oder die S-Kurve. In Bild 5.13 wurden S-Kurven gewählt.

Schritt 5: Wenn Sie nun auf *Anwenden* klicken, dann wird das Rohrstück zwischen den beiden Linien entfernt. Der Vorteil an der Bruchkantendarstellung wird deutlich, wenn Sie Nummer 1 und Nummer 3 in Bild 5.13 miteinander vergleichen. Die Größe der Ansicht ist deutlich kleiner, und somit passt eine Zeichnung womöglich auf ein kleineres Blatt, trotzdem bleiben die relevanten Informationen über das Bauteil erhalten. So ist, wie ebenfalls zu sehen, das Maß zwischen den Enden nach wie vor 150 mm und nicht, wenn man die eigentliche Länge der abgebildeten Teilstücke addieren würde, ca. 30 mm.

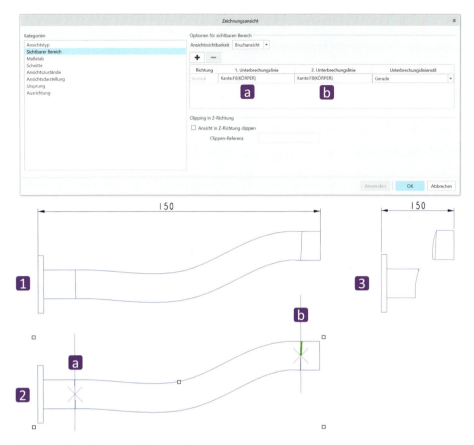

Bild 5.13 Bruchkantenansicht erstellen

Ein weiterer Vorteil der Bruchdarstellung ist, dass sämtliche projizierten Ansichten ebenfalls in der Bruchdarstellung dargestellt werden.

Kategorie Maßstab

An dieser Stelle kann der *Maßstab* für die jeweilige Ansicht festgelegt werden. Für die Hauptansicht ist es sinnvoll, dass der Blattmaßstab beibehalten wird. Für projizierte Ansichten, Detail- oder Schnittansichten kann es wiederum sogar zwingend notwendig sein, über das entsprechende Feld einen benutzerdefinierten Maßstab vorzugeben. Creo arbeitet hier mit einer Gleitpunktschreibweise, d. h., ein Wert von 1000 entspricht einem Maßstab von 1 : 1, 0,500 einem von 1 : 2 und 5000 einem von 5 : 1. Alternativ lässt sich auch ein Maßstab über eine Perspektive definieren, was jedoch in der Praxis keine Rolle spielt.

Zeichnungsansicht: Maßstab
Ansichtsmaßstab

Da es thematisch an dieser Stelle gut passt, folgt hier ein kurzer Einschub zum Blattmaßstab. Soweit Sie nichts anderes in den Voreinstellungen festgelegt haben, passt Creo bei der Wahl des Blattformats in Kombination mit dem gewählten Modell den Blattmaßstab entsprechend an. Wenn Sie diesen nachträglich ändern möchten, dann verfahren Sie wie

Blattmaßstab

folgt: Im unteren Bereich des Arbeitsfensters steht der Blattmaßstab (siehe Bild 5.14). Mit Doppelklick auf diesen öffnet sich im oberen Bereich des Arbeitsfensters eine Eingabezeile, in die Sie den neuen Blattmaßstab eingeben können.

Bild 5.14 Blattmaßstab editieren

Kategorie Schnitte

Zeichnungsansicht: Schnitte

Schnitte durch ein Bauteil oder auch durch eine Baugruppe werden in der Regel nicht in der Hauptansicht, sondern in projizierten Ansichten erzeugt. In der Hauptansicht werden lediglich die Schnittverläufe eingezeichnet, doch dazu später mehr. Diese Vorgehensweise ist als Orientierungshilfe zu verstehen, um Zeichnungen möglichst übersichtlich zu halten. Es kann jedoch immer Ausnahmen geben.

In Creo können Schnitte einerseits in der Zeichnung oder andererseits bereits im Bauteil angelegt werden. Wie Schnitte im Bauteil erzeugt werden, wurde bereits in Kapitel 2 umfassend beschrieben. Grundsätzlich können folgende Schnitte erzeugt werden:

- *Vollschnitt*
- *Halbschnitt*
- *Lokaler Schnitt*

Um eine Schnittansicht zu erstellen, wählen Sie bei den *Schnittoptionen* den *2D-Querschnitt* aus und klicken auf das Plus, um einen neuen Schnitt hinzuzufügen. Dieser erscheint im Fenster in einer neuen Zeile. Sie können dann im Dropdown-Menü unter *Name* den entsprechenden, bereits im Modell erzeugten und benannten Schnitt auswählen. Unter dem *Schnittbereich* wird die Art des Schnitts festgelegt. In der Regel verwendet man Vollschnitte, wie Bild 5.15 oben zeigt.

Es ist jedoch genauso möglich, einen Halbschnitt zu erzeugen, wie in Bild 5.15 mittig zu sehen ist. Bei diesem müssen noch eine Referenz und eine Richtung gewählt werden. Als Referenzen werden Ebenen genutzt. Hier in dem Beispiel wurde im Modell eine Ebene parallel zur RIGHT-Ebene erstellt und diese dann als Schnittreferenz ausgewählt.

Letzte Möglichkeit ist ein lokal begrenzter Schnitt. Dabei wird als Erstes der Mittelpunkt als Referenz gewählt. Dieser sollte auf einer Linie oder Kante liegen. Anschließend werden die Grenzen des Schnittbereichs, hier als Berandung bezeichnet, definiert. Dies erfolgt über einen Spline, mit dessen Hilfe eine geschlossene Kontur gezeichnet wird. Sobald Sie die Kontur gezeichnet haben, bestätigen Sie mit der mittleren Maustaste.

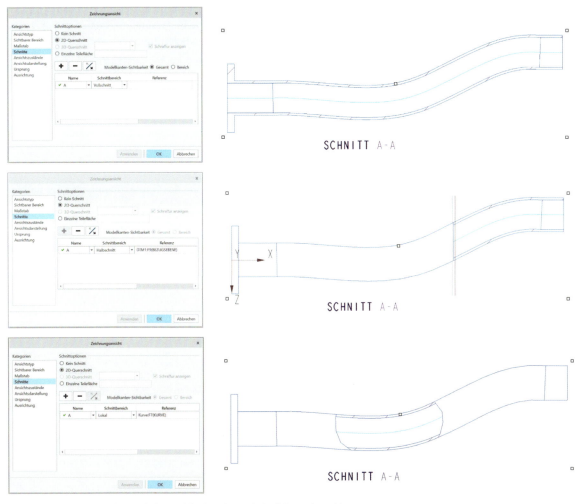

Bild 5.15 Vollschnitt, Halbschnitt und Ausbruch am Beispiel von Arm_V1.prt

2D-Querschnitte können nicht nur auf 2D-Ansichten angewendet werden, sondern auch auf isometrische Ansichten (siehe Bild 5.16).

Bild 5.16 Geschnittene isometrische Ansicht

Analog zu den eben beschriebenen 2D-Schnitten geht man beim 3D-Querschnitt vor. Basis ist hier ein im Modell erzeugter 3D-Querschnitt. Wenn man nur eine bestimmte Teilfläche angezeigt haben möchte, dann kann man dies über die Auswahl der gleichnamigen

Schnittoption tun. Sowohl der 3D-Querschnitt als auch die *Einzelnen Teilflächen* spielen aber bei der Erstellung von Standardzeichnungen keine besondere Rolle, deswegen wird auf weiterführende Erläuterungen zu diesen beiden Schnittoptionen verzichtet.

Um in einer Technischen Zeichnung einen Schnitt korrekt darzustellen, muss in der Elternansicht oder Basisansicht der Schnittverlauf dargestellt werden. Dazu gehen Sie bei Creo wie folgt vor:

Schritt 1: Markieren Sie beide Ansichten.

Schritt 2: Klicken Sie mit der rechten Maustaste etwas länger auf eine Ansicht im Arbeitsfenster, bis das Kontextmenü erscheint.

Schritt 3: Wählen Sie die Option *Pfeile hinzufügen*, wie in Bild 5.17 dargestellt.

Schritt 4: Sobald Sie dies getan haben, verschwindet das Kontextmenü, und Sie müssen nun mit der linken Maustaste die Eltern- bzw. Basisansicht auswählen.

Schritt 5: Die Pfeile erscheinen umgehend und können jetzt nach Belieben angepasst werden.

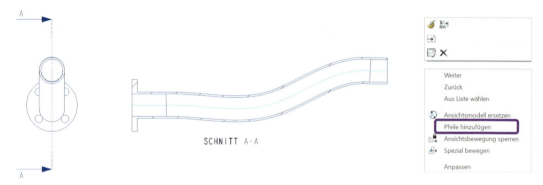

Bild 5.17 Schnittpfeile hinzufügen

Kategorie Ansichtszustände

Zeichnungsansicht: Ansichtszustände

In diesem Bereich müssen Sie nur in sehr seltenen Fällen Einstellungen vornehmen und wenn, dann hauptsächlich bei Baugruppen. Hintergrund ist, dass Sie Modelle mit kombinierten Zuständen benötigen, in älteren Creo-Versionen manchmal auch als kombinierte Ansichten bezeichnet. Dies führt allerdings für ein Einsteigerbuch zu weit, deswegen wird dies hier nur in aller Kürze erläutert.

Ansichten können Sie nur im Bauteil oder in der Baugruppe erzeugen. Mithilfe von kombinierten Ansichten lassen sich mehrere Darstellungszustände im Ansichtsmanager zusammenfassen. Grundsätzlich bestehen solche Ansichten aus mindestens zwei der folgenden Darstellungselemente:

- Modellorientierung
- vereinfachte Darstellungen
- Modellstil
- Querschnitt

- Explosionsansicht, einschließlich kosmetischer Versatzlinien
- Folienzustand
- Farbeffektzustand

Wenn Sie eine solche erstellt haben, dann können Sie die gespeicherte kombinierte Ansicht bzw. den gespeicherten Zustand beim Erstellen einer Zeichnung laden. Dies machen Sie dann in diesem Bereich des Zeichnungsansichtsdialogs.

Doch wie gesagt werden Sie in der Regel und vor allem am Anfang an dieser Stelle keine Einstellungen vornehmen müssen.

Kategorie Ansichtsdarstellung

Hier soll nur auf den allgemeinen *Darstellungsstil* und den *Darstellungsstil für tangentiale Kanten* eingegangen werden (siehe Bild 5.18). Wie bei der 3D-Modellierung auch lässt sich bei Zeichnungen über den *Darstellungsstil* die Sichtbarkeit der verschiedenen Kanten und die Färbung und Schattierung von Oberflächen einstellen. Die Symbole dazu sind die gleichen. Bei Technischen Zeichnungen im Allgemeinen werden aus Gründen der Übersichtlichkeit nur *Sichtbare Kanten* dargestellt. Darüber hinaus wird auf eine farbliche Darstellung der Bauteile, bei Creo als *Schattierung* bezeichnet, verzichtet. Dies gilt auch für die isometrischen Ansichten. Beim *Darstellungsstil für tangentiale Kanten* kann man einstellen, wie der Übergang von Radien zu ebenen Flächen dargestellt werden soll. Auch an dieser Stelle ist die Standardkonfiguration ausreichend.

Zeichnungsansicht: Ansichtsdarstellung

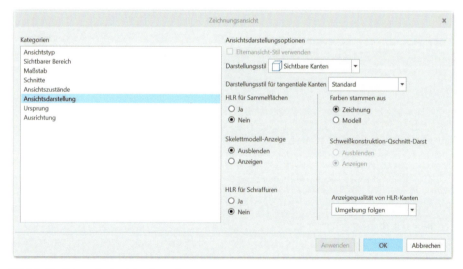

Bild 5.18 Kategorie *Ansichtsdarstellung*

Lassen Sie sich nicht von den verschiedenen weiteren Einstellungsmöglichkeiten irritieren. In nahezu allen Fällen kommen Sie mit den Einstellungen zum Darstellungsstil aus.

Hinter der Abkürzung HLR verbirgt sich der Ausdruck „Hidden Line Removal". Durch das Setzen der entsprechenden Punkte können Sie festlegen, ob verdeckte Kanten bei

Schraffuren bzw. Sammelflächen ausgeblendet werden sollen oder nicht. Bei der Anzeigequalität von verdeckten Kanten können Sie es in der Regel bei der Einstellung *Umgebung folgen* belassen.

Des Weiteren kann man über die entsprechenden Punkte entscheiden, ob das Skelettmodell angezeigt oder welchem Ursprung die Farbwahl folgen soll. Beides sind Einstellungen, die eher selten zum Einsatz kommen. Gleiches gilt für die Option *Schweißkonstruktion-Qschnitt-Darst*, bei der entschieden werden kann, ob Schweißverbindungsquerschnitte in der Ansicht dargestellt werden sollen oder nicht.

Kategorie Ursprung

Zeichnungsansicht: Ursprung

In der Kategorie *Ursprung* können Sie durch die Definition der Ursprungslage die Position einer Ansicht festlegen. In der Praxis ist auch dies eine Funktion, die eher selten zum Einsatz kommt.

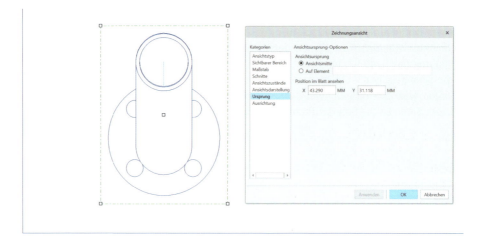

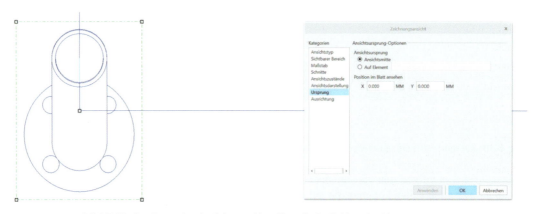

Bild 5.19 Festlegen der Ansichtsposition über die Definition des Ursprungs

Grundsätzlich ist es so, dass jede Zeichnung in Creo ein Koordinatensystem besitzt. Wenn Sie keine besonderen Einstellungen getroffen haben, müsste sich standardmäßig der Ursprung in der linken unteren Ecke der Zeichnung befinden. Jede Ansicht hat einen Mittelpunkt. Sie können diesen sehen, wenn Sie auf eine Ansicht klicken, wie in Bild 5.19 oben zu sehen ist. Dies ist nur möglich, wenn gleichzeitig die Funktion *Ansichtsbewegung sperren* oben links auf der Registerkarte *Layout* nicht aktiviert ist. Durch diesen Mittelpunkt oder auch Ansichtsursprung wird die Ansichtsposition in der Zeichnung festgelegt. Nun steht es Ihnen frei, die Position des Ursprungs zu verändern. Über die entsprechenden Eingabefelder legen Sie eine x- bzw. y-Koordinate fest. In Bild 5.19 ist das Verschieben einer Ansicht des Bauteils Arm_V1.prt zu sehen.

Kategorie Ausrichtung

Neben der Ursprungsdefinition bietet Creo auch noch eine weitere Möglichkeit der Ansichtenpositionierung. Je nach Typ können Sie die Zeichnungsansicht auf dem Blatt durch Ausrichten der Ansicht an einer anderen Ansicht positionieren. Sie können z. B. eine Detailansicht an ihrer Elternansicht ausrichten, um sicherzustellen, dass die Detailansicht der Elternansicht folgt, wenn sie bewegt wird.

Zeichnungsansicht: Ausrichtung

Sowohl die Kategorie *Ursprung* als auch die Kategorie *Ausrichtung* dienen dazu, die Positionen Ihrer Ansichten auf dem Blatt exakt festzulegen.

5.3.2 Detailansicht

Wenn in einer Technischen Zeichnung im Vergleich zu den Bauteilabmessungen auch sehr kleine und feine Aspekte der Kontur dargestellt werden müssen, so bietet sich die Verwendung von Detailansichten an. Mit deren Hilfe werden die entsprechenden Bereiche in einer eigenen Ansicht vergrößert dargestellt, wobei der Maßstab vom Zeichner selbst sinnvoll zu wählen ist.

Am Drohnenarm wird eine Detailansicht des Flansches erzeugt. Dies ist aus technischer Sicht wenig sinnvoll, da an dieser Stelle keine Details vorhanden sind, die vergrößert werden müssten, doch es soll ja auch nur das Vorgehen erläutert werden. Dieses entspricht im Endeffekt dem Vorgehen beim Erzeugen von lokalen Schnitten.

Schritt 1: Sie wählen zuerst die Funktion *Detailansicht* in der Multifunktionsleiste aus.

Schritt 2: Anschließend muss der Mittelpunkt der Ansicht in der Elternansicht platziert werden. Dies erfolgt einfach über die linke Maustaste. Danach erscheint ein grünes X im Arbeitsbereich.

Schritt 3: Als Nächstes muss die Kontur der Detailansicht über einen Spline definiert werden. Setzen Sie durch Klicks in den Arbeitsbereich die Stützpunkte des Splines. Dabei entstehen in der Regel unsaubere, teilweise offene Konturen, wie Bild 5.20 zeigt. Lassen Sie sich davon nicht irritieren. Der Ausschnitt selbst ist später sauber.

Schritt 4: Wenn die Kontur gezeichnet ist, müssen Sie nur noch mit der mittleren Maustaste bestätigen und anschließend auf die Position klicken, an der die Detailansicht sitzen soll. Diese kann später noch verschoben werden.

Damit haben Sie eine Detailansicht erstellt. Über die Eigenschaften der Ansicht, erreichbar über einen Doppelklick auf die Ansicht, können Sie wieder verschiedene Einstellungen vornehmen. Auch der Maßstab der Detailansicht ist hier änderbar.

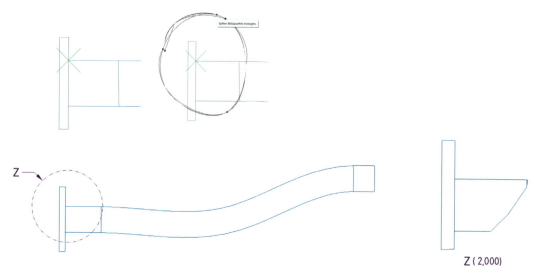

Bild 5.20 Erstellen einer Detailansicht

 TIPP: Es ist ratsam, sich an folgende Regel zu halten: Alle speziellen Ansichten werden mit Buchstaben bezeichnet. Schnittansichten werden in alphabetischer Reihenfolge beginnend mit A benannt, Detailansichten in umgekehrter alphabetischer Reihenfolge beginnend mit Z. Auf diese Weise erhöht man die Übersichtlichkeit einer Zeichnung.

5.3.3 Schraffur

Sobald ein Bauteil geschnitten wird, müssen die geschnittenen Flächen mit einer *Schraffur* gekennzeichnet sein. Creo erstellt diese automatisch. In manchen Fällen ist die automatisch erzeugte Schnittflächenschraffur ungeeignet. Beispielsweise ist sie zu fein bzw. zu grob, oder aber Sie möchten einen O-Ring geschnitten darstellen. Letzterer wird, wie andere Dichtungselemente auch, im Schnitt nicht schraffiert, sondern als komplett schwarze Fläche dargestellt. Um die Schraffur einer Fläche zu bearbeiten, zoomen Sie so weit in die Ansicht hinein, dass Sie einen einzelnen Strich der Schraffur anwählen können. Wichtig ist, dass Sie keine andere Ansicht oder Ähnliches bereits angewählt haben, sonst können Sie die Schraffur nicht anwählen. Um sicherzugehen, klicken Sie einfach außerhalb einer Ansicht in den Arbeitsbereich. Sobald Sie die Schraffur ausgewählt haben, wird diese grün hervorgehoben. Öffnen Sie mit einem Doppelklick auf eine Schraffurlinie den dazugehörigen Menü-Manager (siehe Bild 5.21).

In diesem Menü können verschiedene Einstellungen vorgenommen werden, die Sie am besten selbst ausprobieren. An dieser Stelle soll nur der Abstand der Linien geviertelt werden. Dazu klicken Sie auf *Abstand* und dann im sich öffnenden Bereich *MODUS ÄND* zweimal auf *Halb*. Wenn Sie mehrmals auf *Halb* drücken, wird jedes Mal der Abstand zwischen den Linien halbiert. Anschließend klicken Sie auf *Fertig*, um die Änderung zu übernehmen. Nur der Vollständigkeit halber sei noch Folgendes ergänzt: Über *Winkel* kann man den Neigungswinkel der Schraffur ändern, was Sie hin und wieder bei Schnittansichten von Baugruppen benötigen. Über *Füllen* kann man die ganze Komponente oder nur einen ausgewählten Bereich einfärben, wie es bei O-Ringen und anderen Dichtungselementen üblich ist.

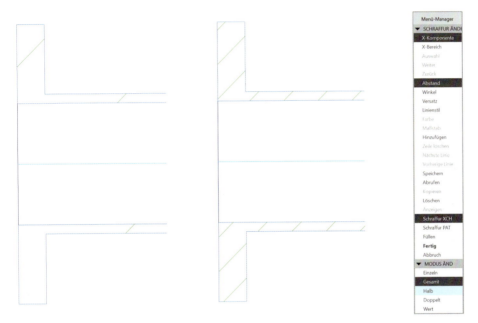

Bild 5.21 Ändern einer Bauteilschraffur

5.3.4 Erstellen von Ansichten am Beispiel von Arm_V1.prt

Nun gilt es, die ersten eigenen Ansichten zu platzieren. Versuchen Sie die in Bild 5.22 dargestellten Ansichten in gleicher Weise zu platzieren.

Arm_V1.prt: Ansichten erstellen

Hierzu folgen nun ein paar Hilfestellungen:

Schritt 1: Wählen Sie ein vollständig leeres Blatt der Größe A3. Der Blattmaßstab soll 1 : 1 sein.

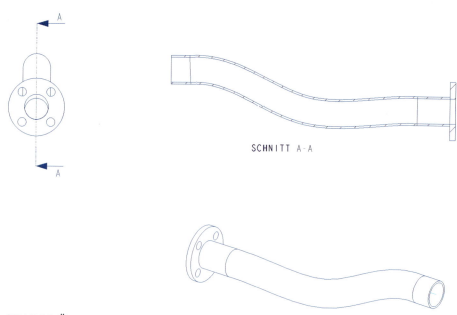

Bild 5.22 Übung zum Erstellen von Ansichten

Schritt 2: Die Basisansicht ist die oben links. Falls aus unerfindlichen Gründen diese Ansicht nicht bei den Modellansichtsnamen dabei sein sollte, dann müssen Sie im Bauteil die entsprechende Ansicht erzeugen (ARM_V1.PRT öffnen → Registerkarte *Ansicht* → Bereich *Orientierung* → Funktion *Gespeicherte Orientierung* → Dropdown-Menü öffnen und *Neu orientieren* wählen → Name vergeben, Ausrichtung einstellen und speichern).

Schritt 3: Falls Sie noch keinen Schnitt in ARM_V1.PRT erzeugt haben sollten, müssen Sie dies an dieser Stelle nachholen (ARM_V1.PRT öffnen → Registerkarte *Ansicht* → Bereich *Modelldarstellung* → Funktion *Schnitt* wählen, als Referenzebene die TOP-Ebene wählen und einen Versatz von 0,00 mm → Schnitt erstellen). Anschließend können Sie zurück in die Zeichnung wechseln und über den Zeichnungsansichtsdialog eine Schnittdarstellung generieren.

Schritt 4: Für die isometrische Ansicht gilt das Gleiche wie für die Basisansicht. Falls Sie die entsprechende Ansicht nicht zur Auswahl haben sollten, müssen Sie wieder ins Bauteil wechseln und die Ansicht erzeugen.

Ansichtsbewegung sperren

Schritt 5: Wenn Sie im Nachhinein Ansichten verschieben möchten, müssen Sie sichergehen, dass die Schaltfläche *Ansichtsbewegung sperren* inaktiv ist, ansonsten ist dies nicht möglich. Diese Funktion ist dann sinnvoll, wenn Sie Ihre Ansichten platziert haben und mit der Bemaßung fortfahren. Es kommt beim Verschieben von Maßen immer wieder vor, dass man aus Versehen die Ansicht auswählt und bewegt. Dies lässt sich mit dieser Funktion verhindern.

Schritt 6: Standardmäßig sind erst einmal beim Erzeugen einer neuen Zeichnung alle Hilfsgeometrien sichtbar, wie etwa Ebenen, Achsen, Koordinatensysteme und -punkte. Dies ist auch für die eine oder andere Funktion, die sich auf diese referenziert, notwendig.

Allerdings sollten Sie diese nach der Erstellung der Ansichten ausblenden, da sie zum einen bei der Bemaßung von Bauteilen irritieren und zum anderen am Ende beim Drucken mit ausgedruckt werden würden.

Schritt 7: Sobald Sie die Ansichten erstellt haben, *Speichern* Sie erst einmal Ihre Zeichnung. Anschließend wenden Sie sich den Anmerkungen zu.

■ 5.4 Anmerkungen

Bild 5.23 Auswahl der notwendigen Anmerkungen

In diesem Abschnitt wird vor allem das Bemaßen von Bauteilen erläutert, ferner wird auch auf die Tolerierung und das Erstellen von Anmerkungen eingegangen. Diese Werkzeuge finden Sie alle auf der Registerkarte *Anmerkungen erstellen*.

Dieser Abschnitt ist genauso gegliedert wie der letzte: Erst werden alle Funktionen eingeführt und anschließend bemaßen Sie die Zeichnung vom Arm_V1.prt.

 HINWEIS: Es ist eine sinnvolle Vorgehensweise, beim Erstellen von Technischen Zeichnungen erst alle Ansichten zu erstellen und anschließend die Bemaßung, Tolerierung usw. vorzunehmen. Hintergrund ist, wie bereits gesagt, dass Anmerkungen beim nachträglichen Ändern von Ansichten manchmal ihren Bezug verlieren oder eben beim Hinzufügen einer Ansicht der Platz auf dem Blatt einfach nicht mehr ausreicht.

5.4.1 Bemaßungen hinzufügen

Für die *Bemaßung* von Bauteilen bietet Creo unterschiedliche Vorgehensweisen. Zuerst wird die klassische Methode beschrieben, bei der die Maße einzeln und nacheinander erzeugt werden. Anschließend wird auf die meistens doch bequemere Methode der Übernahme von Anmerkungen eingegangen. Grundsätzlich werden Sie meist eine Kombination aus beidem verwenden. In bestimmten Fällen kann auch eine Ordinatenbemaßung von Vorteil sein. Diese Form der Bemaßung wird abschließend beschrieben.

Bemaßung

Bemaßungen hinzufügen: klassisch

Beim klassischen Vorgehen wird als Erstes das Bemaßungs-Icon aktiviert. In neueren Versionen von Creo öffnet sich anschließend das in Bild 5.24 dargestellte Fenster.

Bild 5.24 Dialogfenster Referenzen beim Bemaßen

An dieser Stelle können Sie festlegen, welche Referenzen Sie für eine bestimmte Bemaßung auswählen möchten. In einem Großteil der Fälle müssen Sie hier keine neue Auswahl treffen und können mit dem voreingestellten *Objekt auswählen* arbeiten (siehe Bild 5.24 ganz links). Mit dieser Option können sämtliche Körperkanten und Ecken ausgewählt und zu Bemaßungszwecken verwendet werden. Tabelle 5.1 liefert eine Übersicht über diese und die weiteren Möglichkeiten.

Tabelle 5.1 Optionen bei der Auswahl von Referenzen beim Bemaßen

Symbol	Bezeichnung	Funktion
	Objekt, *Fläche* oder *Referenz auswählen*	*Objekt auswählen:* Hier können sämtliche Körperkanten und -ecken als Referenz für eine Bemaßung herangezogen werden. *Fläche auswählen:* Analog zu *Objekt auswählen*, wobei hier nur Flächen als Referenz gewählt werden können *Referenz auswählen:* Lässt sowohl Objekte als auch Flächen als Referenz zu
	Tangente zu einem Bogen oder Kreis auswählen	An dieser Stelle kann eine Tangente eines Bogens oder Kreises als Referenz bestimmt werden.
	Mittenpunkt einer Kante oder eines Elements auswählen	Wenn man diese Auswahl aktiviert, wird immer der Mittelpunkt einer Linie bzw. eines Elements als Referenzpunkt bestimmt.
	Durch 2 Objekte definierten Schnittpunkt auswählen	Mithilfe dieser Auswahlmöglichkeit können Sie den Schnittpunkt zweier sich kreuzender Linien als Referenzpunkt für eine Bemaßung wählen.
	Imaginäre Linie zeichnen	Durch das oberste Icon kann man eine Referenzlinie definieren, bestimmt durch zwei Punkte. Die anderen beiden erzeugen entweder eine horizontale oder eine vertikale Hilfslinie.

Im Folgenden wird der Bemaßungsprozess für die Auswahl *Objekt auswählen* weiter beschrieben. Die Statusleiste fordert dazu auf, nun ein entsprechendes Element zu wählen, das bemaßt werden soll. Wenn man jetzt auf eine Bauteilkante klickt, erscheint das entsprechende Maß und kann über die mittlere Maustaste an der Cursorposition abgelegt werden. Möchten Sie den Abstand zwischen zwei Linien oder Punkten bemaßen, dann wählen Sie diese einfach nacheinander mit der linken Maustaste an und halten dabei die <STRG>-Taste gedrückt. Platziert wird das Maß wieder mit der mittleren Maustaste. Wichtig ist hierbei, dass vorher das Icon *Bemaßung* selektiert wurde.

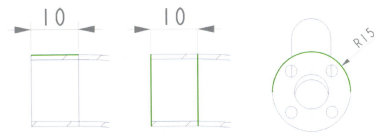

Bild 5.25 Bemaßung von Körperkanten

Möchten Sie einen Radius oder einen Durchmesser bemaßen, so klicken Sie einfach auf diesen. Creo erkennt die Kontur und fügt automatisch ein Radius- oder Durchmesserzeichen ein. In der Regel werden rotationssymmetrische Konturen zuerst mit *R* als Radius gekennzeichnet. Möchten Sie dies ändern, so klicken Sie einfach doppelt mit der linken Maustaste in das Arbeitsfenster. Die Bemaßungsart ändert sich dann automatisch. Alternativ drücken Sie nach der Auswahl der Kontur, wenn die Radiusbemaßung bereits erschienen ist, aber vor dem Erstellen der Bemaßung lange die rechte Maustaste. Es öffnet sich ein Auswahlfenster, wie es links in Bild 5.26 zu sehen ist. Hier kann man sowohl die Radiusbemaßung auf eine Durchmesserbemaßung umstellen als auch die Bemaßung komplett ändern und den Winkel der Bogenlänge oder diese selbst bemaßen.

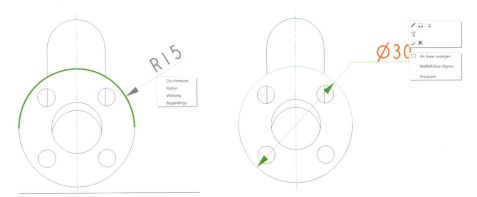

Bild 5.26 Editieren von Radien- bzw. Durchmesserbemaßungen

Weiter ist es nützlich zu wissen, wie man die Pfeilspitzen einer Bemaßung umdreht. Dafür erzeugen Sie erst einmal das entsprechende Maß und anschließend markieren Sie dieses. Falls das Kontextmenü nicht gleich erscheint, können Sie auch die rechte Maustaste drücken (siehe Bild 5.26 rechts).

Pfeile umkehren Über die Funktion *Pfeile umkehren* lassen sich die Pfeilspitzen einer Bemaßung verändern. Creo bietet für Durchmesserbemaßungen drei verschiedene Varianten an, die in Bild 5.27 dargestellt sind und durch mehrmaliges Klicken auf diese Schaltfläche durchlaufend umgestellt werden können.

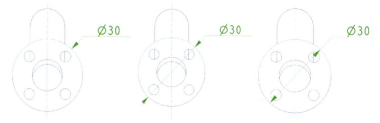

Bild 5.27 Verschiedene Durchmesserbemaßungen

Ansatz editieren Nur der Vollständigkeit halber sei erwähnt, dass man in dieser Minisymbolleiste über die Funktion *Ansatz editieren* die Definition des Maßes, also die referenzierten Linien oder Punkte, verändern kann. Über das letzte Icon der Minisymbolleiste lässt sich die Seite der Beschriftung umkehren.

Weiter ist anzumerken, dass Creo zwar runde Geometrien in Zeichnungen erkennt, aber nur, wenn man frontal auf diese blickt. In der Seitenansicht kann man nur eine Linie bemaßen, auch wenn es sich eigentlich um einen runden Körper handelt. Bild 5.28 verdeutlicht die Problematik.

Bereich Bemaßungstext

Bild 5.28 Einfügen von Durchmessersymbolen

Der Drohnenarm besteht aus einem gebogenen Rohr mit einem Durchmesser von 15 mm. Wenn man versucht, diesen im Querschnitt zu bemaßen, so erhält man nur die Länge der Linie, das Durchmesserzeichen fehlt aber. Um dieses einzufügen, müssen Sie einmal auf das Maß klicken. Es öffnet sich in der Multifunktionsleiste die Registerkarte *Bemaßung*. Hier können Sie verschiedenste Einstellungen und Ergänzungen vornehmen, doch dazu später mehr. Über die Schaltfläche *Bemaßungstext* öffnet sich das ebenfalls in Bild 5.28 dargestellte Fenster. Hier können Sie Ihrem Maß ein Präfix bzw. Suffix geben, wie beispielsweise ein Durchmesserzeichen.

Ein weiteres darstellungstechnisches Problem sind sich kreuzende Maßlinien, wie sie in Bild 5.29 links zu sehen sind. Um eine Technische Zeichnung korrekt auszuführen, muss eine der beiden Maßlinien unterbrochen werden. Dies geht mithilfe der Funktion *Unterbrechung*, die auf der Registerkarte *Anmerkungen erstellen* im Bereich *Editieren* zu finden ist. Dazu gehen Sie wie folgt vor:

Schritt 1: Aktivieren Sie das Tool.

Schritt 2: Klicken Sie auf die zu unterbrechende Maßlinie. Es öffnet sich das entsprechende Menüfenster.

Schritt 3: Nun markieren Sie mit einem weiteren Klick auf das Maß den Unterbrechungspunkt, um den die Maßlinie unterbrochen werden soll.

Schritt 4: Wenn Sie dieses Feature zum ersten Mal benutzen, erscheint im Menüfenster die Auswahl *Standard* und *Auswahl*. Wählen Sie *Auswahl*, und klicken Sie erneut auf die Maßlinie. Damit bestimmen Sie den Abstand zum Unterbrechungspunkt und somit die Länge der Maßlinienunterbrechung.

Schritt 5: Alle weiteren Unterbrechungen erhalten dann im Folgenden den gleichen Unterbrechungsabstand.

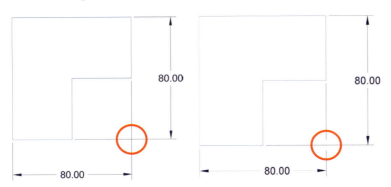

Bild 5.29 Unterbrechen von Maßlinien

Bemaßungen hinzufügen: Modellanmerkungen übernehmen

Alternativ zu der bisher erläuterten Vorgehensweise beim Beschreiben von Bauteilen bietet Creo auch die Möglichkeit, *Modellanmerkungen anzeigen* zu lassen und diese dann zu übernehmen. Dies ist ein nützliches Tool, um eine Art der automatischen Bauteilbemaßung zu ermöglichen. Der Konstrukteur entscheidet jedoch noch selbst, welche Anmerkungen sinnvoll und notwendig sind und welche nicht. Bei komplexen Bauteilen wird es jedoch schnell unübersichtlich. So geht man diesbezüglich grundsätzlich vor:

Modellanmerkungen anzeigen

Schritt 1: Aktivieren Sie die Schaltfläche *Modellanmerkungen anzeigen*. Es erscheint das in Bild 5.30 dargestellte Fenster. Über die verschiedenen Registerkarten lassen sich die verschiedenen Anmerkungen anzeigen. Das dient der Übersichtlichkeit, wie Sie gleich feststellen werden. Wählen Sie die Registerkarte *Bemaßung* mit dem entsprechenden Symbol.

Bild 5.30 Modellanmerkungen übernehmen: Bemaßungen

Schritt 2: Als Nächstes klicken Sie auf die entsprechende Ansicht, hier beispielsweise die Rückansicht des Drohnenarms (siehe Bild 5.31). Es werden nun alle Bemaßungen angezeigt, die etwas in dieser Ansicht beschreiben. Neben sinnvollen Angaben wie dem Außendurchmesser des Flansches und den Bohrungsdurchmessern sowie deren Winkelversatz zur Horizontalen sind aber auch viele Maße dabei, die in anderen Ansichten sinniger wären. Zudem fehlt beispielsweise der Bohrkreisdurchmesser der Befestigungsbohrungen.

Schritt 3: Wählen Sie an dieser Stelle jetzt einfach die Bemaßungen aus, die Sie übernehmen möchten. Dies ist entweder über ein direktes Anklicken der Maße im Arbeitsfenster möglich, was meist der einfachere Weg ist. Alternativ können Sie auch auf die entsprechenden Maße im Dialogfenster klicken. Wie auch immer Sie vorgehen, im Fenster *Modellanmerkungen anzeigen* werden bei den ausgewählten Maßen Häkchen gesetzt.

Schritt 4: Die Maße übernehmen Sie, indem Sie auf *Anwenden* klicken. Maße, die Sie bereits übernommen haben, werden im Anzeigefenster grau angezeigt. Zum Schließen klicken Sie entweder auf *Abbrechen* oder drücken die <ESC>-Taste.

5.4 Anmerkungen

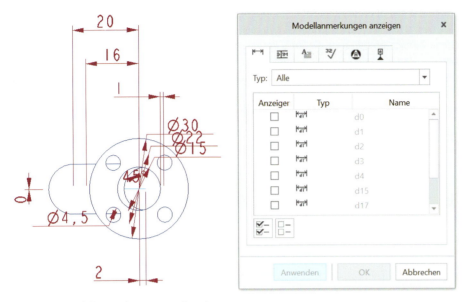

Bild 5.31 Modellanmerkungen anzeigen lassen

Bemaßungen hinzufügen: Ordinatenmaße

Die letzte Möglichkeit, Bemaßungen hinzuzufügen, ist die *Ordinatenbemaßung*. Dabei werden Maße bezogen auf eine zu wählende Basislinie erzeugt. Dies eignet sich vor allem für Bauteile, die beispielsweise viele verteilte, unsymmetrische Bohrungen haben. Dafür gehen Sie wie folgt vor:

Schritt 1: Klicken Sie auf das entsprechende Symbol.

Schritt 2: Wählen Sie die Basislinie mit einem Klick der linken Maustaste.

Schritt 3: Halten Sie die <STRG>-Taste gedrückt und klicken Sie auf die weiteren Linien oder Punkte, die Sie zur Ordinatenbemaßung hinzufügen wollen.

Schritt 4: Über die mittlere Maustaste wird die Ordinatenbemaßung an der Cursorposition abgelegt.

Man kann auch nachträglich Maße einer Ordinatenbemaßung hinzufügen. Dazu müssen Sie sich an folgende Anweisungen halten:

Schritt 1: Als Erstes erzeugen Sie ein lineares Maß. Wichtig ist hierbei, dass dieses die gleiche Linie als Referenz hat wie die Basislinie der Ordinatenbemaßung, in unserem Beispiel etwa die linke Linie des Flansches.

Schritt 2: Anschließend öffnen Sie mit einem Klick auf das Maß und anschließend einem langen Klick mit der rechten Maustaste das Kontextmenü. Hier haben Sie nun die Option *Ordinaten/Linear umschalten*, wie Bild 5.32 (Nummer 1) zeigt. Wenn Sie diese wählen, müssen Sie nur noch auf die Basislinie der Ordinatenbemaßung klicken, und das Maß wird in diese aufgenommen.

Knick

Nun kann sich wie hier das Problem ergeben, dass zwei Ordinatenmaße übereinanderliegen, wie in Bild 5.32 bei Nummer 2. Um dies zu beheben, müssen Sie auf der Registerkarte *Anmerkungen erstellen* im Bereich *Editieren* die Option *Knick* wählen. Hier können Sie, wie der Name schon sagt, Maßlinien einen Knick hinzufügen. Nachdem Sie auf das Icon gedrückt haben, wählen Sie das zu bearbeitende Maß. Anschließend klicken Sie auf den Punkt der Maßlinie, an dem diese abknicken soll. So können Sie, wie in Bild 5.32 (Nummer 3) zu sehen, Ordinatenmaße entzerren. Dies geht auch mit allen anderen Maßen.

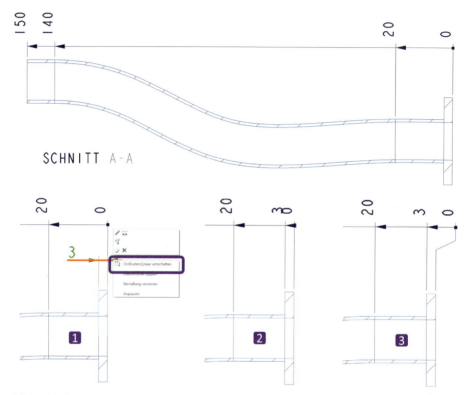

Bild 5.32 Ordinatenbemaßung und Ordinatenmaß hinzufügen

5.4.2 Bemaßungen spezifizieren

Bild 5.33 Auswahlmenü zur Spezifizierung der Bemaßungen

Wenn Sie eine Bemaßung ausgewählt haben, dann ändert sich auch die Multifunktionsleiste (siehe Bild 5.33). Hier können Sie verschiedene Einstellungen vornehmen bzw. Vorgaben machen. In diesem Anschnitt soll kurz auf die wichtigsten Optionen eingegangen werden. Der Bereich *Toleranzen* ist so wichtig, dass diesem ein eigener Abschnitt gewidmet wurde.

Links im Bereich *Wert* können Sie unter anderem Ihr Maß überschreiben. Dazu müssen Sie nur einen Haken in das Kästchen setzen. Anschließend wird das Feld daneben editierbar, und Sie können dort Ihren Wunschwert eintragen.

Bereich Wert

 HINWEIS: Grundsätzlich raten wir Ihnen davon ab, Maße zu überschreiben. Es ist zwar auf den ersten Blick bequem, sorgt aber im Nachgang in der Regel für viel Ärger. Denn wenn einmal das Maß in Ihrem 3D-Modell geändert werden sollte, ändert es sich nicht mehr auf der Zeichnung, was in der Regel spätestens bei der Fertigung zu nicht passenden Bauteilen führt.

Im Bereich *Genauigkeit* können Sie einstellen, auf wie viele Nachkommastellen genau Ihr Maß angegeben werden soll. Auch die Genauigkeit von Toleranzgrenzen lässt sich hier vorgeben.

Bereich Genauigkeit

Wenn Sie eine Prüfbemaßung erzeugen wollen, klicken Sie auf das Maß und dann in der Multifunktionsleiste im Bereich *Anzeige* auf die Schaltfläche *Anzeigen*. Im sich öffnenden Fenster können Sie den entsprechenden Haken setzen. Übrigens lassen sich hier auch verschiedene Einstellungen für die Textorientierung des Maßes oder die Pfeile vornehmen.

Bereich Anzeige

Der *Bemaßungstext* wurde bereits in Abschnitt 5.4.1 beschrieben.

Nützlich sind auch die Optionen im Bereich *Bemaßungsformat*. Hier lässt sich zum einen einstellen, ob die Maße in Gleitkommaschreibweise oder als Bruch dargestellt werden sollen. Dies ist vor allem dann interessant, wenn man Zeichnungen für den nordamerikanischen Markt erstellt, denn hier werden die Maße oft als Bruch angegeben. In einem solchen Fall kann es auch sinnvoll sein, seine Maße als Dualbemaßungen anzugeben. Hier wird dann der Wert eines Maßes übereinander metrisch und imperial abgebildet.

Bereich Bemaßungsformat

5.4.3 Toleranzen und Passungen

Bild 5.34 Auswahlmenü zur Spezifizierung der Bemaßung

Um einem Maß eine Toleranz zuzuweisen, nutzen Sie die verschiedenen Funktionen des Bereichs *Toleranz* auf der Registerkarte *Bemaßung* (siehe Bild 5.34).

Bereich Toleranz

Durch einen Klick auf das Auswahlmenü unter *Toleranz* werden Ihnen die verschiedenen Möglichkeiten der Maßtolerierung angeboten (siehe Bild 5.35). Der *Nennwert* entspricht dem eigentlichen Maß ohne Toleranzangabe. Die Auswahl *Einfach* zieht einen rechteckigen Rahmen um das Maß. Bei einer Technischen Zeichnung bedeutet dies, dass es sich um ein theoretisch genaues Maß handelt, wobei immer eine Toleranzangabe bezüglich des Ist-Maßes notwendig ist. An dieser Stelle sei auf die entsprechende Fachliteratur verwiesen. Mit den weiteren Möglichkeiten *Grenzwerte*, *Plus-Minus* und *Symmetrisch* lassen sich entsprechend der jeweiligen Definition ein oberes und unteres Grenzmaß definieren.

Bild 5.35 Toleranzen hinzufügen

Im Dropdown-Menü (rot umrandet in Bild 5.35) haben Sie die Auswahl zwischen *Keine*, *Allgemein* und *Bruchkante* bzw. unter bestimmten Voraussetzungen noch *Welle* und *Bohrung*, doch dazu später mehr. Wenn Sie *Keine* auswählen, können Sie Toleranzen selbst festlegen. Standardmäßig ist bei Creo die Auswahl *Allgemein* aktiv, was bedeutet, dass die Tolerierung gemäß der ISO-Toleranztabelle vorgegeben wird. Gemeint sind hier die Allgemeintoleranzen nach DIN ISO 2768-1, genauer die nach Toleranzklasse m (mittel).

> **TIPP:** Grundsätzlich ist es sinnvoll, im Schriftfeld jeder Fertigungszeichnung zu vermerken, welche Allgemeintoleranzen für Ihr Bauteil gelten. Der Standard im Maschinenbau ist nach DIN ISO 2768-1 die Toleranzklasse m, die (insofern Sie keine besonderen Ansprüche an die Genauigkeit haben) völlig ausreichend ist. Wenn sich hinsichtlich der Allgemeintoleranzen kein Hinweis auf der Zeichnung befindet, wird bei der Fertigung zumeist der eben beschriebene Standard angenommen.

Nur der Vollständigkeit halber sei an dieser Stelle noch auf die Voreinstellung *Bruchkante* verwiesen, die einen Toleranzbereich von 1 mm festlegt.

Passungen

Creo bietet auch die Funktionalität, Passungen zu vergeben. Dazu müssen Sie eine Bemaßung auswählen und dann im Dropdown-Menü entsprechend Ihrer Geometrie *Welle* oder *Bohrung* wählen (siehe Bild 5.36). Anschließend werden die beiden Auswahlfenster aktiviert, und Sie können die von Ihnen gewünschte Passung hinzufügen.

Bild 5.36 Passungsvergabe

Es kann sein, dass bei Ihrer Creo-Version im Dropdown-Menü die Auswahlmöglichkeiten *Welle* und *Bohrung* fehlen. Das liegt daran, dass das Passungstool nicht standardmäßig aufgerufen wird. Falls dies der Fall ist, müssen die entsprechenden Toleranztabellen geladen werden. Um diese zu aktivieren, gehen Sie wie folgt vor:

Schritt 1: Öffnen Sie das Bauteil, für das eine Passungsangabe in der Zeichnung notwendig ist.

Schritt 2: Folgen Sie dem Menüpfad *Datei > Vorbereiten > Zeichnungseigenschaften*. Es öffnet sich das Fenster, das Sie bereits aus Abschnitt 5.2.1 kennen. An dieser Stelle werden auch die Normen für Toleranzen festgelegt, die Sie am Anfang dieses Kapitels bereits von ANSI auf ISO/DIN geändert haben. Gehen Sie nun erneut auf *Ändern* in der Zeile *Toleranz*, um die Einstellungen anzupassen.

Schritt 3: Es erscheint wieder der *Menü-Manager*. Hier wählen Sie *Toleranztabellen* und gehen auf *Abrufen* (siehe Bild 5.37).

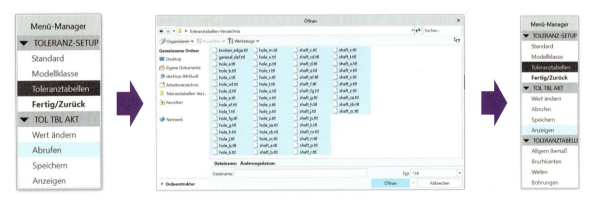

Bild 5.37 Passungstool laden

Standardmäßig finden Sie sowohl für Wellen als auch für Bohrungen die entsprechenden Dateien unter folgendem Pfad: `C:\Program Files\PTC\Creo 6.0.0.0\Common Files\tol_tables\iso\`

Zu beachten ist, dass Sie bei obigem Pfad das passende Laufwerk auswählen, auf dem Creo installiert wurde, und auch unter der entsprechenden Creo-Version suchen. Markieren Sie alle Dateien, und klicken Sie auf öffnen.

Schritt 4: Abschließend werden Sie gefragt, ob das Bauteil regeneriert werden soll, was zu bestätigen ist. Über *Fertig/Zurück* schließen Sie den *Menü-Manager*, und auch die *Zeichnungseigenschaften* können Sie verlassen.

Nun können Sie sowohl in 3D als auch auf Zeichnungen Passungen vergeben.

Ein kurzer Hinweis an dieser Stelle: Wenn Sie bereits in Ihrem 3D-Modell Passungsangaben vergeben möchten, müssen Sie unter Umständen auch dort die entsprechenden Tabellen erst laden. Sie gehen dabei genauso vor, nur dass Sie die Toleranz hierbei in den Modelleigenschaften *(Datei > Vorbereiten > Modelleigenschaften)* editieren müssen.

> **TIPP:** Um diesen gesamten Prozess nicht für jedes Bauteil mit einer Passung wiederholen zu müssen, können die Toleranztabellen auch standardmäßig für jedes neue Teil geladen werden. Dafür müssen Sie Ihre CONFIG.PRO-Datei entsprechend anpassen.

5.4.4 Bezüge übernehmen und weitere Anmerkungen

Bild 5.38 Auswahlmenü zum Anbringen von Modellanmerkungen

 Modellanmerkungen anzeigen

Analog zu den Bemaßungen können über den Dialog *Modellanmerkungen anzeigen* die Mittellinien und -kreuze ausgewählt und übernommen werden (siehe Bild 5.39). Möchten Sie Mittellinien oder Mittelkreuze übernehmen, so müssen Sie auf die Registerkarte *Modellbezüge anzeigen* wechseln.

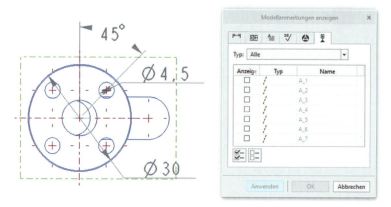

Bild 5.39 Modellanmerkungen hinzufügen

Wird eine Achse nicht angezeigt, dann wechseln Sie ins Bauteil und erzeugen diese. Wenn Sie bereits im 3D-Modell Oberflächenangaben, Lagetoleranzen oder Ähnliches vergeben haben, können Sie diese auch über das Tool *Modellanmerkungen anzeigen* in Ihre Zeichnung übernehmen. Wenn nicht, können Sie diese an dieser Stelle manuell platzieren. Tabelle 5.2 fasst die wichtigsten Anmerkungen zusammen.

Tabelle 5.2 Weitere Anmerkungen bei Zeichnungen hinzufügen

Symbol	Benennung	Funktion
A≡	Notiz	Zum einen können hier Textfelder erzeugt werden. Es ist immer wieder notwendig, auf einer Technischen Zeichnung wichtige Fertigungshinweise anzugeben, beispielsweise wenn eine Edelstahlschweißbaugruppe gebeizt und passiviert werden muss oder aber die Oberfläche eines Aluminiumteils eloxiert werden soll. Solche Anmerkungen werden bei einer Technischen Zeichnung in der Regel über dem Schriftfeld platziert. Bei Creo klicken Sie dafür als Erstes auf die die Schaltfläche *Notiz* und anschließend auf die Stelle, an der das Schriftfeld abgesetzt werden soll.
32√	Oberflächengüte	Mithilfe dieses Icons können Sie die Oberflächengüte Ihres Bauteils beschreiben. Standardmäßig werden die verschiedenen Symbole beim Start von Creo nicht mitgeladen. Ändern können Sie dies über die CONFIG.PRO-Datei. Ansonsten müssen Sie die Symbole, ähnlich wie bei den Toleranzen, hinzufügen. Standardmäßig liegen diese unter C:\Program Files\PTC\Creo 6.0.0.0\Creo 6.0.0.0\Common Files\symbols\surffins\. In den jeweiligen Ordnern liegen die Symbole. Wenn Sie diese einmal geladen haben, stehen Sie Ihnen anschließend im Dialog *Oberflächengüte* bei *Definition* im Dropdown-Menü zur Verfügung. Grundsätzlich stellt Ihnen Creo folgende Symbole zur Verfügung: √ Alle Fertigungsverfahren erlaubt ▽ Materialabtrag vorgeschrieben, beispielsweise durch Drehen oder fräsen √○ Materialabtrag unzulässig oder Oberfläche verbleibt im Anlieferungszustand a) Oberflächenkennzeichnung: Rz oder Ra in µm b) Zweite Anforderung an Oberfläche, wie a) c) Fertigungsverfahren d) Vorgabe der Rillenrichtung e) Bearbeitungszugabe in mm

Tabelle 5.2 *(Fortsetzung)*

Symbol	Benennung	Funktion
	Symbol	Über dieses und die Icons im Dropdown-Menü können Sie verschiedene Symbole einfügen. Sie können unter anderem eigene Symbole erstellen, im entsprechenden Ordner ablegen und dann über das entsprechende Werkzeug einladen. Genauso ist es möglich, vorgefertigte Symbole einzufügen. Hier stehen dem Konstrukteur beispielsweise das CE-Kennzeichen oder verschiedene Warnhinweise zur Verfügung.
	Bezugs-KE-Symbol	Über diese Schaltfläche kann man, relativ selbstklärend, Bezugssymbole vergeben. Diese benötigen Sie relativ häufig bei Form-, Richtungs-, Orts- und Lauftoleranzen.
	Geometrische Toleranzen	Über dieses Symbol können Sie Form-, Richtungs-, Orts- und Lauftoleranzen vorgeben.

5.4.5 Anmerkungen erstellen am Beispiel von Arm_V1.drw

Nun gilt es, die in Abschnitt 5.3.4 erstellten Ansichten mit Anmerkungen zu versehen. Halten Sie sich dabei an die Vorgaben aus Bild 5.40.

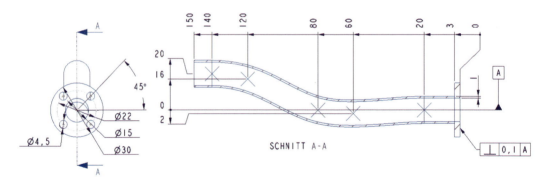

Bild 5.40 Bemaßung der Zeichnung Arm_V1.drw

Bei der Bemaßung der Spline-Punkte ist ein kleiner Trick notwendig:

Schritt 1: Als Erstes müssen Sie im Bauteil die Referenzpunkte an den entsprechenden Stellen erzeugen. Dazu klicken Sie auf der Registerkarte *Modell* im Bereich *Bezug* auf *Bezugspunkte setzen*. Nun setzen Sie zwei Punkte auf die beiden Eckpunkte des Splines und die drei weiteren auf den Spline, wobei die Position erst einmal zweitrangig ist. Anschließend editieren Sie den *Versatz* der Bezugspunkte. Stellen Sie diesen auf *Reell*. Damit geben Sie durch den Zahlenwert den Abstand zum gelb markierten Ursprung vor (siehe Bild 5.41). Die Abstände sind 40 mm, 60 mm und 100 mm.

Schritt 2: Wechseln Sie anschließend zur Zeichnung zurück. Über *Modellanmerkungen anzeigen* können Sie sich nun die Referenzpunkte in Ihre Schnittansicht holen und entsprechend bemaßen.

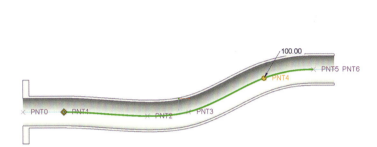 

Bild 5.41 Punktdefinition Spline

5.5 Weitere Funktionen

Nachdem nun die wichtigsten Funktionen des Zeichnungstools vorgestellt wurden, die Sie sowohl bei Einzelteil- als auch bei Baugruppenzeichnungen verwenden können, folgen nun noch ein paar Erläuterungen zu Werkzeugen, die eher bei Baugruppenzeichnungen Verwendung finden. Erstellen Sie dazu eine neue Zeichnung mit dem Namen Drohne_V1.drw und treffen Sie folgende Festlegungen:

- Zeichnungsmodell Drohne_V1.asm
- komplett leeres Blatt (keine Schablone verwenden)
- Blattgröße A2 im Querformat
- Zeichnungseigenschaften: Toleranz ISO/DIN
- Zeichnungseigenschaften: Detailoptionen iso_mm.dtl
- Frontansicht (siehe Bild 5.42 rechts) erzeugen

Im Laufe dieses Abschnitts erstellen Sie die in Bild 5.42 dargestellte Baugruppenzeichnung der Drohne. Diese ist im technischen Sinne nicht vollständig, es geht hier auch eher darum, die verschiedenen Möglichkeiten von Creo aufzuzeigen.

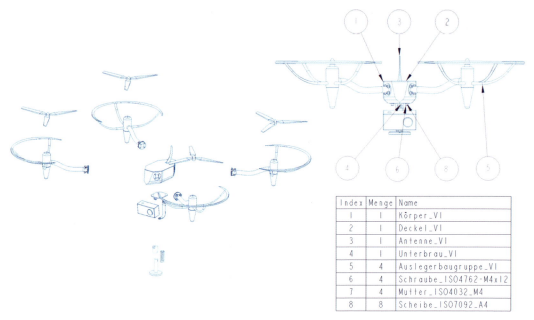

Bild 5.42 Exemplarische Baugruppenzeichnung der DROHNE_V1.ASM

Im Gegensatz zu den vorangegangenen Abschnitten wird nun wieder jede Funktion direkt am Beispiel erläutert.

5.5.1 Zeichnungstabelle und Stückliste

Bild 5.43 Auswahlmenü zur Erzeugung von Tabellen

Auf der Registerkarte *Tabelle* stehen Ihnen verschiedene Funktionen zur Erstellung und Bearbeitung von Tabellen zur Verfügung (siehe Bild 5.43). Der Text in einer Zeichnungstabelle kann mit allen verfügbaren Textfunktionen bearbeitet werden. Es können auch Maßsymbole und Zeichnungsbeschriftungen eingegeben werden. Die Verknüpfungen werden bei Änderungen des Modells oder innerhalb der Zeichnung automatisch angepasst.

Sie können eine Zeichnungstabelle als Tabellenzeichnungsdatei (.TBL), als Datei mit durch Komma getrennten Werten (.CSV) oder als Textdatei (.TXT) speichern und wiederverwenden.

Zum Erstellen einer allgemeinen Zeichnungstabelle gehen Sie wie folgt vor:

Schritt 1 – Funktion wählen: Auf der Registerkarte *Tabelle* im gleichnamigen Bereich finden Sie die Funktion *Tabelle einfügen*.

Schritt 2 – Ausrichtung, Größe und Position definieren: Im Dialog *Tabelle einfügen* können Sie die Tabellenwachstumsrichtung, die Anzahl der Zeilen und Spalten sowie deren Größe einstellen. Nach Beendigung des Dialogs platzieren Sie die Tabelle, indem Sie sie auf dem Zeichenblatt ablegen oder über eine Referenz positionieren.

Schritt 3 – Inhalt einfügen: Über einen Doppelklick auf die entsprechende Zelle können Sie Text eingeben. Auf der sich öffnenden Registerkarte *Format* stehen Ihnen verschiedene Funktionen zur Textbearbeitung zur Verfügung. Alternativ können Sie über einen Rechtsklick auf die markierte Zelle das Kontextmenü öffnen. Über *Eigenschaften* öffnet sich das Fenster *Notizeigenschaften*, in dem Sie ebenfalls Text eingeben bzw. den Textstil bearbeiten können.

Neben Texten können Sie auch diverse Verknüpfungen in Ihre Tabelle integrieren. Dies erfolgt mithilfe von Wiederholbereichen und Berichtsymbolen. Wiederholbereiche sind vom Benutzer ausgewiesene Bereiche einer Tabelle, die vergrößert oder verkleinert werden, um die aktuellen Daten des zugeordneten Modells aufzunehmen. Die in diesen Bereichen enthaltenen Informationen werden von textbasierten Berichtsymbolen bestimmt.

Tabelle

 Tabelle

> **TIPP:** Zum Teil ist es wesentlich praktischer, wenn eine Tabelle von unten nach oben wächst, da Sie meist über einem Zeichnungsrahmen positioniert ist. Die Ausrichtung der Tabelle kann über die *Tabelleneigenschaften* eingestellt werden (siehe Bild 5.44). Sie erreichen den Dialog über das Icon *Eigenschaften* im Bereich *Tabelle* auf der Registerkarte *Tabelle*.

Eigenschaften

Bild 5.44
Auswahl der Tabelleneigenschaften

Stückliste

Für die Baugruppe DROHNE_V1.ASM soll eine Stückliste erzeugt werden. Dafür gehen Sie wie folgt vor:

Schritt 1 – Tabelle erstellen und Kopfzeile ausfüllen: Erstellen Sie eine Tabelle mit drei Spalten und zwei Zeilen. Fügen Sie in die erste Zeile normalen Text zur Beschriftung ein, in unserem Beispiel: Index – Menge – Name. Der Orientierung dient hier Bild 5.47 (Nummer 4).

Wiederholbereich

Schritt 2 – Wiederholbereich ausweisen: Damit sich die Tabelle flexibel an Änderungen des Modells anpassen und gegebenenfalls erweitern kann, weisen wir einen Wiederholbereich aus. Markieren Sie hierzu eine Zelle der zweiten Reihe. Aktivieren Sie die Funktion *Wiederholbereich* auf der Registerkarte *Tabelle* im Bereich *Daten*. Es öffnet sich der Menü-Manager *Tabellenbereiche* (siehe Bild 5.47, Nummer 1). Über *Hinzufügen* wird ein neuer Bereich angelegt. Dieser Bereich kann eindimensional oder in zwei Richtungen ausgedehnt sein. Für dieses Beispiel wird die Variante *Einfach* verwendet, die zweite Zeile gewählt und über *Fertig* abgeschlossen.

Symbole umschalten

> **HINWEIS:** Das Anwählen des Wiederholbereichs kann zum Teil etwas schwierig sein, da die Auswahl nicht in der Tabelle angezeigt wird. Achten Sie daher auf die Meldungen in der Statusleiste (siehe Bild 5.45). Nachdem der Dialog bestätigt wurde, ist es möglich, über die Funktion *Symbole umschalten* den Wiederholbereich anzuzeigen und so zu kontrollieren (siehe Bild 5.46).

- Koordinatensysteme werden nicht angezeigt.
- Bezugsebenen werden nicht angezeigt.
➪ Ursprung der Tabelle suchen.
➪ Ecken des Bereichs festlegen.
➪ Auf eine andere Tabellenzelle klicken.
- Bereich wurde erfolgreich erzeugt.
➪ Ecken des Bereichs festlegen.

Bild 5.45 Statusmeldungen

Bild 5.46 Fertige Tabelle zur Kontrolle

Schritt 3 – Berichtssymbole hinzufügen: Über verschiedene Berichtssymbole können unterschiedliche Informationen verknüpft werden. Zum Einfügen der Berichtssymbole öffnen Sie zunächst über das Kontextmenü der Zelle den Dialog *Notizeigenschaften*. Im Bereich Text haben Sie nun die Möglichkeit, die Parameter manuell einzutragen oder über die Schaltfläche *Berichtssymbole* verschiedene Optionen zu erhalten (siehe Nummer 2 und 3 in Bild 5.47). Tabelle 5.3 zeigt eine Auswahl an verknüpfbaren Standardparametern.

Bild 5.47 Wiederholbereich festlegen und Parameter definieren

> **TIPP:** Alternativ gelangen Sie über Doppelklick in das entsprechende Tabellenfeld direkt in den Dialog (Nummer 3 in Bild 5.47).

Tabelle 5.3 Mögliche Standardparameter im Wiederholbereich

Parameter	Definition
&d#	Zeigt eine Referenzbemaßung in einer Zeichnungsnotiz an (# ist die Bemaßungs-ID)
&g#	Zeigt eine geometrische Toleranz in einer Zeichnungsnotiz an (# ist die ID der geometrischen Toleranz)
&format	Zeigt eine Zeichnungsbeschriftung an, die eine Formatgröße angibt (z. B. A1, A0, A, B usw.)
&model_name	Zeigt eine Zeichnungsbeschriftung an, die den Namen angibt, der für das Modell in der Zeichnung verwendet wird
&scale	Zeigt eine Zeichnungsbeschriftung an, die den Maßstab der Zeichnung angibt
&asm.mbr.name	Zeigt den Namen des Teils einer Baugruppe an – um Wicklungen und Markierungen anzuzeigen, müssen die Bereichsattribute auf Kabelinfo (Cable Info) eingestellt sein
&mbr....	Ruft Parameter für eine einzelne Komponente auf

Tabelle 5.3 *(Fortsetzung)*

Parameter	Definition
`&rpt....`	Zeigt Informationen über jeden in einem Wiederholbereich enthaltenen Datensatz an
`&rpt.index`	Zeigt die zugewiesene Nummer für jeden im Wiederholbereich enthaltenen Datensatz an
`&rpt.qty`	Zeigt die Menge eines Elements in einem Wiederholbereich an

Im Fall unserer Stückliste sollen jeweils ein Index, die in der Baugruppe enthaltene Menge und der Bauteilname integriert werden. Die benötigten Einträge sind in Bild 5.47 (Nummer 4) dargestellt.

Tabellen aktualisieren

Schritt 4 – Tabellen aktualisieren: Über *Tabellen aktualisieren* können Sie die Bauteile der Baugruppe in die Tabelle übernehmen.

Index	Menge	Name
1		KOERPER_V1
2		DECKEL_V1
3		UNTERBAU_V1
4		AUSLEGERBAUGRUPPE_V1
5		AUSLEGERBAUGRUPPE_V1
6		AUSLEGERBAUGRUPPE_V1
7		AUSLEGERBAUGRUPPE_V1
8		INNENSECHSKANT_M5X10
9		INNENSECHSKANT_M5X10
10		INNENSECHSKANT_M5X10
11		INNENSECHSKANT_M5X10
12		INNENSECHSKANT_M5X10
13		INNENSECHSKANT_M5X10
14		INNENSECHSKANT_M5X10
15		INNENSECHSKANT_M5X10
16		INNENSECHSKANT_M5X10
17		INNENSECHSKANT_M5X10
18		INNENSECHSKANT_M5X10
19		INNENSECHSKANT_M5X10
20		INNENSECHSKANT_M5X10
21		INNENSECHSKANT_M5X10
22		INNENSECHSKANT_M5X10
23		INNENSECHSKANT_M5X10
24		DIN7984-M3X12-8_8
25		ISO4032-M3-6
26		DIN7984-M3X12-8_8
27		ISO4032-M3-6
28		DIN7984-M3X12-8_8
29		ISO4032-M3-6
30		DIN7984-M3X12-8_8
31		ISO4032-M3-6
32		ANTENNE_V1

Bild 5.48 Stückliste der Baugruppe DROHNE_V1

Wie Sie sehen, werden nun alle enthaltenen Bauteile einzeln aufgeführt (siehe Bild 5.48). Sie können weitere Einstellungen im Wiederholbereich tätigen, um Ihre Stückliste zu formatieren.

Schritt 5 – Einstellungen im Wiederholbereich: Aktivieren Sie zunächst erneut die Funktion *Wiederholbereich*. Wichtig ist, dass kein Element auf dem Blatt angewählt ist. Im Menü-Manager wählen Sie diesmal *Attribute* aus. Klicken Sie dann in den zuvor als Wiederholbereich ausgewiesenen Teil Ihrer Tabelle. Innerhalb des Bereichs *Attribute* im Menü-Manager können Sie nun die Formatierung vornehmen. Es gibt z. B. folgende Einstellungsmöglichkeiten:

- *Duplikate:* Alle Bauteile werden so oft einzeln aufgeführt, wie Sie tatsächlich eingebaut sind.
- *Keine Duplikate:* Die einzelnen Bauteile werden zusammengefasst, und es wird die Menge angezeigt.
- *Rekursiv:* Es werden alle Unterbaugruppen so weit aufgelöst, bis nur noch Bauteile in der Stückliste stehen.
- *Oberste Ebene:* Alle Bauteile und/oder Unterbaugruppen der aktuell referenzierten Baugruppe werden aufgelistet.

Standardmäßig sind hier *Duplikate* und *Oberste Ebene* ausgewählt. Wir wählen zur Darstellung unserer Drohne die Einstellungen *Keine Duplikate* und *Oberste Ebene*.

> **TIPP:** Sie können die Einstellungen im Wiederholbereich (Schritt 5) auch direkt beim Ausweisen des Wiederholbereichs (Schritt 2) tätigen. Dann erhalten Sie direkt die formatierte Ansicht aus Bild 5.49.

Die aktualisierte, mit der Baugruppe verknüpfte und formatierte Tabelle der DROHNE_V1.ASM würde sich in diesem Fall dann wie in Bild 5.49 ergeben.

Die in Bild 5.49 dargestellte Stückliste ist noch ausbaufähig. Eine „richtige" Stückliste enthält normalerweise noch zwei weitere Spalten, eine für die Zeichnungsnummer und eine für das Material. Weiter ist es üblich, wenn die Baugruppen nicht zu groß sind, auch Unterbaugruppen aufgelistet darzustellen. Am Beispiel der Auslegerbaugruppe würde das bedeuten, dass nach dem Baugruppeneintrag in der Stückliste alle Einzelteile stehen würden. Der Index würde dann in der Form 2.1 und fortlaufend dargestellt werden. Wie man dies realisiert, würde an dieser Stelle jedoch zu weit führen.

Die im Zuge dieses Beispiels erstellte *intelligente* Tabelle können Sie nun über die Funktion *Tabelle speichern* abspeichern und bei Bedarf in andere Zeichnungen einfügen.

Im Fall von Stücklisten ist es eher selten, diese bei jeder neuen Zeichnung selbst zu erstellen. Zumeist wird auf vordefinierte Standardtabellen zurückgegriffen. Eine Stücklistenvorlage finden Sie auch auf www.creobuch.de. Um hinterlegte Tabellen auf die aktuelle Zeichnung zu übertragen, nutzen Sie die Funktion *Tabelle aus Datei*. Wählen Sie die gespeicherte Tabelle als .TBL-Datei aus, und positionieren Sie sie auf dem Zeichenblatt. Sollte die Regenerierung nicht automatisch erfolgen, können Sie über *Tabellen aktualisieren* im Bereich *Daten* die hinterlegten Beziehungen regenerieren.

Website zum Buch

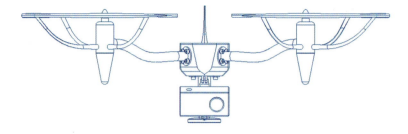

Index	Menge	Name
1	1	Körper_V1
2	1	Deckel_V1
3	1	Antenne_V1
4	1	Unterbau_V1
5	4	Auslegerbaugruppe_V1
6	4	Schraube_ISO4762-M4x12
7	4	Mutter_ISO4032_M4
8	8	Scheibe_ISO7092_A4

Bild 5.49 Stückliste der Baugruppe DROHNE_V1.ASM

HINWEIS: Vor allem bei der Bearbeitung von Tabellen im Modul *Zeichnungserstellung* ist auf die verschiedenen Inhalte und Funktionen des Kontextmenüs hinzuweisen. Beim Editieren von Tabellen macht es einen Unterschied, auf welcher Registerkarte Sie gerade sind, wie und welche Bereiche Sie in der Tabelle markiert haben usw. Gelegentlich ist es nicht ganz einfach, die gewünschte Zeile, Spalte oder die gesamte Tabelle zu erwischen. Hierbei helfen die Funktionen *Tabelle auswählen*, *Spalte auswählen* und *Zeile auswählen* im Bereich *Tabelle* der gleichnamigen Registerkarte.

TIPP: Wenn es platztechnisch möglich ist, dann sollte auf einer Zeichnung eines Bauteils mit Passungen eine Tabelle abgebildet werden, die Auskunft über die konkreten Abmessungen gibt. Das erleichtert die Arbeit der Fertigung und der Bauteilprüfung. Auch die Toleranzanalyse macht es einfacher, wenn Höchst- und Tiefstmaße bezogen auf die jeweilige Abmessung als Zahlenwerte angegeben werden.

5.5.2 Stücklistenballons

Bild 5.50 Erstellen von Stücklistenballons

Stücklistenballons sind kreisförmige Legenden in einer Baugruppenzeichnung, die Stücklisteninformationen für jede Komponente einer Baugruppenansicht enthalten. Möchten Sie Stücklistenballons in einer Baugruppenansicht anzeigen, benötigen Sie in der Zeichnung zunächst eine Tabelle mit einem Wiederholbereich, in dem zumindest die Berichtsymbole für die Berichtindexnummer (rpt.index) und der Modellname (asm.mbr.name) aufgeführt sind und ein Stücklistenballon-Bereich festgelegt ist.

Wie ein Wiederholbereich und Berichtsymbole in eine Tabelle eingefügt werden, ist in Abschnitt 5.5.1 beschrieben. Das Definieren eines Stücklistenballonbereichs erfolgt über die Eigenschaften der Tabelle. Markieren Sie also die gesamte Tabelle, und wählen Sie *Eigenschaften* im Bereich *Tabelle*. Es öffnet sich der Dialog *Tabelleneigenschaften*, den Sie schon von der Erstellung von Tabellen kennen (siehe Bild 5.51). Bei der nun bereits bearbeiteten Tabelle mit Wiederholbereich und Parametern ist es jetzt möglich, die Registerkarte *Stücklistenballons* zu bearbeiten. Auf dieser Registerkarte kann unter anderem das Aussehen des Stücklistenballons festgelegt und der zu verknüpfende Parameter definiert werden. Normalerweise wird in Stücklistenballons der Index des Bauteils, also der Parameter rpt.index, verwendet.

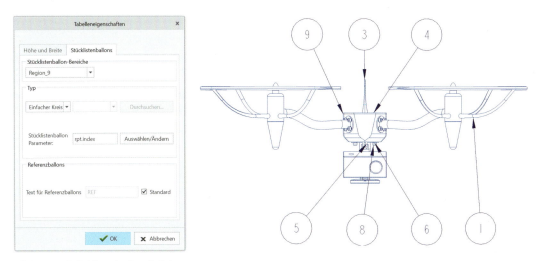

Bild 5.51 Stücklistenballon definieren

Um nun auch in der Ansicht der Baugruppe die Stücklistenballons anzuzeigen, nutzen Sie die Funktion *Ballons erzeugen* im Bereich *Ballons* der Registerkarte *Tabelle* (siehe Bild 5.50). Hier haben Sie folgende Möglichkeiten:

- *Alle:* Zeigt alle dem Tabellenbereich zugeordneten Ballons an. Je nach Orientierung der Ansichten können diese Ballons über mehrere Ansichten verteilt sein.
- *Nach Ansicht:* Wenn sich ein Bereich auf mehrere Ansichten bezieht, wählen Sie die Ansicht aus, in der Ballons angezeigt werden sollen.
- *Nach Komponente:* Wählen Sie eine oder mehrere Komponenten aus, für die Sie Ballons anzeigen möchten.
- *Nach Komp & Ansicht:* Wenn sich ein Bereich auf mehrere Ansichten bezieht, wählen Sie die Ansicht aus, in der Ballons angezeigt werden sollen.
- *Nach Datensatz:* Wählen Sie einen Datensatz in der Stücklistentabelle aus, für den Ballons angezeigt werden sollen. Sie können nur solche Datensätze auswählen, die entweder Massenelemente oder eingeschlossene Elemente darstellen.

Bei Bild 5.51 wurden die Stücklistenballons mit der Funktion *Alle* erzeugt, anschließend aber die Nummer 7 (für die Muttern) herausgelöscht, da nur sichtbare Teile in einer Ansicht mit einer Positionsnummer gekennzeichnet werden dürfen.

Grundsätzlich werden die erzeugten Stücklistenballons automatisch in der Baugruppe platziert und können anschließend editiert werden. Es stehen beispielsweise folgende Optionen zur Verfügung:

- Zur Änderung der Position eines einzelnen Ballons markieren Sie diesen und wählen im Kontextmenü die Funktion *Spezial bewegen*. Hier können Sie Koordinaten einstellen oder Positionierungsreferenzen wählen.
- Den Ansatzpunkt des Stücklistenballons können Sie über die Funktion *Ansatz editieren* verschieben, die ebenfalls über das Kontextmenü erreichbar ist.
- Die Größe des Stücklistenballons können Sie über die Schriftgröße des Ballontextes im Dialog Textstil variieren.
- Um den Typ der Stücklistenballons zu editieren, markieren Sie die Stücklistentabelle und wählen über das Kontextmenü oder die Multifunktionsleiste die Option *Eigenschaften*. Im Dialog *Tabelleneigenschaften* können Sie auch nachträglich den Typ der Stücklistenballons einstellen.

5.5.3 Explosionsansicht

Baugruppen können Sie auch als Explosionsansicht in Ihrer Zeichnung darstellen. Hierzu gehen Sie wie folgt vor:

Schritt 1: Erzeugen Sie eine isometrische Ansicht der Baugruppe. Es muss nicht zwingend eine isometrische Ansicht sein, nur für dieses Beispiel soll eine Explosionsansicht anhand einer solchen Ansicht erstellt werden.

Schritt 2: Nutzen Sie das Dialogfenster *Zeichnungsansicht*. Unter der Kategorie *Ansichtszustände* findet sich der Bereich *Explosionsansicht*, in dem über *Komponenten in Ansicht explodieren* die Explosionsdarstellung aktiviert werden kann (siehe Bild 5.52). Wenn Sie in der Baugruppe bereits Explosionsansichten definiert haben, können Sie diese beim Explosionszustand der Baugruppe auswählen. Sie können allerdings auch in der Zeichnung den Explosionszustand anpassen. Das Editieren von Explosionsansichten in Baugruppen ist in Kapitel 4 beschrieben.

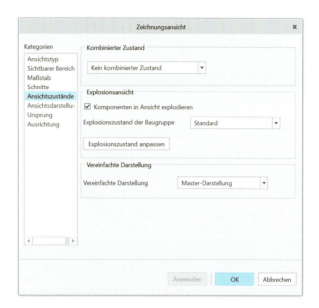

Bild 5.52 Erstellen einer Explosionsansicht

5.5.4 Skizze

Bild 5.53 Auswahlmenü zur Erstellung von 2D-Elementen

Sie können zusätzliche 2D-Elemente in eine Zeichnung einfügen. Über das Skizzierwerkzeug ist es beispielsweise möglich, Störkonturen einzuzeichnen oder Bereichslinien. Letztere sind notwendig, wenn eine Fläche nicht vollständig überarbeitet werden soll. Nutzen Sie hierfür die Befehle der Registerkarte *Skizze*. Die Bedienung der einzelnen Funktionen erfolgt, wie in Kapitel 3 beschrieben.

Registerkarte Skizze

■ 5.6 Übungen

Website zum Buch

Weitere Beispiele und Übungen zur Zeichnungsableitung finden Sie auf *www.creobuch.de*.

6 Ausblick auf weitere ausgewählte Anwendungen

Gratulation, Sie haben es geschafft! Wenn Sie hier angekommen sind, haben Sie den Einstieg in Creo Parametric gemeistert und sind bereit für erste eigene Konstruktionen.

Wie Sie wahrscheinlich bejahen können, ist Creo eine sehr umfangreiche und teilweise etwas eigenwillige Software. Doch leider haben Sie, um es bildlich auszudrücken, in den vorangegangenen Kapiteln erst an der Oberfläche der Funktionalitäten und Einstellungsmöglichkeiten gekratzt. Um diese im vollen Umfang zu erklären, sind noch viele weitere Kapitel vonnöten, die dann aber für ein Einsteigerbuch zu tiefgreifend wären. Außerdem hätte unserer Ansicht nach ein Einsteigerwerk mit 1000 Seiten oder mehr auch eher eine abschreckende Wirkung.

Deshalb sollen abschließend nur noch kurz ein paar ausgewählte Funktionen präsentiert werden.

■ 6.1 Parameter und Beziehungen

Grundsätzlich bietet Creo auch die Möglichkeit, parameterbasiert zu konstruieren. Zudem können auch die von Ihnen zu definierenden Parameter über Beziehungen miteinander verknüpft werden. Unter Beziehungen sind an dieser Stelle mathematische Zusammenhänge zu verstehen. Am deutlichsten wird diese Funktionalität anhand eines kleinen Beispiels:

Schritt 1 – Erstellen eines neuen Bauteils: Öffnen Sie ein neues Bauteil, und nennen Sie es BSP_PARA.prt. Konstruieren Sie einen Würfel mit einer Kantenlänge von jeweils 80 mm. Nutzen Sie hierzu die Funktion *Profil* aus Kapitel 3. Wichtig ist, dass Sie die einzelnen Abmessungen durch Maße vorgeben, nicht durch Bedingungen.

Schritt 2 – Parameter definieren: Dazu öffnen Sie auf der Registerkarte *Modell* ganz rechts das Dropdown-Menü im Bereich *Modellabsicht* und klicken anschließend auf *Parameter*. Es öffnet sich der in Bild 6.1 dargestellte Parameterdialog. Im Bereich *Suchen in* können Sie festlegen, für welches Bauteil und welche Art von Objekttyp die Parameter

 Parameter

definiert werden sollen. Für dieses Beispiel sehen Sie die zu treffenden Einstellungen in Bild 6.1. Über das Plussymbol unten links lassen sich neue Parameter hinzufügen. Legen Sie drei weitere Variablen mit den entsprechenden Bezeichnungen und Werten gemäß Bild 6.1 an. Diese werden in die Parameterliste aufgenommen. Jeder Parameter erhält eine neue Zeile. Über die Spalten werden die Eigenschaften der Parameter definiert. Es sind verschiedene Eigenschaften wie Typ, Wert und Name vorgegeben. Es können aber nutzerseitig auch weitere hinzugefügt werden.

Nachdem Sie die Parameter festgelegt haben, klicken Sie auf *OK*.

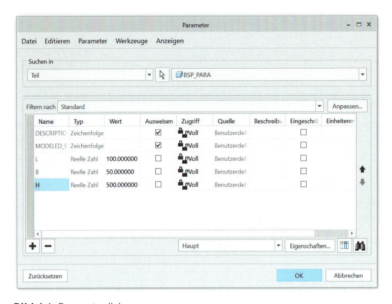

Bild 6.1 Parameterdialog

Schritt 3 – Parameter vergeben und variieren: Öffnen Sie nun als Erstes die Ausgangsskizze. Klicken Sie auf das Breitenmaß, und geben Sie statt 80 den Buchstaben B ein. Anschließend öffnet sich ein Dialog, in dem Sie noch einmal bestätigen müssen, dass die Bemaßung parametrisiert wird (siehe Bild 6.2). Gehen Sie genauso für die Länge L vor. Anschließend beenden Sie die Skizzendefinition und editieren die Extrusion des Würfels. Hier geben Sie den Parameter H vor. Wenn Sie die Nachfrage bestätigt haben, dann ändert sich auch noch die Höhe des Würfels entsprechend des vorgegebenen Parameterwertes. Das Ergebnis sehen Sie ebenfalls in Bild 6.2.

Sie können nun die Abmessungen Ihres Bauteils über die Parameter steuern. Öffnen Sie dazu wieder den Parameterdialog. Ändern Sie einen beliebigen Wert, klicken Sie auf *OK*, und regenerieren Sie anschließend Ihr Bauteil.

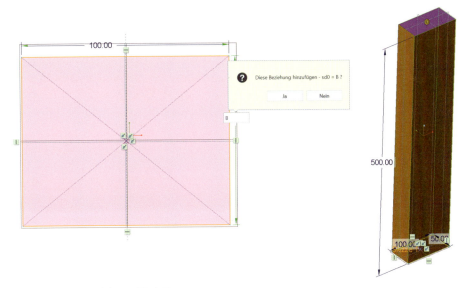

Bild 6.2 Parametrisiertes Modell

Wie schon die gelb hinterlegte Nachfrage in Bild 6.2 nahelegt, benutzt Creo bei der Parametrisierung von Bauteilen oder auch Baugruppen Beziehungen. Diese können wie hier eine sehr einfache Form haben, indem die Abmessung mit der Bezeichnung *sd0* dem Parameter *B* entspricht. Man kann aber auch komplexe Rechenvorschriften hinterlegen. Um dies bewerkstelligen zu können, müssen Sie erneut auf der Registerkarte *Modell* das Dropdown-Menü im Bereich *Modellabsicht* öffnen und anschließend auf *Beziehungen* klicken. Es öffnet sich das in Bild 6.3 dargestellte Fenster. An dieser Stelle können Sie nun beliebige Vorschriften vorgeben. Hier wurde beispielsweise die Höhe als Summe aus Breite und Länge des Quaders definiert.

d= Beziehungen

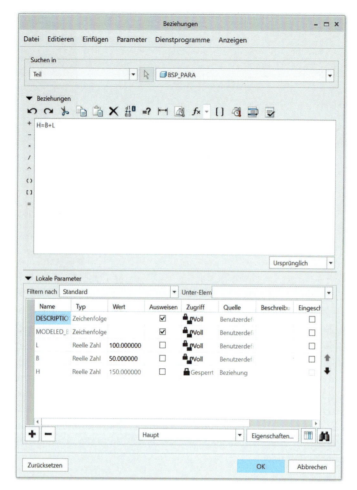

Bild 6.3 Einfügen von Beziehungen

■ 6.2 Familientabelle

Familientabellen können Sie nutzen, um Instanzen von Teilen, Baugruppen oder KE, die sich geringfügig unterscheiden, zu organisieren.

Sie bieten unter anderem folgende Möglichkeiten:

- einfache und kompakte Erzeugung von Objekten in großer Zahl
- Verringerung des Zeit- und Arbeitsaufwands durch Generieren von Standardteilen

- Generierung von Bauteilvariationen aus Bauteildateien, ohne die Bauteile einzeln neu erzeugen und generieren zu müssen
- Erzeugung von Bauteilen mit geringfügigen Variationen, ohne das Modell anhand von Beziehungen ändern zu müssen
- Generierung von Teiletabellen, die in eine Druckdatei ausgegeben und in Teilekataloge aufgenommen werden können

Familientabellen basieren immer auf einem generischen Objekt oder Modell, zu variierenden Parametern (Spalten) und den verschiedenen Varianten (Zeilen).

Das Modul *Familientabelle* befindet sich auf der Registerkarte *Werkzeuge* im Bereich *Modellabsicht*. Im sich öffnenden Dialog werden die Familientabellen generiert. Er ähnelt dem in Bild 6.4 dargestellten Dialog (entsprechend ohne Einträge). Familientabelle

Sie können neue Varianten als Zeilen oder neue Bemaßungs- oder KE-Parameter als Spalten hinzufügen.

Mit jeder neuen Zeile erzeugen Sie ein neues Teil mit Eigenschaften, die sich nur geringfügig vom Original unterscheiden und über die Spalten gesteuert werden. Wenn Sie eine neue Spalte anlegen, öffnet sich der Dialog *Familientabelle, Generisches Modell*. Hier können Sie entweder auf Parameter klicken und die bestehenden Variablen aufnehmen, oder Sie wählen das zu variierende Modell im Arbeitsfenster aus, und es erscheinen die möglichen Variationselemente. Standardmäßig werden zunächst Bemaßungen angezeigt, es können allerdings auch Elemente wie KE, Parameter oder Muster ausgewählt werden. Im Beispiel wurden nur die beiden Parameter L und B gewählt.

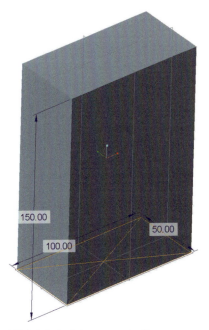
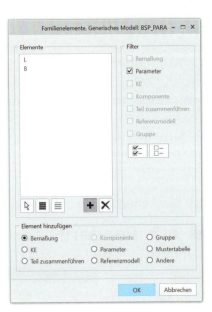

Bild 6.4 Definieren von Spalten

Nach Bestätigung über *OK* erscheinen die ausgewählten Parameter nun als Spaltenüberschriften im Dialog *Familientabelle* (siehe Bild 6.5).

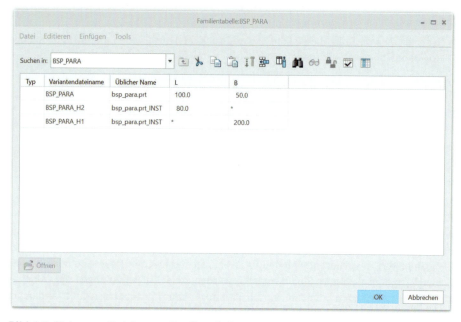

Bild 6.5 Dialog zum Erstellen von Familientabellen

Für die Parameter können nun verschiedene Werte vorgegeben werden. Für KE gibt es die Möglichkeit, sie einzubauen (Y) oder zu deaktivieren (N). Mit einem * werden die vorherigen Werte beibehalten.

Eine ausgewählte Variante in der Tabelle kann über *Öffnen* direkt erzeugt werden und wird in einem separaten Fenster geöffnet. Um die Variante als eigenständiges Bauteil zu erhalten, muss sie separat gespeichert werden.

Die Familientabelle kann im Ursprungsmodell mit *OK* gespeichert werden. Um die Tabelle dauerhaft zu erhalten, muss das Teil erneut gespeichert werden.

■ 6.3 Rendern

Bild 6.6 Eingangsmenü von Creo Render Studio

Ein 3D-CAD-Modell aus Creo sieht auf dem Bildschirm oder ausgedruckt schon ganz nett aus, auffällig ist jedoch die starke Abweichung von der Realität. Hier muss vom Anwender Zeit und Aufwand investiert werden, um dem CAD-Modell beispielsweise Schatten, Lichteffekte, Oberflächen, Spiegelungen oder Umgebungen virtuell hinzuzufügen. Das Creo *Render Studio* ermöglicht bei Nutzung aller Optionen eine sehr realitätsnahe Darstellung von Bauteilen und Baugruppen, besonders für die Vermarktung oder Präsentation Ihrer Produkte (siehe Bild 6.6).

Render Studio

Der Vorteile des Moduls sind folgende:

- Es ist voll in die Creo Parametrics-Umgebung integriert, d. h., wenn Sie die Render-Einstellungen einmal sauber erarbeitet haben, werden auch Änderungen im Modell automatisch nachgezogen.
- Die Bedienung und Menüführung sind gut an das Creo-Programm angepasst.
- Der Renderer ist qualitativ hochwertig. Als Ausgabeformat sind viele gängige Formate in beliebiger Auflösung möglich.
- Die Render-Zeiten sind durch Zeitvorgabemöglichkeiten gut planbar.
- Die Render-Einstellungen werden automatisch auch in die Animationstools Creo Mechanismus und Creo Animation übernommen. Somit können auch problemlos Filme erzeugt werden.

Nachteile gibt es natürlich auch:

- Die Bedienung ist manchmal etwas gewöhnungsbedürftig (It's not a bug, it's a feature!).
- Die Bibliotheken (Farbe, Material, Hintergründe, Szenen) sind gut, auf dem Markt gibt es aber umfangreichere Tools mit deutlich mehr Möglichkeiten.
- Creo-Rendering ist am Markt kein Standard.

Nichtsdestotrotz ist das Modul toll und bietet für den „Hausgebrauch" gute Möglichkeiten. Der Sachverhalt bietet genug Material, um damit ein eigenständiges Buch zu füllen, weshalb wir uns hier auf eine kurze Einführung in die grundlegende Arbeitsweise beschränken:

- Flächen, Teilen oder Baugruppen Farben zuweisen
- realistische Oberflächen erzeugen durch Verwenden von Texturen
- qualitativ hochwertige Bilder erzeugen

Erklärt werden die Funktionen am Beispiel des Bauteils KAMERA_V1.PRT. Gestartet wird das Render-Modul, indem auf der Registerkarte *Anwendung* auf das Icon *Render Studio* geklickt wird. Es öffnet sich anschließend die Registerkarte *Render Studio*, die in Bild 6.6 dargestellt ist.

Kamera_V1.prt:
Realistische Darstellung im Render Studio

HINWEIS: Als Vorgabe ist das *Echtzeit-Rendering* aktiviert, bei älteren Rechnern kann das zu Verzögerungen beim Drehen und Verschieben des Teils am Bildschirm kommen. In dem Fall sollten Sie es durch Drücken der entsprechenden Schaltfläche deaktivieren.

Farben zuweisen

 Farbeffekte

Durch Drücken des Icons *Farbeffekte* kommen Sie in das zentrale Menü. Wenn Sie nicht, wie bereits in Abschnitt 3.7 beschrieben, die Farbe Ihrer Bauteile angepasst haben, dann hat das Modell an dieser Stelle noch das Standardgrau, das von Creo automatisch jedem neuen Bauteil zugeordnet wird. Wie bekannt, können Sie hier entweder eine Farbe aus der Bibliothek aussuchen oder sich über weitere Farbeffekte eine eigene Farbe zusammenmischen.

Für die Kamera werden folgende Farben bzw. Materialien benötigt:

- Weiß (Rot: 255/Grün: 255/Blau: 242) für das Gehäuse
- Rot (255/0/0) für den Auslöser
- Blau (0/0/255) für den Bildschirm
- Glass-frosted-clear (Bibliothek FABRIC.DMT) für die Linse
- braunes Leder (leather-brown) für die Seitenflächen

Es gibt auch hier zwei Möglichkeiten, ein Bauteil einzufärben: Entweder man wählt die gewünschte Fläche bzw. die gewünschten Flächen mit gedrückter <STRG>-Taste aus, oder man wählt das ganze Bauteil aus, indem man im Modellbaum auf KAMERA_V1.PRT klickt. Abschließend ist die Auswahl mit *OK* zu bestätigen.

Wenn Sie das Arbeitsfenster im Render Studio betrachten, dann sieht die Kamera schon wesentlich realistischer aus, wie Bild 6.7 belegt.

Bild 6.7 Gerenderte Kamera

Realistische Oberflächen erstellen

Um eine noch realistischere Darstellung zu erzielen, lassen sich die Farben nachträglich editieren. Dazu wird die Farbe angewählt und mit der rechten Maustaste das Editiermenü gestartet. Beispielhaft soll dies an dem braunen Leder der Seitenflächen gezeigt werden.

Im Modell-Farbeffekte-Editor nehmen Sie Anpassungen auf der Registerkarte *Bump* vor (siehe Bild 6.8). Diese sorgt dafür, dass eigentlich ebene Flächen eine gewisse erhabene Struktur aufweisen. Creo bietet hier einige voreingestellte Bumpmaps. Wählen Sie *Guss* und stellen Sie die Höhe auf 72 ein. Bild 6.9 zeigt den Effekt jeweils nach einer Render-Zeit von 3 Minuten (links ohne Bump, rechts mit Guss-Bump und Höhe 72).

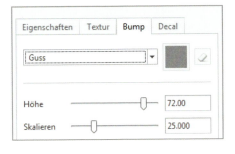

Bild 6.8 Editieren von Oberflächen

Bild 6.9 Gerenderte Oberflächen ohne (links) und mit (rechts) Bump-Effekt

> **TIPP:** Die Qualität der Bilder hängt von der Auflösung, d. h. der Anzahl der Bildpunkte, und von der Render-Zeit ab. Diese gibt an, wie viel Zeit dem Programm gegeben wird, um alle Effekte zu berechnen. Faustformel: Die Qualität ist direkt proportional zur Rechendauer. Im Creo-Renderer können Sie die Render-Zeit beschränken. Das ist sehr hilfreich, um schnell Ergebnisse zu erzielen. Starten Sie bei geringen Auflösungen im 5-Minuten-Bereich, und steigern Sie sich hin zur 4K-Bildauflösung im Stundenbereich.

Arbeiten mit Baugruppen

In Baugruppen werden einzeln gerenderte Bauteile automatisch übernommen. Die Kamera ist schon „geschönt", der Rest der Drohne noch nicht, wie Sie in Bild 6.10 sehen. Um die Baugruppe komplett zu rendern, können Sie z. B. die einzelnen Teile separat zum Rendern vorbereiten, dann ist auch die Baugruppe komplett Render-fähig.

Das Render-Modul von Creo bietet noch viele weitere Möglichkeiten, realistische Umgebungen zu schaffen. Diese Möglichkeiten sind zwar hoch spannend, doch deren Erläuterung würde leider den Rahmen des Buches sprengen. Wir empfehlen Ihnen eine Einarbeitung im Selbststudium.

Bild 6.10 Gerenderte Drohne

6.4 Gitter-Füllung

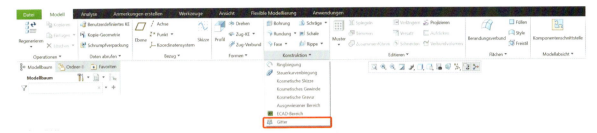

Bild 6.11 Auswahl des Werkzeugs zur Gittererzeugung

Ab Version Creo 4.0 ist ein Modul verfügbar, das aus einer Bauteilgeometrie heraus einfache oder komplexe Gitterstrukturen erstellt. Dies ist vor dem Hintergrund des Leichtbaus und der fantastischen Möglichkeiten der additiven Fertigung besonders interessant für den Konstrukteur. Als Beispiel wird hier die PROPELLERAUFNAHME_V3.PRT herangezogen. Es wird im Folgenden gezeigt, wie der Hohlraum im Inneren des Bauteils mit einer regelmäßigen Wabenstruktur versehen werden kann.

Propelleraufnahme_V3.prt: Optimierung durch Gitterfüllung

Schritt 1 – Ansichten generieren: Erzeugen Sie einen Längs- und einen Querschnitt durch den Rotor im Modul *Ansicht* (Kapitel 2). Dadurch können Sie später genau sehen, wie unsere Gitterstruktur innen aussieht.

Schritt 2 – Funktion aufrufen und ausführen: Öffnen Sie das Bauteil, und gehen Sie auf der Registerkarte *Modell* zum Bereich *Konstruktion*. Wie in Bild 6.11 zu sehen ist, versteckt sich die Funktion im entsprechenden Dropdown-Menü. Die Multifunktionsleiste ändert sich und zeigt die in Bild 6.12 dargestellten Einstellungsmöglichkeiten und Registerkarten.

 Gitter

Bild 6.12 Multifunktionsleiste beim Erzeugen eines Gitters

Es sind folgende Einstellungen vorzunehmen, wobei es sinnvoll ist, nach jeder Einstellung auf das Vorschausymbol zu klicken, um die entsprechenden Änderungen mitzuverfolgen:

- Auswahl des *Gittertyps:* Ändern Sie den Gittertyp von *Balken* auf *2.5D*.
- Definition des *Gitterbereichs:* Setzen Sie die entsprechenden Haken vor *Volumenkörper durch Gitter ersetzen* und vor *Schale erzeugen*. Die Schale soll eine Dicke von 1 mm haben. Dadurch erhalten wir außen eine geschlossene Schale und innen die gewünschte Struktur. Im Modell erscheint nun eine Gitterzellenvorlage, die als Basis für das Gitter automatisch angelegt wird.
- Festlegen des *Zelltyps:* Wählen Sie das Sechseck als Zellform, und legen Sie als Zellgröße jeweils 10 mm in jede Raumrichtung fest (siehe Bild 6.13).
- Bearbeiten der *Zellenfüllung:* Stellen Sie die Wandstärke auf 1 mm (siehe Bild 6.13).

Bild 6.13 Einstellungsparameter von Gitterstrukturen

Creo bietet im Gitterwerkzeug eine Vielzahl an Möglichkeiten. Sie können beispielsweise die Zellenform auf *Dreieckig* oder die Volumenplatzierung in *Quasi-radial* ändern. Alternativ verwenden Sie als Gittertyp Balken oder Formeln und nehmen als Zellenform Rechtecke bzw. Gyroide. Bild 6.14 zeigt verschiedene Gitterformen.

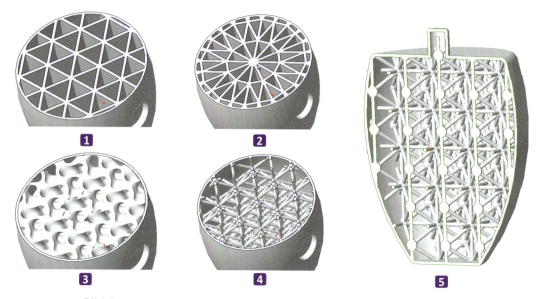

Bild 6.14 Verschiedene Gitterformen: (1) 2.5D-Dreiecke normal gefüllt, (2) 2.5D-Dreiecke quasi-radial gefüllt, (3) formelgesteuertes Gyroid, (4) 3D-Balken in Rechteckform gefüllt

Ob eine derartige Gitterstruktur wirklich Sinn macht, müssen Sie entscheiden. Die virtuelle Welt ist bekanntlich belastbar, die reale Welt ist dann etwas anderes. Nur um zwei Beispiele zu nennen:

- Mindestwandstärken sind beim 3D-Druck jeweils abhängig vom Verfahren und Material sowie Maschinentyp. Hier sollte man sich **vorher** informieren, welche Fertigungsrestriktionen gelten, und danach handeln.

- Oft benötigt Ihr Modell bei einer additiven Fertigung zusätzliche Ablauf- oder Druckausgleichsöffnungen (vor allem bei Verfahren auf Harz- oder Pulverbasis). Creo bietet hierfür bei der Zellfüllung im Gittergenerator die Möglichkeit, Ablauflöcher vorzusehen.

6.5 Simulation

Creo bietet wie viele CAD-Systeme ein internes Modul für die Simulation. Mit Creo Simulate kann das physikalische Verhalten eines Modells bestimmt werden. Mithilfe der beiden Module *Structure* und *Thermal* können Sie sowohl strukturmechanische als auch thermische Probleme modellieren. Den integrierten Simulationsmodus erreichen Sie über die Schaltfläche *Simulate* in der Registerkarte *Anwendungen*.

 Creo Simulate

> **HINWEIS:** Achtung: Simulation bedeutet mehr als das Erzeugen bunter Bilder.

Ohne fundiertes Wissen in diesem Bereich werden vorschnell „bunte Bilder" durch Nachklicken generiert, auf deren Basis keine belastbare Bauteilauslegung möglich ist. Dies ist hoch gefährlich und für Laien nicht zu empfehlen. Wer einen Einstieg in die Struktursimulation sucht, sollte sich zunächst passender Grundlagenliteratur widmen, z. B.:

- *Rieg, F., Hackenschmidt, R., Alber-Laukant, B.:* Finite Elemente Analyse für Ingenieure. München: Hanser-Verlag, 2019
- *Bathe, K.-J.:* Finite-Elemente-Methoden. Berlin: Springer-Verlag, 2002

Index

A

Analyse 41
Ändern 63
Anmerkungen erstellen 235, 248
Anpassen 33
Ansichten 40, 218
Ansichten verwalten 221
Ansichtsbewegung sperren 222
Ansichtsdarstellung 229
Ansichtstyp 222
Ansichtszustände 228
Arbeitsfenster 15
Arbeitsverzeichnis 10, 47, 78, 176
Aufdicken 70
Aufteilen 73, 116, 122
Ausrichtung 231

B

Basisansicht 219
Baugruppen 12, 175
Bauteil 12, 47
Bedingungen 58
Bemaßung 60f., 74, 235
Bemaßungstext 239
Benutzeroberfläche 13
Beziehungen 261
Bezüge 50, 54
Bezugsachse 50
Bezugsebene 52
Bezugspunkt 52
Blatt einrichten 217
Bohrung 151
Bruchansicht 224

C

CAD 1
CAx 1
Clipping 54
Creo Simulate 273
CSG-Modellierung 6

D

Darstellungsstil 41, 229
DataDoctor 41
Datei abrufen 66
Dateitypen 34
Datei verwalten 27, 35
Dateiverwaltung 34
Datenaustausch 33
Definition editieren 182
Detailansicht 220, 231
Detailoptionen 216
Drehen 78, 89
Drohne 3

E

Eckenfase 140, 142
Editieren 22, 63, 72, 126
Einbauen 176
Einstellungen 213
Ellipse 68
Erzeugen 206
Explosionsansicht 207, 258
Export 36
Extrudieren 80

F

Familientabelle 264
Farbeffekt 40, 268
Fase 69, 140
Feature-Modellierung 7
Fehlerbehebung 42
Fertigung 12
Format 12, 218

G

Geometrieanalyse 41
Geometriemuster 126, 132
Gespeicherte Orientierungen 40
Gitter 271
Grafiksymbolleiste 15, 39
Gruppieren 23, 126f.

H

Handle 20
Hervorhebungen 18
Hybridmodellierer 7

I

Import 36
Intelligent Fastener 196

K

Kantenfase 140
Katalogbauteil 196
Kombinierter Zustand 221
Komponentenplatzierung 177
Komponentenschnittstelle 199
Konfigurationsdatei 31, 216
Konstruktion 136
Konstruktionsmodus 67, 97
Kontextmenü 16
Kreis 57
Kurven-KE 96

L

Layout 12
Leitkurve 98
Linienkette 55
Löschen 23

M

Maßstab 225
Material entfernen 86f.
Maussteuerung 17
Messen 41
Mittellinien 246
Modellanalyse 41
Modellanmerkungen 240, 246
Modellbaum 24
Modellieren 5
Modelltyp 11
Multifunktionsleiste 14, 49
Muster 126, 201

N

Navigator 10, 16
Neu 11, 48, 212
Neu einpassen 40
Notizbuch 12

O

Öffnen 10
Operationen 66
Optionen 31
Ordinatenbemaßung 241

P

Palette 70
Parameter 261
Parametrische Modellierung 6
Passungen 243f.
Platzierung 84, 87
Profil 78, 80
Profilrippe 149
Programmbedienung 9
Projektion 214
Projektionsansicht 219
Projizieren 70, 116
Prüfen 76
PTC 1

R

Rechteck 56
Referenzen 54
Regenerieren 207, 216
Registerkarte 19
Rendern 266
Render Studio 267
Rippe 149
Rippenleitkurve 149
Rotatorischer Verbund 119

S

Schablone 213
Schließen 27
Schnellzugriff 14
Schnitt 41, 226
Schnittstelle 37
Schraffur 232
Schräge 137
Segment löschen 64
Setup 65
Sichtbarer Bereich 223
Simulation 273
Sitzung verwalten 35
Skizze 12, 53, 55, 67, 259
Skizzenansicht 54, 81
Speichern 27, 86, 95, 101
Spiegeln 73, 133, 201
Spiralförmiges Zug-KE 104
Spline 68
Standardbauteil 196
Standardschablone 49
Startseite 9
Statusleiste 16
Stückliste 250, 252
Stücklistenballons 257
Systemfarbeffekt 32

T

Tabelle 250f.
Tastenkombination 17

Technische Zeichnung 211
Text 70
Tiefenrichtung 87
Toleranz 214, 243

U

Umbenennen 35
Umordnen 26
Unterbaugruppe 192
Unterbrechen 89
Unterdrücken 23
Ursprung 230

V

Verbund 79, 114
Verrundung 69
Versatz 70
Volumenkörper 78

W

Wiederaufnahme 89
Wiederherstellen 35
Wiederholbereich 252

Z

Zeichnung 12, 211
Zeichnungsableitung 211
Zeichnungsansichten 218
Zeichnungseigenschaften 214
Zeichnungsmodelle 219
Ziehen 78
Zug-KE 78, 96
Zug-Verbund 78, 111

Fit fürs Konstruieren mit CATIA V5-6

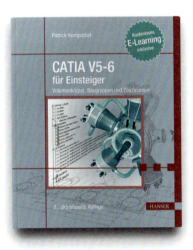

Patrick Kornprobst
CATIA V5-6 für Einsteiger
Volumenkörper, Baugruppen und Zeichnungen
2., aktualisierte Auflage
432 Seiten. Komplett in Farbe
Kostenloses E-Learning inklusive
€ 34,–. ISBN 978-3-446-45532-0

Auch einzeln als E-Book erhältlich

Kompakt, anschaulich und praxisnah macht dieses Buch Sie fit fürs Konstruieren mit CATIA V5-6 und garantiert durch das dazugehörige E-Learning ein multimediales Lernerlebnis. Es richtet sich an Studierende und Umsteiger aus den Bereichen Maschinenbau, Luftfahrt und Automobilbau und eignet sich hervorragend zum Selbststudium oder für die Prüfungsvorbereitung.

Auf Basis von CATIA V5-6R2016 führt Patrick Kornprobst Sie von Grund auf in die Software ein und zeigt Ihnen, worauf es beim methodischen Konstruieren ankommt. Zunächst erhalten Sie einen Überblick über die Benutzeroberfläche und die wichtigsten Kernfunktionalitäten. Im Folgenden lernen Sie alle wichtigen Konstruktionsschritte kennen – von der Einzelteilkonstruktion über die Baugruppenerstellung bis hin zur Zeichnungserstellung. Weiterführende bzw. fortgeschrittene Techniken wie Parametrik, Formelvergabe, wissensbasierte Konstruktion, Power Copies und Link Management runden den Inhalt ab.

Mehr Informationen finden Sie unter **www.hanser-fachbuch.de**

Grundlagen der 3D-Konstruktion mit Autodesk Inventor

Patrick Klein, Thorsten Tietjen, Günter Scheuermann
Inventor 2019
Grundlagen und Methodik in zahlreichen Konstruktionsbeispielen
6., vollständig überarbeitete Auflage
589 Seiten. E-Book inside. Komplett in Farbe
€ 40,–. ISBN 978-3-446-45513-9

Auch einzeln als E-Book erhältlich

Dieses Standardwerk in nun sechster, vollständig überarbeiteter Auflage bietet einen umfassenden Einstieg in das CAD-System Autodesk Inventor und eignet sich hervorragend zum Selbststudium oder als unterrichtsbegleitende Lektüre. Darüber hinaus dient es auch fortgeschrittenen Anwenderinnen und Anwendern als praxisnahes Kompendium.

Auf Basis von Inventor 2019 führen die Autoren Sie in die Methodik der 3D-Konstruktion ein. Sie lernen die Grundlagen der Programmbedienung und alle wichtigen Programmfunktionen kennen. Anhand illustrierter Beispiele werden einzelne Konstruktionsschritte bis hin zur vollständigen digitalen 3D-Modellierung erläutert. Zusätzlich bieten Ihnen übergreifende Übungsbeispiele die Möglichkeit, Ihr Wissen zu vertiefen, und zeigen Ihnen ein breites Spektrum an 3D-Arbeitstechniken. Sämtliche Beispiel- und Übungsdateien stehen im Internet zur Verfügung.

Mehr Informationen finden Sie unter **www.hanser-fachbuch.de**